사로잡힌 사람들

사로잡힌 사람들
Seized

이브 러플랜트

이성민 옮김

일러두기

1. 이 책은 논픽션입니다. 의학 전문가 등 등장인물의 이름 대부분은 실명입니다. 환자들의 경우에는 사생활을 보호하기 위해 이름과 소소한 세부 사항만 변경하였습니다.
2. 본문의 각주는 모두 옮긴이 주입니다.
3. 의학 용어는 KMLE를 참고하였고 여러 용어가 있을 경우 최신의 것을 선택하였습니다.
4. 외래어는 외래어 표기법을 따랐으나 익숙한 이름이나 지명은 그대로 사용했습니다.
5. 국내에 이미 번역된 책이나 영화 제목은 그대로 적었고, 번역되지 않은 제목은 옮긴이가 적절히 지었습니다.
6. 책, 시, 소설 등의 제목은《 》, 영화, 미술 작품, 잡지, 노래 등은〈 〉, 논문 제목은『 』안에 넣었습니다.
7. 질병명, 수술명은 띄어쓰기 없이 쓰는 것이 원칙이지만, 독자의 이해를 돕기 위해 몇 가지는 띄어쓰기를 했습니다.

처절하게 고통스러우면서도 한없이 매력적인
신경질환이 보여주는 뇌의 경이로움

신경질환의 하나인 '측두엽뇌전증'을 다룬 이 책을 펼치는 순간, 당신은 예상치 못한 방식으로 이 책에 매료될 것이다. 이 책은 측두엽뇌전증의 흥미로운 특징을 설명하면서 우리 뇌가 본질적으로 어떻게 작동하는지 이해하게 해준다. 마치 신경회로가 제대로 작동하지 못했을 때 발생하는 이상 증상들을 관찰하다 보면, 회로의 제 기능을 유추할 수 있는 것처럼 말이다. 우리는 누구나 조금씩 뇌의 이상을 경험하기에, 뇌 질환은 우리 자신을 좀 더 깊이 알아가도록 만든다.

신경과와 정신과 의사들 사이에 논쟁이 붙은 측두엽뇌전증이라면 더욱 그렇다. 측두엽뇌전증은 전형적인 신경질환임에도 불구하고, 과잉 감정을 보이고 수다를 쏟아내며 종교적으로 지나치게 신실해지면서 성욕은 저하되는 '독특한 성격 증후'들을 나타낸다. 게슈위드 증후군이라 불리는 이 증후를 과연 뇌전증의 일부로 설명할 수 있을까? 아니, 이 증후는 실제로 존재하긴 하는 걸까? 아직 끝나지 않은 논쟁은 신비로운 여운을 남긴 채 우리를 사로잡는다.

그 중에서도 가장 호기심을 자극하는 대목은 탁월한 성취를 이룬 예술가나 소설가들이 측두엽뇌전증을 앓았던 것처럼 보인다는 사실이다. 빈센트 반 고흐, 표도르 도스토옙스키, 루이스 캐럴, 귀스타브 플로베르 등이 그들이다. 환상이나 환청이 예술적 영감을 불러일으키고, 단어를 쏟아내게 만들어 문학적 창작열을 불태우게 만들며, 세상을 왜곡해 인식하게 함으로써 창조적인 단초를 제공한다는 데에 이르면, 탄성이 절로 나온다. 그리고 깨닫게 될 것이다. 처절하게 고통스러우면서도 한없이 매력적인 이 신경질환이 보여주는 '뇌의 경이로움'에 당신이 이미 사로잡혔다는 사실을.

정재승
뇌과학자, 《과학 콘서트》, 《열두 발자국》 저자

오늘날 약 20만 명의 한국인에게 영향을 미치는 흔한 신경학적 장애인 측두엽뇌전증TLE에 대해 쓴 책을 여러분에게 보여드리게 되어 매우 기쁩니다. 성인들 사이에서 가장 흔한 형태의 뇌전증이지만, TLE는 비밀에 부쳐진 역사가 있습니다.

TLE에 관해 쓰여진, 일반 대중을 위한 최초의 책인《사로잡힌 사람들》은 1993년 미국에서 출판되었고, 그동안 대단히 훌륭한 평가를 받았습니다. 그러나 미국 뇌전증 재단the Epilepsy Foundation of America은 침묵을 지켰습니다. EFA는 뇌전증을 긍정적인 이미지로 유지하고 그 오명을 벗기는 것을 사명으로 삼아, 그 와중에 논란의 여지가 있어 보이는 모든 것에 대해서는 논의를 피해온 것입니다. 환자를 돕는 단체들은 정신질환 및 성격 변화와의 연관성 때문에 TLE에 대한 정보를 적극적으로 막았습니다. UCLA의 신경과 및 정신과 교수인 제프리 커밍스Jeffrey Cummings는 "뇌전증 관련 단체들

은 반복적으로 입증된 관계인 '정신병리와 뇌전증이 연관이 있다'
는 일반적인 사실을 부인한다"라고 말합니다.

이렇게 비밀을 유지한 대가는 매우 큽니다. TLE에 대한 정보의
흐름을 막으면 그에 대한 대중의 인식도 줄어들고 결국 환자의 치료
에 방해가 됩니다. TLE 환자가 장애에 대한 기본 정보에 접근할 수
없는 것입니다. 장애가 있는 사람들이 정확한 진단을 받기까지 수
년, 심지어 수십 년을 기다려야 하는 경우가 생기기도 합니다. 그동
안, 그들은 보호시설에 갇혀 정신병 약으로 치료받기까지 합니다.
의사들은 정신병원에서 소위 '만성 잔류조현병'이라고 진단받고 쇠
약해져가는 일부 환자는 실제로 치료 가능한 형태의 뇌전증일 수도
있다고 의심합니다.

TLE는 숨겨서는 안 됩니다. 대중은 그것에 대해 알 자격이 있
습니다. TLE를 앓는 사람들은《사로잡힌 사람들》의 독자에게서 제
가 받은 수백 통의 편지가 증명하듯이 이 사실에 동의하고 있습니
다. 나는《사로잡힌 사람들》이 한국에서 발간되어 이 매력적이고 계
시적인 장애에 대한 대중의 인식이 높아지고, 더불어 TLE 환자와 그
가족 및 친구에게 유용한 정보를 제공할 수 있길 바랍니다.

버지니아 W. 러플랜트에게

———————

허약하지 않거나 질병에 걸리지 않은 사람은 거의 없다.
그리고 바로 그 허약함이 우리를 예기치 않게 돕는다.
-윌리엄 제임스《종교적 경험의 다양성》

서문

측두엽뇌전증TLE은 흔히 볼 수 있는 신경학적 질병으로 신체와
정신의 관계를 잘 보여줍니다. TLE는 성인 뇌전증 중에 가장 흔하게
나타나는 형태로, 미국인의 약 100만 명이 진단받았으며, 그 외에도
100만 명 정도는 진단받지는 않았지만 TLE 때문에 고통받는 것으
로 보입니다. TLE의 발작은 기이한 환각과 낯선 감정, 의도하지 않
은 움직임 등으로 인해, 흔히 정신병과 비슷한 양상을 보입니다. 이
러한 발작과 더불어 이 질병은 성격의 변화와 연관이 있어서, TLE가
있는 많은 사람은 발작이 멈춘 동안 강렬한 감정과 깊은 종교성, 글
을 쓰거나 그림을 그려야 한다는 충동을 느낍니다. 유명인 중 이 질
병을 앓은 사람으로 도스토옙스키, 테니슨, 루이스 캐럴 등이 있는
데, 그들이 예술 작업을 지속한 데에는 이러한 TLE의 특성이 기여
했을 것입니다. 이 질병이 정신과적인 질환과 성격의 변화와 관계가
있기 때문에, TLE의 연구는 정신병과 정상적인 사람의 행동과 창의

력에 대한 생리학적인 열쇠가 될 것입니다.

나는 1984년에 당시 30대였던 친구를 통해 처음 TLE라는 병을 알게 되었습니다. 그 친구는 여러 해 동안 심각한 정신 상태를 경험했는데, 이 병으로 인해 스스로를 고립시키고 자살을 시도했습니다. 그리고 의사들이 정신병으로 의심해서, 그 친구는 정신병원에서 수개월을 지내야 했습니다. 마침내 1983년에 한 의사가 그의 증상이 발작이라는 사실을 알아냈고, 그의 문제가 실제로는 TLE라고 알려주었습니다. 이 병의 독특한 증상과 그에 따른 성격 변화, 그리고 진단의 어려움에 매료되어 나는 하버드 대학교의 신경과 전문의인 노먼 게슈윈드Norman Geschwind에게 연락했습니다. 그는 TLE 환자의 성격적인 특성을 처음으로 대중에게 알린 사람이었고 내 친구를 진단하기도 했습니다. 게슈윈드는 나에게 다른 전문가들을 알려주었고 나와 만나기로 약속했습니다. 불행히도 그는 일주일 뒤 58세의 나이에 심장마비로 세상을 떠나버렸습니다. 그 후로 여러 해 동안 나는 그가 알려준 사람들에게 전화하고, 수많은 의사와 환자를 인터뷰하고, 신경외과 의사가 TLE를 외과적으로 수술하는 것을 참관했으며, 이 질병에 대한 강의를 듣고 논문과 책을 읽었습니다. 그리고 전문가들이 TLE를 앓았다고 여기는 작가, 예술가, 종교 지도자의 생애와 작품을 조사했습니다.

이 창조적인 명사들의 이야기는 이 책에서 세 명의 일반인들과 엮여 있습니다. 20년 동안 TLE를 앓았던 변호사 찰리, 10년 전에 발병한 회사 이사인 질, 그리고 인생 내내 질병을 앓은 은퇴한 미용사 글로리아가 그들입니다. 이 책은 TLE의 역사에서 일어난 의학적인 돌파구를 설명하며 게슈윈드와 그보다 먼저 이 질환을 근대적으로 이해한 두 명의 선구적인 의사뿐 아니라, 이 퍼즐을 맞추는 여정에 기여한 여러 의사들에게도 초점을 맞추었습니다. 또 TLE 발작의 숨은 원인과 발작이 미치는 여러 가지 효과를 조사하고, 이 질병과 관련된 다양한 성격의 특성을 추적하여 이 증상과 소위 정상 행동 사이의 유사점과 차이점을 살펴보았습니다. 마지막으로, 의사들이 TLE의 사례에 개입하려고 노력하는 방식에 관해 잠재적인 치료의 오용을 포함하여 진단과 치료라는 양방향에서 다뤘습니다. 이 책을 통해 일반적이거나 독특한 TLE의 경험에 대한 설명은 공격성과 성욕, 창조성과 같이 인간과 함께하는 속성에 관한 탐구로 이어질 것이며, 이 놀라운 질병이 우리 모두에게 미치는 영향을 보여줄 것입니다.

차례

1

◆

전형적인 병례

———

목사가 되고 싶었던 미친 화가

1888년, 프랑스 남부의 한 시골 의사가 지금 생각해도 아주 현명한 진단을 내렸다. 그의 환자는 아를Arles의 마을에서 열 달간 지내던 35세의 네덜란드 출신 화가였다. 크리스마스 날 아침, 경찰은 그 지역의 병원에서 당직을 서던 의사 펠릭스 레이Felix Rey에게 그 화가를 데리고 갔다. 레이는 그 화가가 정신착란이 있고, 병원에 오기 전날 스스로 왼쪽 귀의 일부를 잘라내서 머리가 온통 피에 젖어 있었다고 적어놓았다. 그날 오후와 다음 날 오전에 레이와 화가는 병원 마당을 산책하면서 최근 몇 달간 겪었던 그의 문제를 열거해보았다. 그는 최근까지 불안과 우울감에 시달렸다. 그는 자신이 미쳐간다고 여기고 두려움에 떨고 있었다. 또한 뇌가 제대로 돌아가지 않아서 환청을 들었고, 일상생활 중에 통째로 기억하지 못하는 시간이 상당히 많았다. 12월 26일, 레이는 그 환자의 진료 기록에 "M. 고흐 씨는 뇌전증♦의 한 형태를 앓고 있다"라고 기록했다.

이러한 형태의 뇌전증은 오늘날 측두엽뇌전증Temporal lobe epilepsy 또는 TLE라고 불리며, 감정과 기억을 담당하는 뇌의 한 부분에 일어난 발작 때문에 발생한다. TLE 발작이 일어나면 환자는 분노나 공포 같은 강력한 감정에 사로잡히거나 환청이나 환시 또는 생생한 과거의 회상에 압도당한다. 이 발작은 잠깐, 혹은 수 분간 지속되며 드물게 한 시간 이상 계속되기도 한다. 가끔 멍하게 쳐다보거나 팔과 입을 떠는 경우는 있지만, 대개 뚜렷한 신체적 증상은 따르지 않는다. 발작하는 동안 몽유병 환자처럼 걷거나 때로는 무의식적으로 폭력적인 행동을 하기도 하는데, 나중에 깨어나면 대개 기억하지 못한다. 더 널리 알려진 대발작♦♦이 뚜렷한 신체적 경련을 보이는 데 반해, TLE 발작은 쉽게 인지하기가 어렵다. 이는 TLE가 뇌 전체가 아닌 일부분에만 영향을 주기 때문이고, 의식 전체가 중단되는 것이 아니라 의식의 변동만 일으키기 때문이다. TLE는 BC 5세기, 히포크라테스가 발간한『신성한 질병The Sacred Disease』이라는 뇌전증에 대한 논문에 이미 암시되어 있었다. 하지만 오늘날까지도 별개의 질환으로 지정하는 것을 받아들이지 않는 사람도 있어서, 몇몇 의사들은 환자가 의식을 잃지 않는다면 '뇌전증을 앓고 있다'고 말하는

♦ 뇌전증은 예전에는 '간질'이라고 불렸으나, 2010년 병에 대한 차별 및 편견을 없애기 위해 대한의사협회에서 명칭을 '뇌전증'으로 변경했고 2014년 보건복지부도 정식으로 병명을 바꿨다.

♦♦ Grand mal epilepsy. 대발작은 전신긴장간대발작generalized tonic-clonic seizure이라고도 한다. 양측성으로 근육이 갑자기 긴장tonic하다가 멈추기 전에 점차 수축과 이완을 반복하는clonic 모습을 보인다.

것을 거부하기도 한다. 이러한 진단적인 문제에도 불구하고 오늘날 TLE는 성인에게 가장 흔하게 나타나는 발작의 한 형태다. 비율로 따지면, 두 명의 대발작 환자당 세 명의 TLE 환자가 존재한다.

고흐가 살던 시대에 이런 형태의 뇌전증은 거의 알려지지 않았다. 그렇지만 레이는 이미 자신의 귓불을 자르고 뇌전증으로 진단받은 다른 환자를 본 적이 있었다. 마침 이 질환에 대한 논문을 막 완성한 의과대학 동기에게 자극받아, 젊은 의사 레이는 그 주제에 관해 당시 저널에 실린 논문을 읽었던 것이다. TLE에 관해 처음 정의를 내린 사람 중 하나인 영국의 신경과 의사 존 헐링스 잭슨John Hughlings Jackson의 논문도 그중 하나다. 잭슨은 이른바 '정신적 뇌전증psychic epilepsy'을 위한 객관적인 검사는 없고, 의사가 환자의 병력을 들어야만 발견할 수 있을 뿐이라고 썼다. 오늘날까지도 TLE의 진단에 비슷하게 사용되는 방법을 이용해서 레이는 고흐의 이야기를 듣고 뇌전증이 어떻게 발전했는지 그림을 짜 맞추었다.

레이는 화가가 1853년 네덜란드의 쉰데르트Zundert 마을에서 태어났을 때 겪은 난산이 문제의 기원일 것이라고 추측했다. 뇌전증은 뇌의 전기적, 화학적 혹은 물리적 문제로 발생하는데, 레이가 생각하기에 고흐의 경우에는 그 원인이 물리적 문제인 것으로 보였다. 고흐를 낳을 때 어머니의 분만 시간이 매우 길었는데, 산도에서 아이는 짧은 시간 동안 무산소증이었을 것이다. 의사 레이는 이때 고흐의 뇌세포 한 무더기가 저산소증에 빠져 손상을 입었고, 그 결과 작은 흉터를 남겼으며, 수년 후 이 지점에서 뇌전증이 생겼다는 이론을 세웠다. 그래서 레이는 한쪽 뇌 손상을 나타내는 가시적 징후로, 고흐의 심각한 안면 비대칭에 주목했다. 한쪽 대뇌반구에 상흔이 있다면 몸 한쪽의 발달을 저해할 수 있다는 사실과 일치했기 때문이다. 더불어 뇌전증이라는 진단을 뒷받침할 수 있는 또 다른 요소로 이 화가의 뇌질환 관련 가족력을 꼽을 수 있었다. 고흐의 누이 중 하나는 정신이상으로 성년기를 병원에서 지냈으며, 이모는 대발작을 앓았다. 다른 몇몇 친척도 뇌전증 진단을 받았다. 레이는 뇌전증이 직접 유전되지는 않지만 가계에 따라 걸리기 쉬운 성향이 있다는 사실을 알고 있었다.

이 화가의 유년기 또한 레이에게 고흐가 어딘가 평범하지 않다는 것을 알려주는 신호였다. 고흐는 어렸을 때부터 주기적으로 두통과 복통, 어지러움과 우울증에 시달렸다고 회상했다. 그는 사람들을 피했으며 대부분의 시간을 혼자 보냈다. 청년 시절에는 아버지처럼 개신교 목사가 되고 싶어서 선교사가 되어 벨기에의 가난한 마을로 기독교를 전파하기 위해 여행하기도 했다. 생활은 안정적이지 않았지만 그의 열정만큼은 놀라웠다. 그는 금식하고 넝마를 입으며 스스로를 벌했다. 마을 사람들은 그에게 '신의 미친놈'이라는 별명을 붙였고, 교회는 그가 '불미스러움을 넘나드는 과도한 열정'을 가지고 있다는 이유로 직책에서 해임하였다. 이렇게 10년간 외롭게 선교사 일을 한 후, 20대 후반이 되자 그는 예술을 위해 종교를 버렸다. 하지만 고흐는 두 분야에서 모두 먹고살기 어려웠기 때문에. 아버지와 동생 테오Theo에게 재정적인 지원을 받았다고 의사에게 털어놓았다.

고흐는 곧 30대 초반에 자신의 행동이 점점 더 변덕스러워졌다고 말했다. 그는 부활한 예수를 보는 등 신비주의적인 환영을 경험했으며, 자주 분노에 휩쓸렸다. 1886년에는 사람들이 북적거리는 파리의 한 미술관에서 격분에 휩싸여 말 그대로 옷을 모두 벗어 던진 적도 있었다. 이러한 고흐의 경험은 레이에게 TLE에 대해 쓴 잭슨의 논문을 떠올리게 했다. "아마도… 어떤 사람이 별다른 원인 없이 갑자기 맹렬하게 분노하거나, 혹은 몽유병 비슷한 상태가 되어 2~3킬로미터나 걷거나, 운하로 걸어 들어가거나, 교회에서 신발을 벗거나, 길거리에서 옷을 벗는다면, 그는 뇌전증이 있는 것이다."

미술관에서 옷을 벗어 던지고 2년 후, 고흐는 아를 지역의 아름다운 빛 아래에서 그림을 그리기 위해 그곳으로 이사했다. 그다음 몇 개월 동안 고흐는 친구 폴 고갱Paul Gauguin에게 아를로 오라고 애원하는 편지를 엄청나게 썼다. 1888년 10월, 고갱은 마침내 아를에 도착했고 고흐가 빌려 가구를 갖춰놓은 노란색 집에서 같이 살게 되었다.

처음에는 함께하는 생활이 순조로웠다. 낮에는 그림을 그리고 밤이 되면 술을 마시며 카페에서 이야기를 즐겼다. 고흐는 고갱이 장보기를 즐기는 반면에 자신은 요리를 즐긴다는 점이 만족스러웠다. 집안일이 간단히 나뉘었기 때문이다.

그렇게 몇 주가 지나자 갑자기 인생이 힘들어졌다고, 고흐는 레이에게 토로했다. 고흐에게 갑자기 극심한 복통이 찾아와서 식욕을 잃었고 환각을 본 것이다. 하루는 그가 작약을 그리고 있었는데 시야의 오른쪽 반이 검게 변했고, 동시에 왼쪽 반으로는 꽃이 위아래가 뒤집혀 보였다. 그의 기분은 침울해지고 예민해졌다. 또 12월의 어느 날 오후에는 캔버스에 해바라기를 그리고 있는 고흐의 초상화를 고갱이 완성하자, 고흐는 닮았다고 하면서 "그래, 그거 나 맞아. 그런데 미쳐버린 나야"라고 말했다. 한편, 고흐는 고갱이 시골 아낙네나 매춘부와 시간을 많이 보낸다며 갈수록 심하게 분개했다. 그러던 12월 23일, 카페에서 두 사람이 술을 마시다가 고흐가 초록색 증류주인 압생트가 들어 있는 잔에 갑자기 손을 뻗어 고갱의 머리에 던져버렸다. 고갱은 재빨리 술잔을 피했고 고흐를 붙잡아 집으로 끌고 와서는 침대에 재웠다.

다음 날 아침, 고흐가 평소와 달리 유난히 깊은 잠에서 깨어나자 고갱은 곧 아를을 떠나겠다고 통보했다. 고흐는 친구에게 머물러달라고 간곡히 호소했고, 자신의 감정이 폭발했던 것에 대해서는 거의 기억하지 못했지만 누누이 사과했다. 그러나 고갱은 마음을 고쳐먹지 않고 온종일 멀찍이 떨어져 지냈다. 땅거미가 지자 고갱은 고흐를 집에 혼자 두고 공원으로 산책하러 집을 나섰다.

고흐는 거울로 가서 면도날을 집어 들고 불그스레한 수염을 깎기 시작했다. 의사에게 말한 바로는, 바로 그때 알 수 없는 곳에서 목소리가 들려와 그에게 고갱을 죽이라고 명령했다고 한다. 레이는 고흐가 뇌전증을 겪었고, 그 목소리는 TLE 발작으로 그의 뇌에서 나온 것이라는 의견을 냈다.

그 목소리에 이끌려 고흐는 텅 빈 거리로 나갔다. 그는 공원 쪽으로 가다가 그 입구에 있는 전나무와 부겐빌레아 덤불 사이를 넘어 공원 산책길로 접어들었다. 그는 아직도 면도날을 들고 있었다.

몇 분 뒤 고갱은 뒤에서 나는 발걸음 소리에 고개를 돌렸고, 5미터쯤 뒤에서 자신을 초대했던 친구가 미친 사람 같은 표정으로 손에 칼을 들고 있는 것을 발견했다. 고흐는 정신이 딴 데 팔린 것처럼 보였다. 잠시 후 고흐는 휙 뒤로 돌더니 집으로 뛰어갔고, 그 칼날로 고갱을 죽이라는 명령이 들린 귀의 아래쪽 반을 잘라냈다.

상처에서 솟아 나오는 출혈을 멈추게 하려고 고흐는 머리에 수건을 휘감아 눌렀으며, 피 묻은 수건은 방바닥에 마구 내동댕이쳤다. 몇 시간이 흘렀다. 고갱은 집으로 돌아가지 않았다. 호텔에서 그날 밤을 보내기로 결심했던 것이다.

자정쯤이 되자, 고흐는 잘린 귀를 집어 들고 종이에 싸서 밖으로 나갔다. 그는 마을을 지나쳐 고갱이 평소 자주 찾던 유곽까지 가서는, 언젠가 자신을 위해 자세를 취해준 매춘부의 집 현관 계단에 '기념품'이라는 쪽지와 함께 귀를 놓아두었다. 고흐의 이상한 행동에 놀란 이웃이 그를 끌고 집에 왔고, 그는 잠이 들었다. 다음 날 아침, 이웃이 부른 경찰이 고흐를 깨워 병원으로 옮겼고 그곳에서 펠릭스 레이와 만난 것이었다.

내 안의 폭풍에 휩쓸리다

────────────

고흐의 상태를 치료하기 위해, 레이는 당시에 가능했던 뇌전증 치료법 대부분을 처방해보았다. 지금은 사용이 중단되었지만 브롬화칼륨은 1857년에 처음으로 항경련제로 사용된 약품인데, 고흐의 경우 '견디기 힘든 환각'을 조금 덜해주는 것처럼 보였으나 그 외의 증상에는 효과가 없었다. 레이는 또 고흐에게 금주를 권했는데, 이는 알코올이 어느 정도 이상이 들어가면 발작을 유발할 수 있다고 알려졌기 때문이다. 고흐는 1886년 파리에서 고갱, 피사로Pissaro, 툴루즈 로트렉Toulouse-Lautrec 같은, 카페에서 주로 모이던 예술가 그룹에 참가하기 전까지는 자주 술을 마시지 않았다. 그 그룹이 가장 좋아하는 술은 압생트였는데, 이 술은 뇌전증을 너무 잘 일으켜서 1914년부터는 인간에게 사용하는 것이 금지되었고, 실험 목적으로 발작을 유발하려 할 때만 개에게 사용되고 있다. 고흐는 1888년 초에 파리를 떠난 후로 고갱과 마시기 전까지는 압생트를 입에 대지 않았다. 다시 그가 술을 끊고 병원에서 규칙적인 식사를 하면서 그의 상태는 호전되기 시작했다.

입원한 지 2주가 지나자 고흐는 다시 그림을 그릴 수 있을 만큼 몸이 좋아졌다고 느꼈다. 실제로 작업에 대한 욕망은 엄청났다. 레이에게 치료를 받으면서 고흐가 그린 많은 작품 중에는 그를 치료한 의사의 초상화와 머리에 붕대를 감고 있는 자화상 여러 점이 있다. 또한 그는 강박적으로 글을 썼다. 예전에는 동생 테오에게 하루에 한 통씩 편지를 보냈다면 이제는 날마다 하루에 두세 통의 편지를 보냈는데, 여섯 쪽을 넘는 경우도 많았다. 1월 중순이 되자, 그는 집에 돌아갈 수 있을 만큼 몸이 회복되었다고 느꼈다.

하지만 그달 말에 발작이 다시 일어났고, 심지어 더 심해졌다. 고흐가 '내 안의 폭풍'이라고 부른 전형적인 발작은 환각, 아무 이유 없는 분노, 혼란, 공포, 과거 기억의 홍수로 이루어졌는데, 스스로 전혀 제어할 수가 없어서 괴로웠다. 그런 발작 중에 한번은 그가 태어난 '쥔데르트에 있는 집의 모든 방과 모든 길'을 다시 보고, '정원의 모든 식물 하나하나, 그 주변의 들판 풍경, … 묘지에 있는 키 큰 아카시아나무에 있는 까치의 둥지에 이르기까지' 세세히 보기도 했다. 그는 발작하면서 자신이 어디에 있는지 잊어버리거나 자신을 둘러싸고 있는 주변 환경이 실제가 아니라고 여러 번 느꼈다. 가끔은 청각과 시각도 영향을 받았는데, 가까운 곳에서 나는 소리가 멀리서 나는 것처럼 들리고, 물체는 쪼그라들어 보였으며, 얼굴은 찌그러져 보였다. 또 그는 '형언할 수 없는 정신적 고뇌의 감정'과 '마음의 바닥을 흐르는 모호한 슬픔'으로 고통받았다. 편집증이 생겨서 마을 사람들이 그를 독살하려 한다고 의심하기도 했다. 2월 초에 그는 병원에 다시 입원했는데, 전에 고갱에게 했던 것처럼 면도날로 레이를 위협했다.

고흐의 짧은 생애에서 남은 기간 동안 지속된 패턴이 이렇게 시작되었다. 그때부터는 거의 미친 것 같은 시기와 매우 생산적인 고요한 시기를 오갔다. 1888년 12월부터 19개월 동안 그는 지속적으로 입원해야 했다. 그러나 전보다 그림을 더 자주 그렸고, 훨씬 더 표현력이 넘쳤다. 이 기간에 고흐는 수백 점이 넘는 수채화와 유화, 소묘를 그렸는데, 이는 그가 평생 그린 전체 작품량의 절반이나 된다. 육체적, 정신적으로 점점 피폐해지면서도 그는 예술사에서 가장 소중하고 널리 알려진 작품들을 창작해낸 것이다.

고흐가 느꼈듯이, 그를 파괴하고 있던 것이 한편으로는 그림을 그리는 에너지를 주고 있었다. 그는 시각적 세상에 대해 전에는 몰랐던 '과도한 민감성'이 생겼음을 느꼈다. 아를에서 동생 테오에게 보내는 편지에 "[내가 그리고 있는] 사이프러스 나무가 온통 내 생각을 채우고 있어"라고 썼다. "그 나무는 이집트의 오벨리스크만큼 선과 비율이 아름답고, 초록색은 선명하게 구별되는 특성이 있어. 태양이 내리쬐는 풍경에 그냥 검은색이 후드득 떨어진 것처럼 보이지만 검은 색상 가운데 가장 흥미로운 것 중 하나이고, 내가 머릿속에 떠올린 그대로 그리기가 정말 힘든 색이야. 그렇지만 너도 한번 파란색 속에 있는, 파란색에 대조되어 서 있는 사이프러스를 봐야 해. 이곳에서 자연을 그리려면, 다른 곳에서도 마찬가지겠지만, 오랫동안 그 속에서 살아봐야 해. 나는 해바라기 작품처럼 사이프러스를 가지고도 무언가 대단한 것을 그리고 싶어. 내가 지금까지 보아 온 것과 다른 모습을 보여서 깜짝 놀랐거든. … 때로 나는 내 의지와는 반대로 스케치를 하고 있어. 우리를 이끄는 것은 감정, 자연에 대해 느끼는 진실성이 아닐까? 그래서 때로 그 감정이 너무 강하면 자신이 작품을 그리고 있다는 것을 느끼지도 못한 상태에서 그림을 그리게 되기도 하고, 때로는 연설이나 편지의 단어가 이어지듯이 연속성과 일관성을 가진 붓놀림이 나오기도 해. … 철은 뜨거울 때 다듬어야 하는 법이니까."

레이는 잭슨이 쓴 '정신의 뇌전증'과 창의성의 관계에 대해 읽은 적이 있었지만, 그는 환자의 예술보다는 건강에 더욱 관심이 많아서 고흐에게 그림을 그리지 말고 좀 쉬라고 처방했다. 이를 받아들여 고흐는 뇌전증과 광기를 치료하기 위해 1889년 5월에 아를의 병원에서 가까운 생레미드프로방스Saint-Remy-de-Provence의 정신병원으로 옮겼다. 그곳의 의사였던 페이론Peyron은 레이가 고흐를 뇌전증으로 진단하고 '정신적 노동'을 하지 않도록 권한 것이 옳다고 보았다. 그렇지만 페이론은 고흐에게 방을 두 개 내주어, 한 곳에서는 잠을 자고 한 곳에서는 그림을 그릴 수 있게 했다.

고흐는 고통에 시달리면서도 창작 활동을 계속했다. 발작이 일어나면 '심히 끔찍하고, 무시무시하고, 소름 끼쳤으며', 비명을 지르고 욕을 내뱉었고, 몽유병 증세를 보였으며, 사람들 앞에서 옷을 벗어 던졌다. 어느 날은 정신병원에서 가까운 채석장에서 병원 도우미가 지켜보는 가운데 그림을 그리다가, 전신이 경련하는 발작이 일어나기도 했다. 그는 동생에게 "내 뇌 속에 진짜로 무엇인가 발광하는 것이 틀림없어"라고 썼다. 의사 아들의 말에 따르면, 그래도 고흐는 아직 몸이 좋다고 느껴질 때마다 '증기기관 엔진처럼' 그림을 그렸다고 한다. 테오에게 쓴 편지에서 그림을 그리는 동기에 관해 설명하면서, 고흐는 "작업은 다른 곳에 집중하게 해주지. 나는 주의를 다른 곳으로 돌려야 하거든. 아니면 작업이 내가 제어 상태에 있게 해준다고 할 수 있어. 그래서 내가 자신을 부정하지 않게 해주고, … 일이 나를 힘들게 만든다기보다는 오히려 나는 일을 하고 싶어 안달이 났어"라고 썼다. 그리고 절제된 표현으로 "나는 그림 그리기를 아주 좋아해. 내가 점점 더 추하고, 아프고, 가난해질수록 더더욱 뛰어난 색감과 좋은 구도의, 눈부시게 빛나는 작품을 그리는 것으로 복수하고 싶어져"라고 덧붙였다.

하지만 자신을 예술적으로 표현하고 싶다는 갈망만이 강해진 것은 아니었다. 분노와 의존성도 새롭게 극단으로 치달았다. 고흐는 주기적으로 격분이 폭발해서 다른 환자나 의사에게 위협과 욕설을 퍼붓고 폭력을 가했다. 또 등유나 유화물감 그리고 테레빈유를 마시며 두 번이나 자살을 시도했다.

동시에 동생과 고갱에 대한 의존성도 증가했다. 그는 테오와의 관계를 결혼 관계인 것처럼 '법적인 연대lawful union'라고 불렀다. 테오는 고흐보다 네 살이나 어렸지만 스물세 살 때부터 형을 부양하는 부담을 떠맡아 형에게 돈과 캔버스, 물감을 보냈고, 수포로 돌아가긴 했지만 고흐의 작품을 팔려고도 노력했다. 고흐와 테오 형제는 1886년부터 1888년 초, 고흐가 아를로 이사할 때까지 파리에서 같이 살았다. 1888년 12월에 테오가 약혼하자, 동생으로 인한 행복은 자신의 처지에 대한 서글픔으로 얼룩졌다. 버림받았다고 느낀 그는 의존의 대상을 테오에게서 고갱으로 갈아타려고 필사적으로 노력했지만, 고갱은 테오처럼 지지해주는 역할을 하지 않았다. 예를 들어, 고흐가 귀를 자른 후에 고갱은 한마디도 없이 아를을 떠났지만, 테오는 형을 간호하기 위해 약혼녀와 보내던 휴가를 즉시 중단했던 것이다. 그렇기는 해도 고흐는 고갱과 헤어지고 나자 무척 힘들어했다. 고흐는 여전히 고갱과 다시 함께 지낼 수도 있다는 환상을 품고 있었다. 그는 1890년까지도 고갱에게 그림을 선물로 보냈고, 그를 따라 마다가스카르로 가는 것을 고려하고 있었다.

생레미에서 1년이 지나자, 그는 의사의 충고는 무시하고 이사하기로 결정했다. 우울감과 두려움 때문에 동생 가까이에 있고 싶었던 것이다. 그때 동생은 파리에서 아내와 막 태어난 아들과 함께 살고 있었다. 1890년 5월, 고흐는 북쪽으로 여행을 떠나 오베르쉬르우아즈Auvers-sur-Oise 마을의 여인숙에 머물렀다. 그곳에서 그는 파리에 사는 테오를 방문했지만, 아내와 자식을 책임져야 하는 테오는 고흐가 원하는 만큼 관심을 주지 못했다. 테오가 돈을 절약하려고 오베르에서 형과 지내는 대신 아내의 고향인 네덜란드에서 여름 휴가를 보내기로 하자, 고흐는 분노에 차서 파리를 떠나 오베르로 돌아가버렸다. 새로운 발작이 한바탕 그를 휩쓸었고, 무시무시한 환상과 환청을 경험했다. 더는 그림을 그릴 수 없었고 절망에 빠졌다. 7월 27일 일요일 오후, 그는 건초 밭으로 걸어 들어가 자신의 가슴에 총을 쏘았다.

어둑어둑할 무렵, 고흐는 머무르던 여관에 비틀거리며 돌아왔다. 의사들은 총알을 제거할 수 없었다. 그들은 그의 외투 주머니에서 동생에게 쓴 편지를 발견했다. 그 편지에는 "이곳에 돌아오고 나서, 붓이 자꾸 손가락에서 미끄러지기는 했지만 그림을 그리기 시작했어. 정확하게 내가 원하는 것이 무엇인지 알고 있어서 큰 작품 세 점을 그렸지. 그것은 어수선한 하늘을 배경으로 한 드넓은 옥수수밭 그림인데, 슬픈 감정과 극도의 외로움을 표현하기 위해 굳이 밖으로 나갈 필요는 없었어"라고 적혀 있었다.

테오는 의사에게 연락을 받고 놀라서 그다음 날 도착했다. 고흐는 의식이 있었지만 죽어가고 있었다. 화요일 이른 아침, 서른일곱 살의 화가는 동생의 품에서 세상을 떠났다.

가장 심각한 발작과 가장 위대한 예술작품

그 후 수십 년간, 레이가 진단하고 페이론이 확진한 고흐의 병명은 거의 무시되었다. 예술사가들이 보기에 고흐의 증상은 생레미 부근의 채석장에서 일어난 일회성의 신체적 발작을 제외하고는 뇌전증의 증상 같지 않았다. 이 화가의 정신적 위기와 수차례의 입원, 폭력성은 그가 '미쳤다'는 근거일 뿐이어서, 창조적인 천재성과 광기가 공존하는 것으로만 여겨졌다. 정신과 의사들은 조현병 schizophrenia에 나타나는 환청이나 환상, 편집증과 분노, 현실 도피 같은 많은 증상을 언급하면서 그가 생애 마지막 2년 동안 정신질환을 앓았다는 가설을 세웠다. 그의 생애 마지막까지 계속된 예술에 대한 강력한 집중력은 조현병 환자에게 대체로 동반되는 정신 혼미 증상과 일치하지 않는다고 신경과 의사들은 주장했지만, 곧 조현병은 고흐의 진단명을 확정하는 데 유력한 답이 되었다. 이후 수년간 의사들은 매독이나 조울증, 일사병, 메니에르병, 급성 간헐포르피린증,

녹내장이나 화학약품 중독 같은 수백 가지의 진단을 의학 저널에 떠들썩하게 제안하거나 격렬하게 부정하였다.

그러는 동안에도 뇌전증 전문 의사들은 말없이 처음의 진단이 옳다고 여겼다. 실제로 신경과 의사들이 TLE에 대해 더 잘 알게 되면서 고흐를 그 전형적인 사례로 여기게 되었다.

먼저 그의 유전적 특징과 환경이 뇌전증의 위험도를 높였다. 고흐가 사망하고 65년이 지난 후, 프랑스의 앙리 가스토Henry Gastaut 라는 신경과 의사는 고흐의 생애와 의무 기록 등을 연구하여 그의 가계가 TLE에 유전적인 민감성이 있다고 결론을 내렸다. 그의 안면 비대칭은 뇌 손상을 의미했다. 유년기의 신체적, 감정적인 문제는 유년기의 바이러스 감염에 의한 것이든, 기억할 수 없는 두부의 낙상에 의한 것이든, 혹은 레이가 의심한 대로 출산 당시의 상처에 의한 것이든 간에, 이른 시기에 발생한 뇌의 흉터를 의미한다고 보았다. 가스토는 이러한 요인이 발작의 필수조건이기도 하지만, 고흐가 1886년에 생각 없이 음주를 한 것이 이 질환에 시동을 걸었고, 1887년에는 작은 발작을, 1888년에는 큰 발작을 일으켰으며, 마침내 크리스마스 즈음에는 폭력적으로 끝맺게 된 것이라고 덧붙였다. TLE를 가지고 있지만 아직 진단받지 않은 사람들은 가끔 발작 증상을 없애기 위해 술을 마시다가 자신도 모르게 질환을 악화시키기도 한다. 가스토는 술이 아니었다면 뇌전증의 유전적 경향이 발작으로 발전하지는 않았을 것이라고 생각했다.

알다시피, 화가는 결국 술을 마셨고 수많은 발작을 겪었다. 가스토는 "고흐의 생애 마지막 2년 동안 그가 발작을 겪었다는 사실을 부인할 수는 없다"라고 단언했다. 이 화가의 명치 불쾌감부터 반복적인 환영과 공포, 분노, 이유 없는 감정의 폭발까지, 모든 개별적인 증상은 TLE와 일치한다. 게다가 이러한 증상이 수그러들어서 그가 불같이 작품을 그릴 수 있었던 발작 사이의 기간도 이 질환의 진단과 잘 맞는다. 뇌의 활동에 영향을 미치는 호르몬의 주기와 휴식, 스트레스에 의한 발작의 빈도는 다달이, 혹은 매주 바뀌기 때문이다.

마지막으로, 고흐는 신경과 의사들이 TLE의 전형적인 모습이라고 생각하는 일련의 성격 특성을 보여주었다. 가스토는 고흐의 격정적인 기질과 다른 사람에 대한 극도의 의존 성향, 이성에 대한 무관심, '병적인 종교 몰입', 쓰기와 그림에 대한 강박성을 언급하며, "고흐의 성격 문제는 TLE를 가진 사람에게서 흔하게 볼 수 있는, 발작 사이의 성격 변화와 완벽하게 일치한다"라고 보았다. 가스토는 진단받지 않은 TLE와 마찬가지로 이러한 증상은 정신질환의 증상으로 오진되기도 한다며, 고흐의 경우에는 사후에 오진되었다고 했다. 이러한 특징은 그의 일생을 통해 명백하게 보이다가 가장 심각한 발작과 가장 위대한 예술작품에 이르러 절정에 이르렀다. '세계적인 예술의 가장 위대한 표현 중의 하나를 정신적인 문제로 축소하는 것'을 우려하기는 했지만, 가스토는 고흐의 이러한 질환적 특성이 그의 작품에 이바지했다고 보고 다음과 같이 결론지었다. "그의 성격 문제는 활성과 비활성을 반복하는 발작 때문에 호전과 악화를 거듭했다. 고흐의 예술적 발전과 다양한 그림 기법이 남프랑스에서 정점에 달한 것에서 알 수 있듯이, 이 성격 문제가 영향을 끼친 것이 분명하다."

2
◆
선구자들

─────

뇌와 마음을 비춰주는 특별한 병에 주목하다

존 헐링스 잭슨John Hughlings Jackson은 생애의 마지막 35년 동안, 런던에 있는 집에서 두 사람을 위한 식탁을 차려놓고 항상 혼자 식사를 했다. 비어 있는 자리는 마흔 번째 생일을 앞두고 뇌졸중으로 세상을 떠난, 동화작가였던 아내 엘리자베스 데이드 잭슨Elizabeth Dade Jackson을 위한 것이었다. 그는 엘리자베스와 사촌지간이었는데, 10대였을 때부터 11년간 사귀다가 1865년에 결혼했다. 1876년에 아내가 죽은 후 헐링스는 친구에게 "가정의 행복만 한 것은 세상에 아무것도 없다네"라고 털어놓았다. 수줍음 많고 내성적인 의사 잭슨은 그 후 다시는 결혼하지 않았다.

엘리자베스 잭슨의 치명적인 뇌졸중은 뇌의 혈관을 좁게 만들면서 다른 문제도 동시에 가져왔는데, 만성적인 유전 질환으로 인한 것이었다. 때로 그녀는 벌레가 피부 아래로 기어가는 듯한 느낌을 받았으며, 몸의 한쪽이 떨리며 점점 상체를 향해 올라오는 진전tremor

을 느끼기도 했고, 주변의 물체가 멀리 떨어져 보이거나 현실이 아닌 것처럼 보이는 '꿈을 꾸는 듯한 상태dreamy state'♦에 빠져들기도 했다. 이러한 증상을 요즘에는 TLE 발작으로 쉽게 규명할 수 있지만, 그 당시에는 알려진 바가 없었다. 고대 그리스 시대 이후로 뇌전증은 '넘어지는 병falling sickness'♦♦으로 알려졌는데, 넘어지는 것과는 전혀 관계가 없는 TLE 발작의 정의 때문에 TLE 발작을 뇌전증과 연관시키기가 어려웠다. TLE 발작을 정확하게 뇌전증으로 진단해도, 진단 자체가 수치스러운 낙인으로 여겨졌다. 수천 년간, 뇌전증 환자는 귀신 들린 것이고, 발작은 신이나 악마가 머릿속에 들어앉아 생긴 결과라고 여겨져서 사람들은 환자를 피했다. 19세기가 되자 이런 관점에 대한 흥미는 사라졌지만, 일반인들과 몇몇 의사들 사이에 발작이 과도한 섹스나 자위의 결과로 나타난다는 새로운 공감대가 형성되었다. 마침 엘리자베스 잭슨의 남편은 뇌전증이 실제로 어떻고, 그 기원이 어떻게 되며, 어째서 일어나는지를 아는 몇 안 되는 사람 중 하나였다. 이 질환이 뇌와 마음을 비춰주는 특별한 기회임을 깨닫고, 헐링스는 이 질병을 이해하는 일에 몰두했다.

1835년, 요크셔의 시골에서 태어난 잭슨은 젊은 시절 한 의사의 지도를 받으며 견습을 하고, 요크 의과대학을 다녔다. 이후 44년간 런던의 퀸스퀘어에 있는 유명한 '마비 환자와 뇌전증 환자의 구

♦　꿈을 꾸는 듯한 상태dreamy state는 의학 용어로 '몽롱상태'라고 한다. 이러한 감각은 자기 판단을 믿을 수 없고, 지각이 멍해지며, 얼마나 시간이 지났는지 알 수 없는 의식의 상태를 말한다.
♦♦　falling sickness는 영어로 '뇌전증'을 가리키는 병명으로 쓰인다.

호와 치료를 위한 국립병원'에서 신경과 환자를 돌보았다. 그보다 젊은 동료였던 맥도널드 크리츨리Macdonald Critchley는 잭슨이 임상의로서 근면 성실했으며, '정확하게 환자가 행하고 말한 것, 환자의 모든 지체와 서두름, 잘못된 반응, 몸짓'을 기록했다고 전했다. "이런 점은 그저 시작일 뿐이었다. 잭슨은 생각을 거듭하고 스스로에게 '왜'라는 질문을 계속 던졌다. 그는 신경계에 퍼져 결국 특이한 패턴의 기능 변화를 일으키는 근본적인 문제를 풀려고 했다." 그 과정에서 잭슨은 수많은 환자의 발작 상태를 기록했는데, 그들 중 일부는 그의 아내가 경험했던 것과 같이 환각적인 냄새와 맛을 느끼기도 하고, 일시적으로 사지를 움직이지 못하거나 잠시 단어를 이해하지 못하기도 했으며, 이상한 감각, 진전, 꿈을 꾸는 듯한 느낌을 호소했다. 그의 연구는 환자의 사후에도 계속되어서 부검을 통해 환자의 뇌를 절개하고 그가 발견한 상세한 병력을 적어놓았다.

일을 떠나면 잭슨은 나사가 빠진 듯 정신이 없었다. 예를 들면, 국립병원 병동 근처에서 빅토리아 여왕을 알현하기로 되어 있던 날은 약속을 까맣게 잊어버리기도 했다. 그는 사회적이거나 문화적인 일은 따분해했는데, 유일한 예외가 독서였다. 그는 독서를 매우 좋아했다. 특히 오스틴과 디킨스의 소설과 윌리엄 윌키 콜린스와 아서 코난 도일의 추리소설을 즐겨 읽었다. 그러나 책 자체는 아무 의미가 없었다. 책을 읽으면서 책을 찢거나 페이지를 버리기도 했으며, 심지어 신경과 책을 빌려서는 다시 읽고 싶은 부분을 잘라내기도 했다. 어느 날 오후, 서점 직원은 수염을 기른 단정한 의사가 막 사들인 책의 표지를 찢어서는 코트 주머니에 집어넣을 수 있도록 본문을 둘로 가르는 것을 기막혀하며 바라보았다. 그 점원의 눈길이 따갑게 느껴지자, 잭슨은 근엄하게 "이보게, 자네는 내가 미쳤다고 생각하 겠지? 하지만 미친 사람은 이런 짓을 하지 않는다네"라고 설명했다.

잭슨의 신경학적 관심은 매우 넓어서 행동장애부터 언어장애, '정신이상'까지 망라했는데, 그중에서도 가장 많이 다룬 질환은 뇌 전증이었다. 1861년에 『매독과 관련한 뇌전증Cases of Epilepsy Associated with Syphilis』으로 시작해 1902년 『경련의 병례에 대한 관찰Observations on a Case of Convulsions』로 끝난 논문 시리즈를 통해 뇌전증에 대한 현 대적 관점의 기틀을 세웠다.

뇌전증에 대한 그의 개념은 발작이란 무엇인가에 대한 초기 발 견을 바탕으로 한다. 1862년 이 젊은 의사가 국립병원에 들어갔을 무렵, 연구자들은 발작이 뭔지는 모르지만 뇌에서 물리적인 문제가 일으키는 구조적인 질환이라고 이미 의심하기 시작했다. 초창기 잭 슨에게 깊은 인상을 준 이론은 발작이란 혈액 안의 독에 대한 뇌의 반응이라는 것이었다. 잭슨은 이 가설을 변형시켜서, 발작은 뇌로 가는 혈관이 수축되어 '뇌의 혈액량이 줄면' 발생한다고 제안했다. 이것은 그의 아내나 혈관질환 환자의 발작을 설명하는 것 같았지만, 뇌로 가는 혈류가 감소했다는 증거가 없는 다른 뇌전증 환자의 발작 을 설명할 수는 없었다. 잭슨은 모든 뇌전증 환자들이 공유하는, 발 작의 바탕이 되는 다른 요소가 있어야 한다는 사실을 알고 있었다.

그 요소는 흉터였다. 잭슨이 부검을 시행한 뇌전증 환자는 예외 없이 모두 눈으로 보이는 뇌 조직의 손상이 있었다. 흉터의 원인은 다양해서 두부 부상, 알코올이나 화학물질 중독, 종양이 자람에 따른 압력, 일시적인 산소 또는 혈액 부족 등과 같은 이유로 발생한 것이었다. 하지만 발작 상태와 관련된 것은 단일한 원인이라기보다는 바로 흉터 자체였다.

잭슨은 인간의 뇌는 '발화firing되거나' 또는 전기적 신호를 통해 인간의 행동과 감정, 사고에 이바지하는 신경세포로 이루어져 있다는 것을 알고 있었다. 그는 흉터나 그 주변의 세포가 손상을 입거나, 때로 '방전discharge'을 일으키거나, 조절되지 못한 전기적 폭발이 이루어져서 세포가 정상적으로 촉발하지 못하면, 그럴 때마다 발작이 발생한다는 가설을 세웠다. 1873년에 그는 "뇌전증은 간헐적이고 갑작스러우며, 과도하고 빠른 국지적인 회백질 혹은 뇌 조직의 방전을 가리키는 것이다"라고 썼다. 지금은 유명한 이 정의는 그가 다른 곳에서 이 질환에 대해 11쪽에 걸쳐 정의했던 것에 비하면 놀랍도록 간결하다. 나중에 그는 뇌전증을 일으키는 뇌세포는 "주변의 '정신이 온전한 세포들'을 미친 것처럼 행동하게 만드는 뇌의 '미친 부분'이다"라며 농담 섞인 비유를 하기도 했다.

뇌전증이 뇌에서 제대로 발화되지 않은 전기 신호라는 인식 덕분에 잭슨은 발작과 발작성 질환을 모두 망라하는 이론을 세울 수 있었다. 뇌전증이라는 단어는 그리스어인 *epilepsia*에서 유래했는데, '가져가다, (외부에서 잡듯이) 사로잡다'라는 뜻으로, 반복되는 발작 상태를 일으키는 모든 질환을 일컫는다. 대발작만을 '진정한', 혹은 '진짜' 뇌전증으로 여겼던 동시대인들과는 달리, 잭슨은 제대로 발화되지 않은 범위에 따라 적어도 두 가지의 '뇌전증'을 파악해냈다. 그가 관찰한 바로는 대발작에서는 뇌전증성 방전이 급속하게 뇌를 가로지르면서 거대한 내부적인 전기 폭풍을 일으키고 뇌의 고위 기능을 차단함으로써, 의식을 잃거나 쓰러지고 신체적 경련을 겪었다. 잭슨은 이것을 '전신적인generalized' 발작이라고 명명했다. 두 번째 부류의 발작에서는 뇌전증의 활성이 뇌의 제한된 영역에 남아 있었다. 이러한 발작은 '국소localized' 또는 '초점focal' 발작이라고 명명했다.

잭슨의 구분법은 지금도 사용되고 있어서, 오늘날에도 의사들은 '전신적인' 발작과 '부분적인partial' 발작이라고 표현하는데, '부분적인' 범주에 TLE가 포함된다. 전신적인 발작은 대발작과 순간적으로 의식을 상실하는 증상을 보이는 소발작petit mal(다른 말로, 실신발작absence seizure)을 포함한다. 부분적인 발작도 의식의 변동이 있는지 여부에 따라 단순simple발작과 복합complex발작으로 나뉜다. 모든 복합 부분발작이 TLE는 아니지만, 현재 많은 의사들이 '복합 부분발작 장애complex partial seizure disorder'라는 용어와 TLE를 같은 뜻으로 사용한다. 이 두 개의 큰 발작 범주가 따로 나뉘기는 하지만, 부분발작도 때로는 '전신적인' 발작이 되어서 몇 분 만에 대발작으로 진행하기도 한다. 만일 TLE 발작이 전신적인 발작으로 규칙적으로 진행되는 환자라면 '2차적으로 전신발작이 된 부분발작secondary generalized partial seizures'이라고 표현한다.

부분발작은 뇌의 특정 영역의 기능을 엿볼 수 있는 창과도 같아서, 잭슨에게는 지대한 관심거리였다. 뇌에서 방전이 일어나는 부분의 기능이 발작 상태의 증상을 결정하는데, 방전이 그 부분의 특정 기능을 일시적으로 켜거나 끄면서 간섭하기 때문이다. 예를 들어 후각을 담당하는 뇌의 영역에 뇌전증성 방전이 생기면 발작하는 사람이 환후幻嗅가 일어나거나 아무 냄새도 맡지 못할 수 있다. 잭슨의 아내에게 일어난 뇌전증성 방전은 사지가 떨릴 때의 운동 기능, 피부에 벌레가 기어가는 듯한 느낌이 들 때의 감각 기능, 꿈을 꾸는 듯한 상태일 때의 의식이나 기억 기능 같은 몇 가지 일상적인 기능을 바꿔놓았다. 잭슨은 아내를 부검하지는 않았지만, 수많은 부검을 통해 뇌전증성 흉터의 위치는 환자가 전형적인 발작 상태의 초기부터 영향을 받은 바로 그 기능을 조절하는 뇌 영역임을 알았다. 이것은 방전을 일으키는 위치가 발작의 효과와 일치한다는 그의 견해를 확인해주었다.

오늘날 이 이론은 광범위하게 받아들여지고 이를 처음 주장한 사람은 현대 신경과학의 아버지라고 불리지만, 처음에는 "경멸적인 침묵으로 무시되었다"라며 1911년에 내과 의사인 헨리 헤드Henry Head는 말했다. 잭슨은 연구를 홍보할 만한 기술이나 욕망이 부족했다. 성공을 향한 의지가 없었던 이 강연자는 여행을 싫어했고, 의사들이 모여서 아이디어를 교환하는 회의를 회피했다. 게다가 빅토리아 시대의 영국에서는 몽롱상태나 환각, 공공장소에서 옷을 벗어 던지는 증상을 도덕적이나 성적인 결함이 아니라고 보는 것을 받아들이지 못했다. 실제로 영국의 의사들은 프랑스어나 독일어로 번역된 잭슨의 논문을 읽은 유럽의 의사들이 영어 원문을 읽어보라고 하기 전까지 잭슨의 발견을 무시했다. 이러한 유럽 의사 중의 한 명이 펠릭스 레이이고, 다른 한 사람은 1880년에 신경과 의사가 되어 가재와 장어, 인간 태아의 신경세포를 조사한, 정신과학의 아버지인 지그문트 프로이트Sigmund Freud였다. 뇌전증에 대한 잭슨의 기여가 처음에 무시된 또 다른 이유는 그의 주장이 아직 증명되지 않은 생각에 기반했기 때문이다. 잭슨은 실험가가 아니라 이론가였다. 그의 아이디어는 환자에 대한 관찰과 그의 직관력에서 나온 것이었다. "가설을 세우는 이유는 그것이 과학을 하는 방법이기 때문이다. … 가설이란 다른 말로 추정이지, 결론이 아니다. 방법론적 관찰과 실험의 시작점에 불과하다."

실험가들이 잭슨의 이론을 증명하자, 그의 명성은 점점 높아졌다. 1870년대에 독일의 과학자인 프리츠Fritsch와 히트치크Hitzig는 노출된 뇌 조직의 표층으로 약한 전류를 흘려보내서 개의 사지를 움직였다. 이 실험을 통해 뇌로 가는 전기적 흐름이 의도하지 않은 동작을 일으킬 수 있음을 알았다. 자극 시간을 늘리거나 전류의 강도를 높이자, 개는 전신발작을 일으켰다. 비슷한 시기에 영국의 리처드 케이턴Richard Caton은 토끼와 고양이에게 자연적인 '뇌의 전류'가 있다는 것을 보여주기 위해 전선과 전압계를 이용했다. 그리고 잭슨의 스코틀랜드 출신 동료인 데이비드 페리어 경Sir David Ferrier은 원숭이의 뇌에 심은 전선에 전류를 흘려보내 인위적으로 뇌전증을 일으켰다. 페리어의 원숭이들은 뇌의 한 지점에 자극을 받자 진전을 일으켰고, 다른 지점에서는 이빨을 드러내며 으르렁거렸으며, 세 번째 지점에서는 겁을 먹고 몸을 웅크렸다. 이렇게 뇌의 서로 다른 부위를 자극하자 다양한 반응을 일으키는 것은 뇌의 기능이 특정 영역에 '국지적'이라는 의미다. 이것은 뇌의 다른 영역에서 뇌전증성 방전이 일어나면 서로 다른 발작 효과를 일으킨다는 잭슨의 이론을 설명해주었다. 마침내 원숭이 중 몇 마리는 아무런 외부의 자극도 없는

데도 발작을 일으켰다. 페리어는 원숭이의 뇌에 반복적으로 전기 자극을 준 것이 흉터를 만들어서 스스로 발작을 일으키게 되었다고 추론했다. 그가 실험에 사용된 동물을 부검하며 뇌를 조사했을 때, 흉터를 눈으로 직접 확인할 수 있었다.

그러나 잭슨의 아이디어를 증명하는 데 사용할 수 있는 방법에는 한계가 있었다. 살아 있는 인간의 뇌에 전기 자극을 주는 실험은 허용되지 않았으므로 프리츠와 히트치크, 케이턴, 페리어는 동물의 뇌를 사용했다. 생명을 위협하는 종양을 제거하는 외과적 시술이 아니면, 의사들은 간접적으로만, 동작에 관해 기능하는 살아 있는 인간의 뇌를 관찰할 수 있었다. 살아 있는 동물의 뇌는 찌르고, 자르고, 염색하고, 변경하고, 제거해볼 수 있었지만, 살아 있는 인간의 뇌는 그럴 수 없었다. 이러한 윤리적 제한 때문에 연구자들은 인간의 뇌에 대한 연구를 토끼나 원숭이, 개의 뇌로 실험했다. 동물과 인간의 뇌 사이의 차이점은 이론가들에게는 고민거리로, 미래의 연구자들에게는 탐구 과제로 남았다.

오스카 와일드Oscar Wilde가 "세상에는 기다려야만 하는 일도 있고, 사람이 오랫동안 이해하지 못하는 일도 있는 법이다. 그것이 아직 제기된 적이 없는 물음에 대한 답이기 때문이다"라고 한 적이 있는데, 이는 잭슨의 경우를 설명한 셈이었다. 잭슨의 아이디어가 대담하고 인간에 대한 실험은 제한적이었기 때문에, 그의 생전에 뇌전증에 대한 아이디어를 완전히 탐구하는 것은 불가능했다. 1911년 10월, 일흔여섯의 나이에 폐렴으로 세상을 떠나 런던 하이게이트 묘지의 아내 곁에 묻힐 때까지도, 그의 아내와 환자들이 경험한 꿈을 꾸는 듯한 상태가 잭슨이 생각한 것처럼 뇌의 전기적 방전에 의한 결과라고는 아무도 확신하지 못했다. 잭슨의 이론을 증명하는 데는 다시금 25년이 걸렸다.

수술은 인간의 마음을 들여다보는 창

_____

　1930년대 몬트리올 외과 수술실의 수술대 위에는 스물여섯 살의 여성이 왼쪽으로 누워 있었다. 그녀는 머리를 민 채 금속 틀에 머리가 고정되어 있었는데, 오른쪽 두피는 뒤로 잡아당겨졌고, 두개골은 가로세로 2인치(약 5센티미터) 정도가 제거된 채 노출되어 있었다. 의식은 또렷한 상태였지만, 부분마취를 했기 때문에 두피와 뇌를 덮은 조직에서는 아무런 감각을 느끼지 못했다. 하지만 정작 고통을 느끼게 만드는 뇌는 찔러도 고통을 느끼지 못하므로 전신마취는 하지 않았다.

　2볼트의 전압을 내며 절연 처리가 된 탐침봉이 촉촉하고 울퉁불퉁한 뇌의 표면을 움직였다. 신경외과 의사인 와일더 펜필드Wilder Penfield는 반복적으로 탐침봉을 드러난 뇌에 갖다 대며, 접촉한 뇌 영역의 기능을 알려주는 그녀의 반응을 관찰했다. 펜필드는 인간의 뇌도 페리어의 원숭이처럼, 뇌 조직에 전기적인 자극을 주면 그 조직에 의해 조절되는 기능이 활성화된다는 사실을 알고 있었다. 예를 들어, 의도하지 않은 혀의 움직임은 탐침봉이 혀의 운동에 관여하는 영역을 건드렸다는 의미였다. 또, 엄지손가락이 따끔거린다고 하면 방금 그 손가락의 감각을 조절하는 영역을 발견했다는 뜻이었다. 일시적으로 말을 하지 못하면 언어능력에 관계된 영역을 건드렸다는 것을 알려주었다. 이렇게 운동과 감각, 언어를 관장하는 영역은 펜필드의 관심거리였다. 그는 그녀의 뇌전증을 치료하기 위해 수술할 참이었고, 그러한 영역은 제거하면 안 되기 때문이다.

어느 순간, 펜필드가 탐침으로 뇌를 건드리자 예상하지 못한 일이 일어났다. 그녀는 펜필드에게 "무슨 소리를 들었어요"라고 말했다. 절개된 두피와 얼굴 사이를 막은 두껍고 무거운 수술보 때문에 목소리가 작았다. "이게 무슨 소리인지는 잘 모르겠어요." 그녀에게는 기억 속의 소리인 것 같았다.

펜필드는 놀라서 방금 전 건드린 부위에 다시 탐침봉을 부드럽게 갖다 댔다. 그러자 그녀는 "맞아요, 선생님" 하고 말했다. "엄마가 어딘가에서 어린 아들을 부르는 소리예요. 수년 전에 있었던 일 같아요. 내가 살던 곳의 이웃인데, 그때 저는 근처에 있어서 그 소리가 들렸어요."

뇌에 전류가 흐르는 전선이 닿자, 그녀를 과거 어느 순간으로 데려간 것이다. 그 기억은 지금 경험하는 것처럼 생생했지만, 그녀는 몬트리올의 수술실에 의식이 또렷한 상태로 누워 있었다. 그 경험은 꿈꿀 때처럼 마음이 둘로 분리되어서, 하나는 현재에 남아 있고 다른 하나는 오래전 순간을 경험하고 있었다. 사실 이러한 감정은 그녀에게 친숙했다. 부분발작을 앓을 때마다 이러한 감정을 느꼈던 것이다.

펜필드는 이처럼 환자가 뇌에 대한 전기적 자극에 반응하여 생생하고 발작 같은 기억을 이야기하는 것은 그때까지 두 번밖에 보지 못했다. 1933년에 있었던 첫 번째 경우 역시 뇌전증 수술 전에 일어났는데, 당시 펜필드는 그러한 반응이 예외적이거나 우연한 것이라고 생각해 환자의 말을 믿지 않았다. 이것이 잭슨의 몽롱상태의 본질을 발견하는 역사적인 순간일 수도 있다는 것을 깨닫자, 펜필드는 자신이 발견한 것에 대해 경탄하게 되었다.

흥분을 감춘 채, 펜필드는 그녀에게 다시 한번 자극을 줄 것이라고 말했다. 환자에게 보이지 않는 상태로 그의 손은 근처의 다른 쪽으로 내려갔고 탐침봉이 뇌를 자극했다. 그녀는 다른 기억이 떠오른다고 했다. "강을 따라 내려오는 소리를 들었어요. 어떤 남자와 여자가 뭔가를 부르는 소리죠. 생각하기에는 강을 본 것 같아요." 탐침봉으로 유발된 두 번째 기억은 들을 수도 있고, 볼 수도 있었다.

계속해서 탐침봉이 미세하게 건드렸다. 이번에 이 여성은 기시감◆('아주 작은 친숙함의 순간')을 느끼고, 또 '조금 후에 일어날 일을 모두 알고 있다는 느낌'이라고도 했다. 약간 다른 곳을 자극하자 그녀는 "오!" 하고 외치더니, 어디인지 위치는 알 수 없는 어떤 사무실에서 겪은 '매우 친숙한 기억'을 묘사했다. "책상을 볼 수 있어요. 그리

◆ 기시감déjà vu이란 지금 벌어지는 일을 전에도 경험한 적이 있는 것 같은 느낌을 뜻한다. 데자뷔는 프랑스어로 '이미 본already seen'이라는 뜻이다.

고 누군가가 저를 부르고 있는데, 한 남자가 손에 연필을 들고 책상에 기대 있어요." 뇌에 탐침봉이 닿자, 그녀의 마음의 눈이 그 남자를 본 것이다. 탐침봉이 다른 곳으로 이동하자 그는 사라졌다.

펜필드는 그녀의 기억들은 잭슨이 몽롱상태라고 명명했던 발작의 실험적 재생이라고 확신했다. 이 환자의 반응이 의사의 암시에 의한 것이 아니라 전기적인 자극에 의한 결과임을 증명하기 위해서, 그는 손을 살짝 움직이면서 곧 그녀의 뇌를 자극할 것이라고 말하고는 건드리지 않았다. "아무 일도 없어요"라고 그녀는 대답했다. 다시 펜필드는 그곳에서 멀지 않은 곳을 말없이 자극했다. 그러자 그녀는 "작은 기억이 떠올라요. 연극의 한 장면이에요. 그들은 대화하는 중이고, 나는 그 사람들을 볼 수 있어요. 방금 그것을 기억에서 봤어요"라고 말했다.

집도의인 펜필드는 이러한 기억들이 뇌의 한 영역에 주어진 전기적 자극 때문에 생긴 직접적인 결과임을 알게 되었다. 그는 이 영역이 몽롱상태 동안 활성화되는 곳이 틀림없다고 생각했다. 나중에 펜필드는 "거의 놀라 자빠질 뻔했다. 기억과 인지를 담당하는 뇌의 피질에 주어진 전기적 자극이 잭슨이 '몽롱상태'라고 부른 것을 만들어냈기 때문이다"라고 회상했다. 우연에 가깝게도, 이론가가 생각해온 것을 신경외과 의사가 증명한 셈이다.

펜필드는 1891년 워싱턴주 스포캔에서 태어났는데, 아버지는 개척시대 의사이자 독실한 크리스천 사이언스♦ 신도였다. 그의 부

♦　크리스천 사이언스Christian Science는 기독교 교파 중 하나로, 병을 기도만으로 치유할 수 있다고 믿는다.

모는 펜필드가 여덟 살일 때 이혼해서, 어머니는 아이들을 데리고 위스콘신에 있는 친정으로 돌아갔다. 펜필드는 프린스턴 대학에 다니면서 로즈 장학생으로 선발되었다. 미국과 유럽에서 신경학을 배웠고, 런던의 퀸스퀘어 병원에서 잭슨의 학생들, 동료들과 1년간 함께했다. 제1차 세계대전 동안 프랑스에서 야전병원 의사로 일하면서 수술에 매료되었다. 그는 수술에 대해 "엄청난 대담성과 해부학과 병리학에 대한 지식, 판단력이 있어야 하는 숙련된 목수 일일 뿐이다"라고 설명하고, "나는 남는 것을 두드려 빼내는 목공 일을 즐겼다"라고 했다. 그는 1921년 뉴욕에서 신경외과 의사로서 경력을 시작했다. 7년 후에는 맥길 대학과 로열 빅토리아 병원에서 신경학 연구소를 개설하도록 초빙되어 아내와 아이들을 데리고 몬트리올로 이사했다. 캐나다에서 정식 신경외과 의사로서는 역사상 두 번째였던 펜필드는 1976년에 사망할 때까지 그곳에 남았다.

잭슨처럼 펜필드의 가족력에도 뇌전증이 있었다. 그의 누나 루스는 어렸을 때부터 짧은 의식 변동을 겪었는데, 그때는 부분발작으로 인식되지 않았다. 발작은 40대에 악화되어 의학적인 주의를 기울여야 하는 대발작을 일으키기도 했다. 잭슨이 선구적으로 사용했던 검안경을 통해 펜필드는 누나의 눈 뒤쪽을 검사했는데, 뇌의 종양을 의미하는 부어오른 정맥과 시신경이 보였다. 어렸을 때부터 있었던 것으로 보이는 종양이 건강한 뇌 조직을 눌러서 발작을 일으켰으며, 얼굴 쪽으로 종양이 확장되면서 부분발작에서 대발작이 된 것이었다. 펜필드는 종양을 제거할 수 있는 세계에서 몇 안 되는 의사였고, 성공 여부가 확실하지 않은 위험한 수술을 직접 하기로 했다. 이러한 결단은 남매 사이가 좋았다는 뜻이지만, 크리스천 사이언스라는 루스의 신앙을 고려한다면 놀랄 만한 일이었다. 또 펜필드가 "내가 가지고 태어난 유일한 장점이라면 목적을 향한 끈기일 것이다. 누군가는 고집불통이라고 할 수도 있겠지만"이라고 했던 말의 근거이기도 했다.

누나를 수술하는 동안, 펜필드는 암 덩어리가 뇌의 핵심 부분을 관통하고 있는 것을 보았고, 결국 일부는 제거하지 못한 채 남겨놓아야 했다. 수술 후 18개월 동안 루스의 발작은 계속되었고 종양은 다시 자랐다. 그녀의 인격은 무너졌고 이제는 간단한 식사조차 준비할 수 없었다. 보스턴에 있는 한 외과 의사가 암을 좀 더 제거했고 잠깐 회복하는 듯했지만, 결국 발작이 다시 나타났고 1년이 되지 않아 암으로 죽었다.

루스의 증상인 뇌종양과 뇌전증은 펜필드의 전문 분야였다. 뇌종양 수술은 외과 의사에게 살아 있는 인간의 뇌를 직접 검사할 기회였다. 그러나 뇌종양은 병례가 드물고 대개 치명적이었으며 제거수술을 해도 예후가 좋지 않은 경우가 많았다. 그에 비해 뇌전증은 외과 의사가 살아서 기능하는 뇌를 볼 수 있는 기회라는 점은 마찬가지지만 뇌종양과 같은 단점은 없었다. 또 뇌전증은 흔했고, 치명적인 질병도 아니었으며, 발작이 시작된 것으로 여겨지는 영역을 제거해도 대부분 환자의 죽음으로 연결되지는 않았다. 더욱이 펜필드가 1930년대에 26세 여자 환자의 몽롱상태를 유발하는 동안 알아낸 것처럼, 뇌전증은 인위적으로도 유도할 수 있었다. 외과 의사들은 뇌수술을 하는 동안 전류가 흐르는 탐침봉으로 '뇌전증 환자에게 남들은 잘 모르는 방법으로, 자연이 그리도 자주 일으키는 실험의 합리적인 복사판'을 만들어낼 수 있었다.

펜필드는 인간에 대한 생체실험 금지라는 오랜 금기를 한 번도 어기지 않고, '자연이 그리도 자주 일으키는 실험'을 1,000명 이상의 발작 환자에게 되풀이했다. 질환을 치료한다는 목적이 있었으므로 뇌를 조사해도 규칙을 어긴 것은 아니었다. 뇌전증을 치료하기 위해 환자의 뇌수술을 할 때, 뇌의 정상 기능도 살펴볼 수 있었다. 대부분의 경우 뇌전증을 일으키는 뇌와 정상 뇌의 유일한 차이는 발작이 시작되는 조그만 흉터인 '발작의 초점seizure focus'밖에 없었다. 만일 외과 의사가 정상적인 뇌를 전류가 흐르는 탐침봉으로 자극한다면 정상 뇌 역시 '[뇌전증에] 붙잡힐seized' 것이다.

뇌의 정상적인 부분에 제한된 실험을 하면서, 펜필드는 뇌전증을 통해 신경학적 질환의 치료와 뇌의 이해라는 두 가지 전문적인 목표를 이뤄냈다. "오랫동안 답을 얻지 못했던 모든 외과 의사에게 배움의 기회가 수술방 안으로 걸어 들어온 것이다"라고 펜필드는 설명했다. "기회가 외과 의사의 손에 달려 있었다. … 그가 노출된 환자의 뇌를 수술할 때… 마치 보이지 않는 퍽 요정*이 귓속말로 '이런 기회는 절대로 다시 오지 않을 거야. 잠깐만 멈춰봐. 생각을 해보라고. 전극을 가져다 대봐. 환자가 뭐라고 말하는지 들어보란 말야. 네가 할 수 있는 동안만 환자의 반응을 아슬아슬하게 조종하며 증명해보라고'라며 외과 의사에게 말하는 듯했다." 1934년 몬트리올 신

◆ 퍽 요정Puck은 영국 민화에 등장하는 장난꾸러기 요정이다.

경학 연구소가 개설되면서 펜필드가 '질병과 고통을 가라앉히며 신경학의 연구에 전념하는 곳'이라고 연구소의 성격을 설명한 정문 석판 문구도 그를 잘 묘사한다. 수년 뒤에 펜필드는 연구와 치료라는 두 가지 목표가 연관되어 있음을 인정했는데, "연구소가 마침내 뇌의 장애를 치료할 뿐 아니라 인간의 뇌를 연구하는 시설을 제공했다"라면서 "물론 우리의 목표는 항상 치료에 있다"라고 덧붙였다.

펜필드가 뇌전증을 치료하기를 바라며 선택한 수술은 '엽절제술lobectomy'이다. 외과 의사는 메스와 흡입 장치 또는 비단실로 만든 올가미를 이용해 발작의 초점을 포함하는 뇌의 엽 전체나 일부를 제거한다. 이 수술은 TLE의 이름에서 알 수 있듯이, 발작을 가장 잘 일으키는 뇌의 영역인 측두엽이 그 대상이었다. 측두엽이 제어하는 기능인 감정과 기억은 TLE 발작에도 반영되어 몽롱상태 등을 일으킨다. 앙리 가스토는 고흐가 발작 때 겪은 공황과 분노, 두려움, 회상, 기억상실 같은 감정과 기억의 변화는 발작을 일으키는 흉터가 측두엽에 있다는 것을 설명한다고 생각했다. 최초의 측두엽절제술이 시행될 무렵 아직 고흐는 살아 있었다. 가장 초기 수술이 1886년 런던에서 시행될 때 잭슨과 페리어 경도 수술실에서 참관했다. 말에서 떨어진 이후 발작이 발생한 젊은 스코틀랜드인 환자의 수술이 끝나고 뇌를 봉합하면서, 스코틀랜드인인 잭슨은 비꼬는 투로 페리어에게 이렇게 평했다. "끔찍하군, 완전히 끔찍해. … 방금 스코틀랜드인의 머릿속에 농담 하나를 넣을 수 있었는데 그 기회를 놓쳐버렸어." 펜필드보다 앞선 50년간의 수술에서 측두엽절제술은 성공률이 반반이었다. 몇몇 환자들은 수술 전에 비해 발작이 전혀 없거나 훨씬 줄어들었지만, 많은 환자는 회복 후에 발작은 전혀 변화가 없고 운동 능력이나 언어 또는 기억 같은 중요한 기능에 문제가 생겼다. 이러한 손실은 외과 의사가 발작의 초점과 정상 기능을 하는 뇌의 위치를 정확하게 짚을 수 없어서 우연히 조절 기능을 하는 영역을 제거하는 반면 발작의 초점은 남겨놓았기 때문에 생긴 일이었다.

펜필드의 환자들에게는 다행스럽게도 최신 발명품 하나가 발작의 초점과 뇌의 영역이 조절하는 기능을 감지할 수 있도록 의사의 능력을 향상시켜주었다. 몬트리올에서 펜필드가 연구소를 세울 무렵인 1929년, 독일의 재활 전문 의사인 한스 베르거Hans Berger가 뇌의 전류를 측정하는 기구를 설계하였다. 뇌파측정기Electroencephalograph라는 이 기구는 끝에 은으로 된 전극이 달린 8~16개 정도의 전선이 밖으로 나온 상자 모양이었다. 각각의 전극은 사람의 두피나 뇌의 다른 지점에 놓이고, 전선은 해당 지점의 전기적 활성도를 상자에 전달하고 상자 안의 기계장치가 움직이는 종이 두루마리에 뇌의 활성도를 기록했다. 그 결과 8~16개의 물결 모양 흔적을 얻을 수 있는데, 이를 뇌파 또는 EEG라고 부른다. 각각의 파형은 뇌의 한 영역에서 어떤 일이 일어나고 있는지 기록한 것이다. 파형의 높이와 폭에 변화가 있다면 이는 운동이나 감각 같은 일상 기능이 활성화되었다는 뜻이다. 선잠이나 깊은 잠, 고요한 상태, 흥분된 상태, 손상받은 조직은 모두 특징적인 EEG 양상을 보여준다. 죽은 사람은 당연히 선이 평평하다. 간헐적으로 발생하는 발작의 경우, 발작의 초점은 계속해서 뇌에 있으므로 몇 가지 특징적인 양상을 보인다. 가장 신뢰할 만한 발작의 초점에 대한 신호는 빠르고 동시적인 전위의 변화 때문에 발생하는 리듬감 있고 연속적인 '극파棘波, spikes'다. 극파는 때때로 좀 더 부드럽고 낮은 전압의 파형을 가진 '극서파복합spike-and-wave'의 모양이 된다. 발작이 발생하면 EEG상에서 '초동기운동hypersynchronous action'이라고 하는 삐죽삐죽하고 통통 튀는 파형이 나타난다. 이렇게 정상 활동과 비정상 활동을 보여주는 지표를 가지고 외과 의사는 환자의 신체적이나 언어적인 반응 말고도 수술 전에 환자의 뇌를 자극해 객관적으로 뇌의 전기적 변화의 양과 위치를 측정할 수 있었다.

1930년대 초기에 펜필드는 EEG 기계를 구했고, 뇌파 검사자로 허버트 제스퍼Herbert Jasper를 고용했다. 제스퍼는 EEG 결과를 전문적으로 판독하는 새로운 직종의 의사인 셈이었다. 그는 자동차 뒷좌석에 EEG 기계를 싣고 매주 펜필드의 캐나다 연구소와 로드아일랜드에 있는 병원을 오갔다. 그러다가 1937년에 펜필드는 제스퍼를 꾀어 몬트리올에서 상근하게 하였다. 30년이 넘도록 두 의사는 수백 명의 뇌전증 환자의 뇌에 수술 전과 후에 자극을 주어 검사했다. 수술 전 검사는 발작의 초점을 알고 제거하지 말아야 할 뇌 조직을 결정하기 위한 것이었고, 수술 후 검사는 필수적인 뇌의 기능이 아직 온전한지 확인하기 위한 것이었다. 수술방에서 펜필드가 전류가 흐르는 탐침봉을 손에 들고 환자의 머리 옆에 서면, 제스퍼는 펜필드의 뒤쪽에 마이크와 뇌파 기계가 있는 유리 칸막이로 된 공간에 앉아 있었다. 그리고 뇌파 기계에서 나온, 끝에 은색 전극이 붙은 구불구불한 전선이 환자의 뇌에 놓였다. EEG 또는 환자의 단어나 행동을 통해, 탐침봉이 어떤 기능을 자극했다는 것을 알게 되면 펜필드는 탐침봉이 건드린 뇌의 지점에 숫자가 표시된 동그랗고 조그마한 라벨을 붙였다. 수술 도중에 라벨이 움직이거나 잃어버리지 않도록 사진사와 참관석의 비서가 각각 뇌의 기능을 기록해놓았다.

수많은 환자의 뇌를 자극하는 과정을 통해 펜필드와 제스퍼는 '지도를 작성'했다. 말하자면 언어, 운동, 오감, 감정, 기억을 포함한 일반적인 뇌 기능의 도해를 그린 것이었다. 1954년에 그들은 이러한 발견을 《뇌전증과 뇌의 기능적 해부학Epilepsy and the Functional Anatomy of the Brain》이라는 책에서 집대성했다. 그들은 이 책을 잭슨에게 헌정했는데, 그 이유는 책의 많은 부분이 '오래전 잭슨이 추정했던' 결론이었기 때문이다. 그들은 이 책을 '정상과 비정상 상태에서 뇌의 작용에 대한 솔직한 기록'이라고 했는데, 여기서 정상 상태란 일반적인 정신 상태를, 비정상 상태란 부분발작의 경험 같은 것이라고 정의했다. 전신발작은 연구에서 제외되었는데, 그 이유는 발작 활동이 뇌 전체를 관통해 재빠르게 퍼지기 때문에 최초의 방전 위치를 확인하는 것이 불가능했기 때문이다. 이 두 의사는 수백 명의 발작을 설명하여 기록했고, 이는 발작의 상태가 방전이 일어나는 영역의 정상 기능을 반영한다고 했던 잭슨의 이론을 확인해주었다. 즉, 시각적인 환영은 시각 영역에서 일어나고, 두려움과 분노는 감정을 지배하는 영역에서 일어나며, 몽롱상태는 의식과 기억을 담당하는 영역에서 일어난다는 것이다. 펜필드는 탐침봉으로 발작을 자극하는 것은 "뇌의 정상 구조를 활성화하는 것이 분명하다"라며, 결과적으로 "각각의 발작은 인간을 조종하는 기관인 뇌의 전체적인 기능 내에서, 부분적으로 떼놓고 관찰할 수 있는 구조를 언뜻 보여주는 것이다"라고 썼다.

펜필드와 제스퍼에 의해 밝혀진 발작 중에서 많은 경우는 기억 이상과 연관되어 있었다. 뉴욕에서 온 제시라는 교사는 복잡한 기시감으로 시작하는 전형적인 발작에 대해 "기억 속의 완벽한 차례 같은 거죠. 예를 들어 '아침은 지나갈 것이고, 그다음은 정오야. 그럼 그다음은 저녁이 되겠지'라든가, '이 집은 지어졌고 아마 부서질 거야. 다시 또 지어지면 나중에 또 부서지겠지'라는 생각이 떠오르는데, 예전에도 떠오르지 않았나?"라는 식이라고 이야기했다.

다른 환자들은 무엇인가를 기억해내려는 평범한 시도가 발작을 유발했다고 말했다. 캐나다 군인인 실베르는 "예를 들어, 군중 가운데서 어디선가 박사님을 보았다고 생각했다고 할 때, 내가 박사님을 보았는지, 보지 않았는지, 마음속에 확실하게 정하려고 하면 발작이 올지도 모릅니다"라고 펜필드에게 말했다. 펜필드는 이들을 통해 정상적인 기억과 발작의 연결 현상이 동일한 뇌의 작동 구조와 관련되어 있다는 결론을 얻었다. "이런 환자들이 그 작동 구조를 정상적으로 사용하려는 순간, 분명하게 뇌전증을 유발하는 방전이 일어난다."

어떤 환자는 발작 중에 의도하지 않은 기억을 경험하고 그 후에는 건망증을 겪었는데, 펜필드에게 이런 현상은 뇌전증의 발화가 기능을 비정상적으로 활성화시켰다가 꺼버릴 수 있다는 것을 시사했다. 예를 들어 실베르는 발작이 시작될 때 자신의 이름을 거듭 부르는 소리를 들었는데, 펜필드는 이 소리가 기억된 단어의 단편이거나 기억이 혼합된 것이라고 생각했다. 발작이 계속되면 실베르는 토할 것 같고, 어지럽고, 두려워졌다. 그러고는 기계적인 동작을 했는데, 스스로 무엇을 하는지 모르면서 30초 정도 셔츠를 꼬집거나 목적 없이 걷거나 중얼거렸다. 이런 동작에 대해 누가 물어보면 그는 아무 기억도 없다고 대답했다. 펜필드는 의식과 기억에 문제가 생긴 이러한 발작의 상태를 '자동증automatism'이라고 불렀다.

누가 봐도 알 만한 자동증의 증세에 의해 고흐는 귀를 자르고 옷을 벗어 던졌는데, 펜필드의 환자들도 자동증 상태 동안 기이한 모습을 보였다. 뉴욕에 살던 10대 소녀인 낸시는 자동증이 길어지면 혼란스러워하고, 입맛을 다시듯 입을 쩝쩝거리고, 배를 문지르면서 화장실에 가고 싶어 했다고 낸시의 엄마가 말했다. 낸시가 열여섯 살이 되기 전까지는 이런 증상이 집에서만 일어났다. 그러다가 공식적인 학교 댄스파티에서 갑자기 드레스를 벗고 속옷을 아래로 잡아내린 다음, 소변을 볼 것처럼 쪼그려 앉았다. 친구들이 낸시를 가리기 위해 주변에 모여들었다. 아직도 정신이 혼란스러운 상태에서 옷이 발목에 걸려 있는 것을 본 낸시는 "이런, 옷이 이렇게까지 벗겨졌다면 차라리 다 벗어버리는 것이 낫겠네"라고 말했다. 그러고는 옷을 홀랑 벗어버리고는 속옷과 슬립과 드레스를 핸드백에 넣으려 했다. 잠시 뒤 의식이 정상으로 돌아오자, 낸시는 자신이 벌거벗었다는 것을 깨닫고 수치심에 사로잡혔다. 이 발작으로 인해 낸시는 의사를 찾았고, 그 의사는 펜필드를 소개하며 발작을 없애기 위해 엽절제술을 할 것을 권했다.

몬트리올 신경학 연구소에서 두피에 전극을 붙이고 EEG 검사를 한 결과, 낸시의 뇌는 오른쪽 측두엽에서 비정상적인 전기 활동을 보였다. 펜필드에게 이것은 좋은 소식이었다. 뇌의 왼쪽 대뇌반 구에는 말하기와 언어 이해 기능이 있어서 수술을 하면 손상될 위험 이 있었기 때문에, 펜필드는 뇌의 왼쪽 대뇌반구에서 발작이 일어나 는 환자에게는 수술을 권하지 않았던 것이다.

수술실에서 펜필드는 손상된 뇌 바로 윗부분의 두개골을 열었 다. 물리적인 이상은 보이지 않았다. 펜필드는 낸시가 두 살 무렵 겪 은 고열로 발생한, 눈에 보이지 않는 흉터가 있을 것이라고 의심했 다. 유아기에 부모님을 따라 해외여행을 하다가 말라리아에 걸려 열과 경련이 일어났는데, 그 후 몇 개월 뒤에 발작이 시작되었던 것 이다.

낸시의 발작 시작점을 찾기 위해 펜필드는 반복적으로 탐침봉 으로 측두엽을 건드렸다. 전두엽에 가까운 어느 지점을 자극하자 이 로 깨무는 동작과 멍한 모습이 유도되었다. 펜필드가 탐침봉을 떼 자, 낸시는 그에게 극심한 공포감과 위장이 '치솟아' 토할 것 같은 느낌, 그리고 방의 사물이 줄어들며 '아득히 멀어지는' 기분에 관해 이야기했다. 낸시는 "발작이 도진 것"이라고 말했다.

발작의 초점을 발견하자, 펜필드는 낸시의 오른쪽 측두엽의 앞 쪽 반을 제거했다. 펜필드의 전임자들이 뇌의 기능을 보전하기 위 해 가능한 한 작게 뇌 조직을 제거한 데 비해, 펜필드는 뇌전증을 유 발할 가능성이 있는 모든 흉터를 제거하기 위해 상당히 크게 절제했 다. 그는 뇌전증을 유발하는 조직 주변의 건강한 뇌 조직도 가끔은 뇌전증을 일으킨다는 사실을 알고 있었다. 수술 전의 자극 시험에서 손상을 입은 조직이 감각과 운동, 언어능력을 조절하는 필수적인 영역과 겹친다는 것을 알고는, 펜필드는 손상받은 조직을 일부 남겨둘지, 시력의 일부나 운동 조절 능력 일부를 잃을지, 둘 중 하나를 선택해야 했다. 수술 과정에서 그가 변화를 준 점이 더 있었는데, 뇌를 제거하고 난 자리를 그대로 비워두는 것이었다. 다른 외과 의사들은 그 공간을 지방이나 다른 조직으로 채웠는데, 종종 박테리아 감염이 일어났다. 펜필드는 뇌를 순환하는 뇌척수액이 안전하게 그 자리를 채울 것으로 추측하고 그냥 놔두었다. 그 추측은 옳았다.

낸시가 수술의 충격에서 회복했을 때, 발작은 사라지고 없었다. 딱 하나 부정적인 후유증이 있다면, 시야의 왼쪽 위 사분면 영역에 맹점이 생긴 것이었다. 이는 수술 중 몸의 왼편을 관장하는 오른쪽 뇌에 어쩔 수 없이 손을 댔기 때문이었다. 2년 후 발작 증상으로 보이는 어지러움이 몇 차례 찾아왔지만, 곧 사라졌다. 다시는 옷을 벗어 던지는 일이 없었던 것이다.

실베르도 펜필드의 솜씨에 의해 혜택을 받았다. 군인이었던 실베르는 6년 동안 부분발작을 겪었고, 치료를 위해 연구소를 찾아올 당시에는 스물네 살이었다. EEG는 오른쪽 측두엽 일부분에 비정상적인 전기적 활동이 있음을 보여주었다. 수술할 때 그 이유를 알 수 있었다. 측두엽이 눈에 띄게 커져 있었던 것이다. 측정해보니 펜필드가 예상했던 것보다 1센티미터나 더 길었다. 원인은 알 수 없지만 조직의 일부가 괴사했고, 그 자리에 낭포가 형성되어 측두엽이 커졌다. 펜필드는 건강한 조직을 포함해서 8센티미터를 잘라내는 '큰' 절제를 단행했다.

실베르는 수술 동안 의식이 있는 상태였는데, 측두엽을 제거하자 펜필드는 자극기를 60사이클과 1볼트로 맞추어 의식이 있는 실베르의 뇌에 가져다 대고는 언어, 감각, 운동기능이 모두 제대로 작동하는지 확인했다. 그런 다음 자극기를 2볼트로 올리고 오른쪽 측두엽의 남은 조직을 조사하여 발작 상태를 떠올리게 하는 단어나 음악적 환상을 유발했다. 여러 지점을 탐침하면서, 실베르는 수많은 사람이 귓속말을 하는 것을 듣기도 하고, 어떤 남자가 알아들을 수 없는 말을 뱉거나, 어떤 여자가 이름을 부르는 소리를 들었다. 그중 두 군데에서는 음악적인 기억을 소환했는데, 곡명은 알 수 없는 피아노 연주 하나와 라디오 쇼인 〈루이지의 인생〉의 주제곡을 부르는 소리였다. 수술대 위에 누워서 실베르는 그 곡의 후렴구를 불렀다. 다른 지점을 자극하자, 그는 발작 상태에서 가장 흔하게 겪은 전조 증상을 경험했다. 즉, 왼쪽 귀에서 자신의 이름을 부르는 소리가 들렸던 것이었다. 이러한 발작 상태가 남은 것은 뇌전증 유발 조직이 제거되지 않고 남아 있다는 뜻은 아니었다. 환자의 발작 유발점을 제거하고도, 펜필드는 가끔 전기적 자극을 통해 발작할 때 활성화되던 조직을 다시 재활성화함으로써 의식의 변경 상태를 일으킬 수 있었다. 사실, 적당한 장소에 충분한 전류로 자극받으면 누구나 발작에 사로잡힐 것이다.

　펜필드가 실베르의 뇌를 봉합할 때 왼쪽 얼굴이 씰룩거리는 발작이 두 번 일어났다. 얼굴 경련은 평소 발작할 때 일어나는 모습이 아니었으므로, 펜필드는 이 움직임이 수술 때문에 일어난 뇌 활동의 장애라고 판단했다. 며칠 뒤에 시행된 EEG는 모든 뇌전증 방전이 사라진 것을 확인해주었다. 확실히 손상된 조직이 모두 제거된 것이다. 실베르는 수술이 끝나고 18일 후에 '좋은 상태'로 병원을 떠났고, 다시는 발작을 일으키지 않았다.

측두엽절제술의 결과가 무조건 좋은 것은 아니었다. 펜필드의 수술을 받은 세 명 중 한 명은 증상이 개선되지 않았다. 이런 환자들은 발작의 초점이 접근할 수 없는 위치에 있거나 확실하게 밝혀지지 않아서 건드리지 못했고, 수술 후에도 이전과 마찬가지로 발작이 계속되었다. 교사인 제시는 복잡한 기시감으로 시작되는 발작 때문에 스물여섯 살의 나이에 펜필드의 연구소에서 오른쪽 측두엽부분절제술을 받았다. 수술 후 6개월 동안은 발작이 없다가, 약간 변형된 모습으로 다시 나타났다. 원래 있던 기시감 증상은 실제 어렸을 때의 기억인, 뉴욕 포드햄 광장에서 아버지의 차를 타고 간다고 느끼는 몽롱상태로 대체되었다. 다른 면에서 제시의 새로운 발작은 예전 것과 동일했다. 제시는 잠깐 숨을 멈추기도 했고 위협적인 형체의 소름 끼치는 광경을 봤으며 위장이 '치솟는' 느낌과 함께 심한 갈증으로 물을 달라고 외쳤다. 근육은 팽팽하게 긴장되고, 머리와 눈은 왼쪽으로 자꾸 돌아갔다. 그러다가 뇌의 발작이 전신으로 진행되면 의식을 잃었다. 제시는 자신을 이토록 무기력하게 만드는 재발에 좌절해서 다시 펜필드의 연구소로 왔지만, 의사들에게서 뇌전증을 일으키는 흉터가 너무 광범위하게 퍼져 있어서 또다시 수술할 수 없다는 말을 들었다.

측두엽절제술은 환자에게 도움이 되었지만, 수술은 펜필드에게 인간의 마음을 들여다보는 창이었다. 제시나 실베르, 낸시 등 수백 명의 환자에게 시행한 수술 전과 수술 후의 뇌 자극 검사는 잭슨의 혁명적인 이론을 증명하게 해주었다. 즉, 뇌전증의 본성은 전기적이며, 그 효과는 신체적인 것만큼이나 정신적일 수 있고 신체의 경련뿐만 아니라 기억과 감정에까지 관계된다는 것, 그리고 이러한 효과는 뇌의 정신적 혹은 신체적인 정상 기능의 위치에 대한 정보를 제공한다는 것을 증명했다. 펜필드는 과학적인 방식으로 발작이 있을 때 무슨 일이 일어나는지 이해하는 기나긴 과정을 마쳤지만, 발작과 발작 사이♦에 무슨 일이 일어나는지 설명하는 것은 다른 학자의 몫으로 남겨두었다.

♦ 의학 용어로는 '발작 사이 기간interictal period'이라고 한다. 발작이 없는 시기를 '정상 기간'이라고 부르지 않고 별도의 용어를 정한 이유는 정상과 구별되는 인식과 행동의 장애가 있거나 비정상 EEG 형태가 나타나거나 성격증후군을 보일 수 있기 때문이다.

게슈윈드 증후군의 다섯 가지 특성

1945년, 독일과 체코슬로바키아와의 국경에서 멀지 않은 전쟁 터에서 뉴욕 출신의 보병이었던 열아홉 살의 노먼 게슈윈드는 동료 병사 한 명이 공격 명령을 받은 것처럼 참호 위로 뛰어올라 결국 적의 총알세례를 받는 장면을 공포에 질려 쳐다보았다. 장교가 줄곧 부대원을 향해 "몸을 낮춰!"라고 외치고 있었는데도 말이다. 게슈윈드는 유태계 폴란드인 이민자에게서 태어난 똑똑한 청년으로, 그 전 해에 징병되었을 때 이미 하버드 대학교에서 2년간 공부를 마친 상 태였다. 그는 다른 병사들도 전투 중에 몸을 숙이라는 반복적인 명령을 따르지 못하는 것을 자주 보았다. 이러한 행동은 호기심을 자극했다. 게슈윈드는 "어째서 극심한 스트레스를 받는 순간에 논리 와 본능이 충돌하는가? 어떤 뇌의 활동이 자기 파괴 행동의 바탕이 되었는가?"라는 궁금증을 가지게 되었다.

전쟁이 끝나고 게슈윈드는 하버드에서 의학 공부를 마쳤다. 펜필드와 잭슨의 발자취를 따라 그는 런던에 있는 퀸스퀘어 병원에서 3년간 책임자로 지냈고, 나중에 아내가 된 간호사와 만났다. 보스턴으로 돌아온 후에는 하버드 의대의 교수, 보스턴 시립병원의 신경과 과장이 되었다. 그는 신체를 바탕으로 하는 인간 행위에 대한 연구로 세계적인 명성을 얻었다. 1972년 의사들을 위한 주 1회 교육 프로그램의 학술 대회에서, 이제는 머리가 벗겨지고 염소수염을 기른 게슈윈드는 보스턴 시립병원 도서관의 테이블에 앉아 담배 파이프를 만지작거리며, 뇌의 활동과 인간 행동의 연결성을 가장 잘 보여주는 질환에 대해 토의하려 준비했다.

게슈윈드는 20년 넘게 다양한 신경학적 이상을 가진 사람들을 치료해본 결과, TLE 발작을 일으키는 뇌의 흉터는 성격 변화의 원인이 되기도 한다는 사실을 확신한다고 그곳에 모인 의료진에게 말했다. TLE를 가진 환자는 발작이 없을 때도 '다작多作과 대작大作의 경향'을 지닌 그림을 그리고 '흔히 우주적이고 철학적인 본질'에 대해 글을 쓰는 특징이 있다고 단언했다. 그는 이 증상에 '과다묘사증'◆이라는 이름을 붙이고, 그 원인이 뇌전증성 흉터의 비정상적인 전기적 활성에 의해 측두엽 조직에 지속적으로 과잉 자극이 가해졌기 때문이라고 추측했다. 그리고 과잉 자극이 뇌 조직의 감정과 기억에 관한 정상적인 기능을 고취하여 환자는 어떤 체험을 특이하고 심각하

◆ 과다묘사증hypergraphia은 끝없이 글을 쓰려는 행동 욕구를 말한다. TLE 외에 양극성 장애나 경조증, 조현병에서도 볼 수 있다. 또한 도파민을 투여하거나 알츠하이머병에 사용되는 도네페질donepezil을 투여하는 경우에도 나타날 수 있다.

게 느끼고, 이러한 체험에 종교적이고 도덕적인 중요성을 부여하며, 그 경험을 강박적으로 그림으로 그리거나 글로 써서 남긴다고 생각했다.

이 강좌를 듣는 사람 중 일부는 신체적인 질환인 TLE를 그림 그리기나 글쓰기 같은 복잡한 행동과 연결하는 개념이 아주 기이하다고 생각했다. 그래서 스티븐 왁스먼Stephen Waxman 같은 사람은 그 말을 믿지 않았다. '특정한 행동 변화가 명확한 해부학적 근거지인 뇌전증성 흉터를 가질 수 있다는 생각'은 스물일곱 살의 신경과 레지던트에게는 "들어본 것 중에 가장 괴상한 말이었다"라고 할 만큼 충격이었다. 왁스먼은 뇌전증을 사회적으로 용인할 수 없는 여러 습성들, 예를 들어 이기심, 은둔, 집착, 극단적인 종교성, 폭력성, 편집증, 악의, 범죄 등과 연결하는 19세기의 짧은 논문을 의학 문헌에서 본 적이 있었다. 그러나 그는 뇌전증을 귀신 들린 것으로 보는 예전의 인식과 유사한 '뇌전증성 성격'이라는 개념은 무지와 편견의 소산이라 고려할 만한 가치가 없다고 여겼다. 의사로 수련하는 동안, 왁스먼은 신체적 질환과 성격을 분리된 범주라고 여기도록 배웠다. 암과 폐기종은 성격에 영향을 미치지 않는데, 뇌전증은 왜 영향을 미쳐야 한단 말인가? 평상시에 왁스먼은 지도교수의 판단을 존중했지만, 이 경우는 게슈윈드가 틀렸다고 확신했다. 왁스먼은 이러한 점을 증명하고 싶어졌고, TLE를 가진 환자를 면밀히 조사하기로 결심했다.

여러 주 후에 한 여자 환자와 면담하면서, 그녀가 발작에 대한 기록을 기록해놓았다고 하자 왁스먼은 놀랐다. 왁스먼은 그 일지에 대해 질문했고 환자는 그에게 일지를 보여주기로 했다. 그녀는 여러 권의 두꺼운 일지를 가져왔는데, 왁스먼이 흥미를 보이는 듯하자 나중에 몇 권을 더 들고 왔다. 그 일지는 상호 참조 방식으로 감탄할 만큼 잘 정리되어 있고, 두통에 관한 부분, 발작에 관한 부분, 특별한 상황에 관한 부분으로 분류되어 있었다. 이 환자는 적어도 게슈윈드가 말한 과다묘사증의 '엄청난' 모습을 보여준 셈이었다.

왁스먼은 다른 환자들에게도 무언가 글을 쓴 것이 있는지 물어보았고 그중 많은 수가 다량의 글을 써놓았다고 대답했다. 한 젊은 남자는 자신의 삶에 대해 꼼꼼하게 타이핑해서 정리한 기록을 보관하고 있었다. "어젯밤은 시원해서 창문을 열고 에어컨을 껐다."도 입부는 전형적이다. "오늘은 내가 벽에 박은 세 개의 2센티미터 나사 위에 그림 세 점을 걸었다." 어떤 여성은 강박적으로 자신에 대한 기록, 가구, 아버지가 하모니카로 부를 수 있는 노래 가사 같은 것을 목록으로 만들었고, 자신이 종교적인 체험을 한 장소를 반복적으로 그렸다. 또 다른 환자는 왁스먼에게 그녀의 모든 종교적인 감정을 묘사한 엄청난 양의 글을 보여주었는데, 본문의 각 줄마다 빨간색과 파란색을 번갈아서 썼다. 그의 환자들을 조사하면서 왁스먼은 거울쓰기(글자를 반대로 적어서 거울로 봐야 바르게 보이는 필기법)나 강박적인 밑줄 긋기, 페이지의 가장자리에 다량의 낙서와 그림 같은 그래픽적인 기벽奇癖을 발견했다. 글쓰기의 주제는 환자의 직업이나 교육 정도와는 무관했다. 어느 중년 여성은 초등학교를 마치지 못했는데도 철학과 종교에 관한 표기법으로 꽉 찬 쇼핑백을 보여주었다. 왁스먼은 "기능적으로는 문맹에 가까운 슬럼가의 환자들이 '소설을 한 편 쓰고 싶어요'라고 한다든지, 엄청난 양의 시를 써 온다든지, 철학적인 주제에 관한 많은 양의 글을 가져오든지 하면, 나는 얻어맞은 듯 큰 충격을 받았다"라고 썼다. 글쓰기의 문체는 지엽적이고 중복적이며 의욕이 넘치는 경향이 있었다. 한 남자는 자세하고도 감정적인 56쪽 짜리 질병 자서전을 속기사에게 17시간 연속으로 구술해서 기록하게 했는데, "내가 충분히 빨리 글을 쓸 수 없었기 때문이었죠"라고 그 이유를 설명하기도 했다. 또 다른 사람은 노래나 시, 경구, 가령 '침묵은 관찰의 가장 위대한 기술이다' 같은 것을 강박적으로 썼다. 동시에 일기도 썼는데, 그는 이렇게 설명했다. "일단 쓰기 시작하면 멈출 수가 없습니다." 왁스먼이 관찰한 바로는 이런 환자들은 글을 써야 한다는 갈망으로 인해 "쇠약해졌고, 글쓰기는 그들이 할 수 있는 유일한 것이었다". 회의적이었던 이 레지던트는 점차 게슈윈드의 주장이 맞을지도 모른다고 생각하기 시작했다.

이제 함께 일하게 된 두 의사 게슈윈드와 왁스먼은 더 큰 규모의 환자 집단에서 글쓰기와 TLE 사이의 연결 고리를 찾기 위한 테스트를 개발했다. 두 사람은 모든 환자에게 편지를 보내 현재 상태를 글로 묘사해달라고 요청했다. 환자들은 뇌전증 환자를 포함해 다양한 신경학적 질환이 있었다. 결과는 충격적이었다. TLE 환자는 다른 뇌전증 양상을 보이는 환자를 포함하여 다른 질환 환자보다 훨씬 응답률이 높았고, 많은 경우에는 비정상적으로 엄청나게 길었다. 다른 종류의 뇌전증을 가진 환자가 25%만 응답한 것에 비해 TLE 환자는 50% 이상 응답했고, 편지 역시 다른 뇌전증 환자에 비해 단어 수가 12배나 많았다. 왁스먼이 말했듯이, TLE를 가진 환자는 "실제로 편지 무게를 재서 골라낼 수" 있었다.

그러는 사이에 왁스먼은 게스윈드가 대강좌 시간에 언급했던 다른 '성격 모습'을 관찰했는데, 이는 가스토가 고흐에 대해 언급했던 특성과 같은 그룹이었다. 왁스먼은 "TLE 환자들에게 종교적인 감정에 대해 질문하면, 많은 이가 하나님 혹은 다른 공간에서 온 생명체에 의해 외부로부터 조종받는 것으로 믿는다고 말했다"라고 적었다. 한 환자는 발작이 없는 날마다 의식을 행하듯이 창문 벽 선반에 "발작이 없는 것에 대해 '신'에게 감사드립니다"라고 기록했다. 왁스먼은 여러 번 개종하는 현상이 이 환자들에게 매우 흔한 일이라는 데 놀랐다. 강박적인 거울 쓰기를 하던 한 환자는 열일곱 살 때부터 스물한 살이 될 때까지 다섯 번이나 개종했다고 말했다. 30대에 TLE가 생긴 어떤 남자는 종교에 갑자기 관심이 생겨서 날마다 종교 기관에 자원봉사를 갔고 목사가 되기로 결심했다. 그의 설교는 도덕적 문제를 '매우 정황적이고 꼼꼼하게 세부적으로' 다루었다. 게슈윈드는 이러한 '과종교증hyperreligiosity'은 종교적인 믿음을 부정하는 사람에게서도 나타난다고 강조한다. 이러한 성향을 가진 어떤 환자는 성직자가 충분히 독실하지 않다고 느껴서 무신론자였고, 또 다른 환자는 "내가 교회에 발을 들여놓으면 아마도 하나님이 나를 쳐죽일 겁니다!"라고 말했으며, 세 번째 환자는 신학적인 문제에 관해 토론하기 위해 설교단에 올라가 예배를 방해하기도 했다. 이런 환자들은 신앙심이 깊든 그렇지 않든, 판에 박은 듯이 심오한 도덕적, 윤리적 신념을 지니고 있었다. 고흐의 경우처럼 어떤 환자는 과종교증이 과다묘사증과 합쳐졌다. 고흐는 아를에서 테오에게 "나는 가끔 종교(이 단어를 내가 써도 될까?)에 대한 끔찍한 필요성을 느껴. 그럴 때면 별을 그리기 위해 밤에 밖으로 나가지"라고 썼다.

게슈윈드가 TLE와 연관하여 떠올린 또 다른 두 가지 특성은 처음에는 서로 모순적으로 보였다. 그러나 나중에 감정을 제어하는 뇌의 영역에 생긴 발작을 유발하는 흉터가 과잉으로 자극되면 그 특성들이 각각 나타날 수 있다는 것을 왁스먼이 생각해내자, 아귀가 맞아떨어졌다. 하나는 왁스먼의 환자들이 비정상적으로 사람에게 매달리고 의존적이며 지나치게 상냥하다는 것이었다. 그들의 상담과 대화 시간은 정상 범위를 훨씬 넘어섰으며, 의사를 만난 후에도 중요한 세부 사항을 빠뜨렸다고 두려워하며 반복적으로 전화하거나 진료실로 되돌아오곤 했다. 가스토는 고흐가 '몇 안 되는 친한 사람들에게 전적이고도 압제적인 사랑을 휴식도 없이, 끝도 없이, 변화도 없이 확장한' 것을 보고 이 특성을 '과사회성hypersociability'이라고 불렀다. 반면에 게슈윈드는 이를 '점착성viscosity'이나 '고착성stickiness'이라고 했다. 또 다른 특성은 왁스먼과 게슈윈드가 보기에 TLE 환자가 유난히 과도하게 분노를 느낀다는 것이었다. 몇몇은 조간신문 앞면을 읽는 일상적인 일에도 마음속에 분노가 들끓어서 일주일에도 몇 번씩이나 편집자에게 편지를 보내야 했다고 보고했다. 그들은 가끔 폭력을 행사하기도 했으며, 때로 범죄라는 결과를 가져오기도 했다. TLE가 있는 한 남자는 열여덟 살에 형제들을 때렸다. 노래와 시, 경구를 쓰던 환자는 몇몇 사람을 폭행해서 감옥에서 수년간을 보내기도 했다. 속기사에게 인생 이야기를 구술했던 남자는 분노에 쉽게 자극받는다고 했다. 그는 '말다툼'을 일으키고 기물을 파괴하며 상관을 폭행했다는 이유로 군대에서 쫓겨났다. 폭력은 발작 중에 일어날 수도 있지만, 왁스먼과 게슈윈드는 TLE 환자가 저지르는 폭력적인 행동은 대부분 발작 중이 아니라 발작과 발작 사이에 일어난다는 사실을 발견했다. 게다가 환자의 폭력은 타인을 향하는 일은 드물었고, 고흐처럼 대부분의 TLE 환자는 스스로에게 분노를 돌렸다.

게슈윈드가 대강좌에서 언급한 마지막 특성은 '성적 취향의 변화altered sexuality'인데 고흐에게서도 화려하게 드러난다. 동생 테오에게 자신이 사창가를 정기적으로 방문한다고 우쭐대기는 했지만, 매춘부를 그림 모델로 쓰는 식 말고는 접촉이 거의 없었다는 것을 인정했다. 또한 '멍청한' 주정뱅이 거지 여인과 아이들과 함께 2년간 살긴 했지만, 동반자를 원해서가 아니라 가정 생활을 그리기 위해 경험을 얻으려 했던 것이었다. 1888년에 테오에게 자신이 발기불능이라고 하면서, "나는 별 상관 없어"라고 말했다. 고흐는 몇 명의 여자를 쫓아다녔는데, 이미 결혼했거나 약혼한 여자들이었다. 사촌 여동생도 그중 하나였는데, 구애가 거절당하자 고흐는 손을 촛불 안에 집어넣은 적이 있었고, 부모님의 이웃이었던 다른 여성을 쫓아다니다 실패한 적도 있었다. 그녀는 고흐와 사랑에 빠졌다고 알려진 인물이다. 고흐의 생애를 연구한 신경과 의사 샤람 코슈빈Shahram Khoshbin의 말에 따르면, 고갱에 대한 고흐의 관심은 부분적으로 성적이거나 '우정을 넘어선 것'이었다. 정신분석학자인 앨버트 J. 루빈Albert J. Lubin은 "거의 의심할 여지가 없어요. 그가 편지에 쓰기에는 고갱에게 동업자가 되기를 원한다고 했지만, 열정적인 사랑에 빠져서 그랬다는 사실 말이에요"라고 말했다. 두 화가가 아를에서 함께 사는 동안 고갱은 고흐가 자신의 침대로 오려고 해서 잠에서 깨곤 했다. 고갱은 "그때마다 내가 냉정하게 '무슨 일이지, 빈센트?'라고 물으면, 그는 말 한마디 없이 자신의 침대로 돌아가 깊은 잠에 빠지곤 했다"라고 회상했다. 가스토는 고흐가 반복적인 발작이 있던 2년간 점점 심해지는 '진행성 성적 결핍progressive sexual deficiency'을 앓았거나 성에 관한 전반적인 흥미를 상실했다고 결론을 내렸다.

왁스먼의 환자들은 성생활에 대해 질문을 받으면 동성애, 성정체성의 변화, 의상도착증◆, 노출증, 소아성애, 페티시즘 등을 놀라울 정도로 높은 빈도로 보고했는데, 이 모든 증상은 성적 선호도에 관련된 신경학적인 역할을 설명해준다. TLE를 가진 어떤 남자는 옷핀을 보면 성적인 흥분이 일어났다. 이는 뇌의 감정적인 부분에 손상이 생긴 충격적인 결과다. 어떤 환자들은 이성의 옷을 입었다. 몇몇은 이상하게 성적으로 문란했다. 예를 들어 한 번도 성욕을 느껴보지 못했다는 젊은 남자는 성의 본질을 발견하겠다며 한 가지 실험을 고안했다. 다양한 나이대의 여자와 차례로 관계를 맺은 것이었다. 그러나 그 여자 중 아무도 성적인 흥분을 주지 않자, 그는 남자, 동물, 심지어 어린이까지 침대로 끌어들였다. 결국 실험은 실패로 끝나 포기하게 되었고, 그제야 그는 안락하고 정숙한 상태로 다시 돌아왔다.

◆ 의상도착증cross dressing, transvestism은 성적 동기가 없으면 이중 역할 의상도착증(F64.1), 성적 동기가 있으면 의상도착적 페티시즘(F65.1)으로 구분한다.

대부분의 TLE에서 실제로 환자들은 '성욕저하hyposexual'의 상태로, 성적 동경심이 보통 사람보다 약하다. 한 연구에서 무작위로 선택된 TLE 환자 50명 중 반 이상이 성욕저하 상태임이 밝혀졌는데, 성욕이 자극되는 것은 한 달에 1회 미만이며 성적 활동은 1년에 한두 번에 불과하다고 대답했다. 왁스먼은 성인이 된 후 TLE가 생긴 사람은 종종 갑작스러운 성욕 감퇴를 겪는 것을 알아차렸다. 이 문제는 환자에게는 거의 문제가 되지 않았지만, 환자의 배우자에게는 자주 문제가 되었다. 처음에 왁스먼은 이 현상이 일반적인 TLE 특성이 강화되는 양상인 것과는 달리 감소되는 것이라서 다른 특성들과는 다르다고 보았다. 하지만 게슈윈드는 이러한 명백한 모순에 대해 '성욕이 TLE에 의해 감퇴할 때, 뇌전증성 흉터의 활성화에 의해 증가된 일반적인 기능은 성에 대한 억제다'라는 생리학적 근거의 이론을 세움으로써 해법을 내놓았다.

이러한 특성과 TLE 간의 관계에 대한 증거가 쌓여가자, 왁스먼은 이 성격 '증후군'이 그 자체로는 TLE를 알려준다고 말할 수는 없지만 TLE에 반드시 동반된다는 것을 납득했다. 왁스먼과 게슈윈드가 TLE에서 특징적이라고 본 이 증후군은 다섯 가지 특성, 즉 과다묘사증, 과종교증, 고착성, 공격성, 변화된 성욕으로 이루어져 있다. TLE 환자에게서 이런 특성들이 함께 나타나는 것이 이 질환의 특징적 징후다. 모든 환자에서 이 증후군이 나타나는 것은 아니지만, 왁스먼이 보기에는 TLE와 관련이 없다고 하기엔 너무 자주 나타났다. 그의 환자 중 많은 경우는 이 특성 중 두세 가지를 충격적인 방식으로 보여주었다. "증후군이 일단 나타나면 그것은 미묘하지 않아요"

라고 왁스먼은 말한다. "전보다 환자를 더 자세히 살펴보고 주의해서 이야기해보고는, 이 증후군이 노먼 게슈윈드가 말한 것보다 훨씬 더 심각하다는 것을 발견했습니다."

처음에 자기가 무시했던 아이디어의 진실을 이해하게 되자, 왁스먼은 게슈윈드와 함께 성격과 TLE에 관한 글을 쓰기로 마음먹었다. 문제는 이 질환을 깎아내리는 사람을 어떻게 피할 것인가였다. "우리는 이 문제가 격론을 일으킬 수 있는 영역임을 잘 알고 있었습니다. 뇌전증 환자는 수 세기 동안 와전되고 학대를 당했기 때문입니다." 뇌전증과 정신질환, 범죄 행동, 다수의 불쾌한 특성 사이의 오랜 관계가 뇌전증 환자에 대한 차별을 불러왔고 그것이 20세기까지 이어진 것이다. 1970년대까지도 몇몇 주에서는 뇌전증 환자의 혼인신고서 등록이나 운전면허증의 허가, 일자리에 대한 동등한 접근권을 불허했다. "우리는 '이렇게 심각하고 부적절한 편견이 이미 존재하는데, 이를 악화시키지 않으려면 책임 있는 어떤 일을 해야 할까?'라고 물어보았습니다." 그들은 이 주제가 아무리 논란의 여지가 있어도 무시하기에는 너무나 분명한 것을 내포하고 있다고 결론을 내렸다. TLE를 가진 뇌전증 환자뿐 아니라 정상인에게도 "측두엽뇌전증의 성격 변화는 행동을 유발하는 감정 작용 밑바닥의 신경학적 구조의 암호를 풀, 우리가 가진 가장 중요한 단서의 모음일 것이다"라고 게슈윈드는 내다보았다.

1974년을 시작으로 왁스먼과 게슈윈드가 『TLE의 발작 사이에 나타나는 행동 변화 증후군the interictal behavior syndrome of TLE』이라고 이름 붙인 논문이 의학 저널에 두 사람의 이름으로 실렸다. "아이디어는 노먼의 것이었는데도 그는 내 이름을 앞에 올려주었지요. 욕심이 없고 너그러운 분이었습니다"라고 왁스먼은 말했다. 두 의사는 이 증후군을 조심스럽게 기술했다. 증후군이란 단어는 특성만으로는 곧바로 장애나 질병을 의미하지 않는다는 것을 뜻하고, *ictus*는 그리스어로 '발작'을 의미하며, *interictal*은 이 특성이 발작과 발작 사이에 진행 중인 성격의 일부로서 일어난다는 뜻이다. 둘은 이러한 다섯 가지 특성의 원인은 발작 자체가 아니고, 바탕에 있는 뇌의 흉터라는 이론을 세웠다. 이 흉터가 뇌의 감정 영역과 '과연결hyperconnectivity', 즉 너무 많이 연결시키거나 빠르게 연결시켜서 게슈윈드가 감정적인 중요성을 가진 '환경에 대한 과잉 투자'라고 부른 현상을 일으키는 것이다. 그 결과 '외부의 자극이 아주 큰 중요성을 가지기 시작하고', '철학적, 종교적, 우주적 문제에 관한 관심이 증가하고', '엄청난 길이와 감정이 충만한 언어를 이용해' 경험을 기록하고자 하는 욕구가 생긴다. 이러한 특성 묶음은 처음에는 '발작간interictal 성격 증후군'이라는 이름이나 '왁스먼-게슈윈드 증후군'으로 알려졌지만 1984년 노먼 게슈윈드가 쉰여덟의 나이로 갑자기 세상을 떠난 후에는 그를 기리기 위해 비공식적으로 '게슈윈드 증후군'이라고 이름을 바꾸었다.

게슈윈드의 업적은 '게슈윈드 증후군'의 발견보다는, 그것을 널리 인식시킨 데 있다. 수년간 많은 의사들이 TLE를 가진 환자들의 성격에서 유사성을 알아챘다. 가스토는 이미 1956년에 TLE를 가진 환자에서 특징적이라고 생각한 고흐의 비정상적인 성격에 관해 썼다. 그보다 몇 년 전에는 펜필드가 TLE 환자에게서 자주 나타나는

'행동 이상'과 '기억의 손상, 신경과민, 과민성, 분노 폭발, 혼란, 우울, 신경증'을 포함하는 '가벼운 특이점'에 대해 기술했다. 한 젊은 프랑스인은 "지나치게 양심적이며 종교적이고 '신비주의적인' 생각에 사로잡혀 있었다". 뉴저지 출신의 한 '지식인 사업가'는 오른쪽 측두엽을 수술로 제거받기 전에는 극도의 신경과민과 긴장에 대해 불평을 털어놓았다. 펜필드는 "이러한 증례에서 위와 같은 증상들은 드문 일이 아니다"라고 썼다. 그보다 일찍 잭슨도 TLE 환자는 쉽게 분노하고 비정상적으로 종교에 관심을 가지는, 명확히 구분할 수 있는 성격이 있다는 의견이었다. 이처럼 많은 의사들이 성격과 TLE의 연관성에 관해 알아냈지만, 그것을 사람들에게 널리 알린 선구자는 바로 게슈윈드였다.

　게슈윈드는 의사로 일하는 내내 환자의 결함보다는 그 환자들이 이룩한 업적을 강조했다. 그는 TLE와 증후군 모두 지적 능력에는 아무런 영향을 끼치지 않는다고 믿었다. 몇몇 연구자들이 게슈윈드 증후군의 특성을 기이함이나 성격 결함으로 본 반면에, 게슈윈드는 그 증상에 대해 긍정적이든 부정적이든 어떤 가치도 부여하지 않았다. 그는 중요하다는 느낌이 들어서 글을 쓰고 그림을 그리고 신을 믿는 것이나, 사람과 접촉하고 싶어 하는 것, 공격성, 성적인 갈망 같은 것은 누구에게나 어느 정도는 나타나는 특성이 변화한 것일 뿐이라고 생각했다. 게슈윈드는 이러한 일반적인 특성의 강도만이 TLE를 가진 사람과 다른 사람들을 구분 짓는다고 느꼈다. 그는 이 증상에 대한 성공적인 적응의 예를 역사에서 찾으려 했는데, 그의 동료이자 정신과 의사인 존 네마이어John Nemiah가 장난스럽게 한 말을 따라 하기도 했다. "17세기에 뉴잉글랜드에 정착한 청교도들은 뿌리 깊은 일기 쓰기 습관과 엄격한 종교적, 도덕적 관습들을 가지고 있었는데, 그들도 이 증후군이 있었을지 모른다." 또 그가 뇌전증 환자를 비판한다고 비난하는 사람들이 있었는데, 어느 정도는 이들을 달래기 위한 목적으로 게슈윈드는 30년 이상 뇌전증을 앓았던 유명한 러시아 작가에게 이 증후군이 가져다준 이익에 관해 설명하기도 했다.

그저 약간 과할 뿐

게슈윈드는 1961년 보스턴에서 있었던 강의에서 "도스토옙스키는 TLE를 앓았다고 진단을 내려야 합니다"라고 밝혔다. 그는 작가를 치료한 의사의 진술과 도스토옙스키의 방대한 편지와 일기, 소설, 또 몇 권의 일대기 등을 근거로 진단을 내렸다. 게슈윈드에 따르면, 표도르 미하일로비치 도스토옙스키Fyodor Mikhailovich Dostoevsky의 뇌전증은 어린 시절이나 청소년기, 또는 막 성인이 되었을 때 시작했다. 그리고 1849~1859년에 시베리아로 추방되어 감옥에서 10년간 힘들게 지내면서 악화되었다가 죽기 4년 전인 1877년에 알 수 없는 이유로 사라졌다. 도스토옙스키의 뇌전증의 특정 원인은 알려지지 않았지만, 두 살배기 아들인 알로샤Alyosha가 1878년 5월 16일에 세 시간 동안 일으켰던 치명적인 대발작은 가족적 소인이 있다는 것을 암시한다.

게슈윈드는 TLE가 도스토옙스키의 인생과 일에 동기를 부여하고 본질적인 의미를 규정하는 힘이었다고 여겼다. 그는 "이 비극적인 병이 천재에게 찾아오자, 그는 병에서 이해의 깊이를 뽑아낼 수 있게 됩니다. 발작과 일반적인 '감정적인 반응의 심화'는 도스토옙스키에게 쉽게 이용할 수 없었던 감정의 깊이를 이해하는 지름길을 열어주었죠. … 뇌전증은 그의 책에서 주제와 성격, 사건을 제공해주는 중심 원천입니다. 도스토옙스키에게 인간 행동의 가장 원시적이고 강력한 근원의 일부를 보게 해준 것이죠. … 뇌전증은 비정상적인 동시에 인간 반응의 일면을 깊이 느끼게 해주었는데, 그야말로 문학 예술가에게 필수 요소라고 할 수 있습니다"라고 말했다.

도스토옙스키의 발작은 몇 달이나 며칠마다 주기적으로 일어났다. 발작은 매번 묘사할 수 없을 만큼 황홀한 느낌으로 시작했다. 그는 "건강한 당신들은 뇌전증 환자가 발작 직전에 경험하는 지극한 행복을 상상도 하지 못할 것이다"라고 썼다. "잠깐 동안 나는 정상인 상태에서는 한 번도 경험하지 못했던 행복한 감정을 느끼는데, 다른 사람은 상상도 하지 못할 느낌이다. 나의 내면과 바깥세상이 완벽하게 조화를 이루고, 이러한 감정이 너무나 달콤하고 강렬해서 이러한 더할 나위 없는 지복의 상태를 몇 초라도 누릴 수만 있다면 사람들은 10년, 아니, 인생 전체와도 바꿀 것이라고 장담한다." 발작의 나머지 부분은 그렇게 즐겁지 않았다. 그는 고뇌와 공포, 그리고 마치 '무시무시한 범죄'를 저지른 듯한 죄의식을 느꼈다. 눈이 멀 것 같은 빛의 번쩍임을 보았고, 말할 단어를 찾는 것처럼 멍하게 멈추기도 했다. 또 목소리가 자기의 것이 아니라 몸 안에서 서서히 올라오는 인간이 아닌 존재의 소리처럼 느껴지면, 그는 비명을 지르고 1~2초간 의식을 잃었다. 때로 뇌전증 방전이 뇌 전체를 가로질러 진행하면 2차적으로 대발작을 일으켰다. 그런 일이 일어나면 발작 당시의 사건이나 대화를 기억해내지 못했고, 며칠 동안 우울해지고 죄의식을 느끼며 예민해지곤 했다.

도스토옙스키는 이 비정상적인 경험을 소설에 활용해 뇌전증을 가진 수많은 인물을 창조했는데, 그 사람들이 겪는 발작의 일부는 작가의 일기에서 그대로 옮긴 것이었다. 예를 들면 그의 소설《악령》에서 키릴로프Kirilov라는 인물은 일주일에 한두 번 도스토옙스키가 느꼈던 '영원한 조화'의 순간을 경험한다. "그것은 이 세상 것이 아니에요"라고 소설에서 키릴로프는 말한다. "용서할 것이 하나도 없으므로 당신은 용서하지 않습니다. … 그것은 사랑보다 고귀한 것입니다! 그것에 관해 무서운 점은 그게 너무도 완전히 깨끗하고 기쁘다는 것이죠. 그게 5초보다 더 길게 이어지면 영혼은 못 견디고 아마 소멸해버릴 겁니다. 그 5초 동안 나는 인생 전체를 삽니다. 그 시간을 위해서라면 내 인생 전부와도 바꿀 겁니다. 그럴 만한 가치가 있으니까요."

다른 인물이 경고한다. "조심하게, 키릴로프. 나도 뇌전증 발작이 바로 그렇게 시작한다는 것을 들은 적이 있다네. 뇌전증을 잃는 어떤 사람이 나에게 발작 직전에 느끼는 예비 감각에 대해 자세히 이야기해주었거든. 정확하게 자네가 경험한 것이지. 조심하라고, 키릴로프. 그건 뇌전증이라고!"

가볍게 웃으며 키릴로프는 "그럴 시간은 없을 것 같군요"라고 대답하는데, 그것은 결국은 성공한 자살 계획을 암시하는 것이었다.

왕자 므이쉬킨Myshkin은 소설 《백치》의 성자聖者 같은 주인공인데 '수상한 눈빛을 가지고 있어서 사람들은 첫눈에 뇌전증 환자와 이야기하고 있다는 것을 깨닫게 되는' 눈을 가지고 있으며, 그 역시 키릴로프와 비슷한 경험을 한다. "슬픔, 그리고 영혼의 어둠과 억압의 와중에 갑자기 [므이쉬킨의] 뇌에서 빛이 번쩍이는 순간이 있는 듯했다. 그리고 기이한 충동에 모든 생명의 힘이 가장 강한 긴장과 함께 급작스럽게 일을 하기 시작했다. 그… 자신에 대한 의식은 열 배로 커졌고… 그의 정신과 심장은 기이한 빛으로 출렁거렸으며… 그의 모든 불안은 한번에 치유가 되었고 이 모두는 충만한 평화, 그리고 조화로운 즐거움과 희망으로 고귀한 고요 속에 합쳐졌으니… 이러한 순간은 오로지 비범하게 빠른 자의식의 자각이며… 동시에 가장 강한 강도로 느끼는 존재에 대한 직접적인 감각이다. 그 순간이 지난 후, 바로 발작 전 마지막으로 의식이 있는 순간에 그는 명료하고도 의식적으로 혼잣말을 할 시간이 있었다. … '그래, 이 순간을 위해서라면 사람은 인생 전체를 바칠 수도 있을 거야!'"

게슈윈드가 보기에 도스토옙스키의 소설은 실제적인 발작 상태뿐만 아니라 성격증후군도 묘사하고 있다. 이 작가의 많은 등장인물은 철학, 신비주의 또는 도덕에 집착한다. 게슈윈드에 따르면, 도스토옙스키의 독자들은 "지속적으로 모든 사건이 매우 중요한 의미가 있고 사소한 일은 없다는 것을 자각하도록 종용"된다. 또한, 소설에는 거의 섹스에 대한 언급이 없다. 가장 충격적인 점은 줄거리의 폭력성이다. 예를 들어, 소설 《노름꾼》의 주인공은 화낼 이유가 전혀 없는데 사람들을 모욕한다. 《지하생활자의 수기》의 화자는 확실한 사전 계획도 없이 모임에서 불쾌한 장면을 만들어낸다.《죄와 벌》의 중심인물은 늙은 전당포 주인 여자를 손도끼로 죽이며,《카라마조프가의 형제들》에서는 뇌전증인 아들이 아버지를 살해한 사건을 중심으로 이야기가 돌아간다.《악령》에서 한 남자는 충동적으로 공무원의 코를 비틀기도 하고 나중에는 도지사의 귀를 물어뜯기도 한다. 게슈윈드는 "소설이 도스토옙스키의 행동을 상당히 많이 거울처럼 반영한다는 것은 의심할 여지가 없습니다"라고 말한다. 도스토옙스키의 가족과 친구에 따르면, 그는 발작 후 며칠 동안 집중적으로 분노발작이 발생했는데 평상시의 순한 기질과는 대조적인 모습이었다. 게슈윈드가 보기에 이 작가의 '우주적인 관심', 지루함, '지속적으로 강력한 감정', 유머 감각이 없는 것, 30대 중반까지의 무성애 성향 등은 도스토옙스키가 게슈윈드 증후군을 앓았다는 것을 암시했다.

하지만 이 증후군을 가진 사람이 만든 창조적인 작품이 신경학적 질환과 관련이 있다는 이유로 폄하될 이유는 전혀 없다는 것이 게슈윈드의 신념이었다. 도스토옙스키도 이에 동의한 것이 분명하다. 작가가 소설에서 변신한 자아ego라고 할 수 있는 왕자 므이쉬킨은 발작하는 동안 느꼈던 종교적인 황홀경의 순간이 뇌전증에 근원을 두었기 때문에 의심스럽다고 걱정한다. "그가 다시 괜찮아졌을 때 나중에 그 순간을 생각하며, [므이쉬킨은] '인생과 자의식이 최고조로 고양된 모든 반짝임과 빛이, 따라서 존재의 가장 고귀한 형태의 모든 반짝임과 빛도 질병일 뿐이고, 정상 상태가 중단되는 것에 불과하구나. 그렇다면 존재의 가장 고귀한 형태인 것이 전혀 아

니고 오히려 거꾸로 가장 비천한 존재라고 봐야겠구나'라고 자주 혼
잣말을 했다."

한참 더 생각한 후에 므이쉬킨은, 그럼에도 불구하고 그의 황홀
경은 현실이고 진실이며, '인생의 가장 고귀한 감정'은 무시하거나
질병에 기원한다고 치부할 것이 아니라고 결정한다. 도스토옙스키
의 왕자는 "뭐, 질병이라고 한들 뭐가 문제야?"라며 생각을 곱씹는
다. "만일 건강한 순간에 기억해보고 분석할 때, 그 결과 한순간 느
낀 것이 조화와 아름다움의 절정이었다고 밝혀진다면, 그때까지는
알려지지 않고 인식할 수도 없던 완벽함과 비례감, … 또 인생이 최
고의 합일에 도달한 황홀한 종교적인 일체감을 준다면, 이런 순간의
감각이 단지 비정상적인 강도였다고 해도 무슨 상관이 있겠어?!"

더 많은 환자를 보면 게슈윈드 증후군은 효과가 폭넓어서 일부
에게는 요긴한 것으로, 다른 사람에게는 저주로 작용한다. 과종교증
은 어떤 사람에게는 독실함으로, 다른 사람에게는 집요함으로 보인
다. 사람에게 들러붙는 것은 과도한 의존성으로 보일 수도, 충성스
러운 것으로도 보일 수 있다. 과다묘사증은 쓸모없는 낙서가 되기
도 하고, 도스토옙스키의 소설이나 고흐의 후기 풍경화 같은 걸작
으로 결실을 보기도 했다. 어떤 사람이 강화된 감정을 이끌어가는
그 끝은 미지의 법칙에 달려 있다. 게슈윈드는 이 증후군이 일반적
으로 기존에 가지고 있던 감정적 경향을 강화한다고 추측했다. 예
민한 사람은 변덕스러운 사람이 된다. 절제하는 사람은 엄격한 사
람이 된다. 종교적인 사람은 두꺼운 종교 서적을 작성하게 된다. 이
변화 자체는 본질적으로 좋거나 나쁜 것이 아니다. 게슈윈드 증후

군이 있는 사람은 범죄자가 될 수도, 모범적인 시민이 될 수도 있다. 1980년대 초에 게슈윈드와 함께 일했던 신경과 의사인 도널드 쇼머Donald Schomer는 TLE는 일반적으로 성격에 영향을 끼쳐서 사람을 감정적인 극단으로 밀어붙인다는 결론을 내렸다. 환자의 감정은 억눌릴 수도 있고 고취되기도 한다. 쇼머는 "TLE 환자는 대개 감정의 세계에서 과도하게 반응하거나 무감각하게 남는 식으로 반응하는 경향이 있습니다"라고 말했다. 어떤 면에서 TLE를 가진 환자는 다른 모든 사람과 비슷하다고 할 수 있다. 단지 약간 과할 뿐이다.

3

◆

보통 사람들

집 앞에서 길을 잃다 — 찰리의 이야기

1974년 12월 15일 일요일 이른 오후, 찰리 히긴스Charlie Higgins 는 마당의 잔디밭을 가로질러 밖으로 나갔다. 지푸라기 빛이 섞인 회색의 풍성한 머리숱을 가진, 강단 있어 보이는 쉰세 살의 찰리는 시골 변호사가 주말을 보내는 옷차림이었다. 엘엘빈 사냥용 부츠, 색이 바랜 치노 바지와 플란넬 셔츠, 낡은 포도주 색깔의 오리털 조끼를 입었다. 그는 집 뒤에 있는 숲으로 향했다. 그곳에는 지난 폭풍이 쓰러뜨린 단풍나무 몇 그루가 있었는데, 천천히 타는 단단한 나무라 벽난로 땔감으로는 제격일 것이었다. 찰리의 오른손에는 1.2미터 길이의 가로톱이 들려 있었다.

이때 찰리는 평생 원했던 것을 거의 다 이룬 상태였다. 1921년 인디애나폴리스에서 보험 외판원인 아버지와 아마추어 가수인 어머니 사이에서 넷째이자 막내로 태어난 찰리는 동부로 넘어와서 프린스턴 대학과 하버드 법대를 다녔다. 제2차 세계대전에 해군으로 복무하다가 보스턴 출신의 백인 아가씨를 만나 결혼했고, 1940년대 후반에 살기 좋은 버몬트 마을에 함께 정착했다. 지역 주민들에게 찰리는 "물론이지"라는 말과 함께 눈을 찡긋거리기를 좋아하는, '근면하고, 배려심이 깊으며, 좋은 일을 조용하게 많이 하는 진정한 버몬트인'으로 알려졌다. 지역 변호사회의 회장에, 견실한 회사의 공동 설립자이면서, 이웃들 간에 분쟁이 있을 때면 해결해달라고 요청받는 사람이었다. 그는 사회적으로 로터리클럽 회장, 주 상원의원, 자치주* 판사로 수년간 봉사하기도 했다. 또 날마다 몇 마일씩 뛰었으며, 건강은 완벽했다.

12월의 일요일이었던 그날, 찰리와 아내 프랜Fran은 아침을 일찍 먹고 교회에 다녀왔다. 교회에서 찰리는 성가대에서 찬송을 부르고 이사회에서도 봉사했다. 그 후 집으로 돌아와 대학에서 방학을 맞아 돌아온 딸 레이첼Rachel과 고등학교 1학년인 아들 마이클Michael과 함께 집안일을 했다. 정오에 가족들은 점심을 먹기 위해 모두 모였다. 프랜은 식탁을 치웠고 레이첼과 마이클은 친구들과 놀기 위해 밖으로 나갔으며 전기톱의 시끄러운 소리를 싫어하던 찰리는 고풍스러운 가로톱의 날을 날카롭게 갈았다.

새로 내린 눈이 마당을 덮고 있었고, 뜰과 숲이 만나는 경계에 이르자 그는 뒤돌아 부엌 창문으로 보이는 프랜에게 손을 흔들었다. 그리고 찰리는 미소를 지으며 숲으로 사라졌다.

그가 길을 잃었다고 상상하기 쉽지만, 찰리는 이 길을 따라 난

---

* 자치주county는 우리나라의 군郡에 해당한다.

모든 갈림길과 떨어진 나뭇가지 하나까지 알고 있었다. 그동안 직접 오솔길을 뚫었기 때문이다. 동쪽으로는 찰리와 그의 가족이 자주 등산하던 산이 있어서, 자줏빛과 회색이 섞인 산등성이를 볼 수 있었다. 산과 숲 사이에 내리막길 계곡이 있었다. 계곡의 한편에 벌거벗은 나무 사이로 그는 뉴잉글랜드 시골의 발전상을 보여주는, 근래 들어 우르르 생겨나 줄지어 선 집들을 알아볼 수 있었다. 그중 가장 북쪽에 있는 하얀 집은 주치의 댁이었다.

숲으로 들어갈수록 길은 조금씩 오르막이 가팔라졌다. 전나무는 점점 더 빽빽해지고 단풍나무는 점점 더 어린 나무가 자라고 있었다. 폭풍은 호리호리한 흰색 자작나무를 오솔길을 따라 흩트려놓았다. 나뭇가지가 흩어진 곳에서 찰리는 걸음을 멈췄다. 그의 발아래로 7미터 길이의 사탕단풍나무 줄기가 놓여 있었다. 한쪽 끝에서 장작 길이만큼 떨어져 선 다음, 그는 고개를 숙이고 톱질을 시작했다. 작업은 상쾌했다. 찰리는 톱을 앞뒤로 움직이는 동작에 집중했다. 격렬한 활동과 함께 그의 호흡은 점점 거칠고 빨라졌다.

갑자기, 아무런 예고도 없이, 찰리는 '괴상하다'라고 느꼈다. 마치 깨어 있는 상태에서 꿈을 꾸는 것처럼 의식이 강화되고 두 개가 된 것 같았다. 그는 자신이 두 세상, 즉 논리적이며 일반적인 경험을 하는 실제의 세상과, 비논리적이며 꿈속의 허풍이 가득한 두 세상에 동시에 존재하는 것처럼 느껴졌다. 그 경험은 상상 속의 것일 수도 있었지만 동반되는 불편한 신체적인 감각은 진짜였다. '불쾌한 신체적 감각'은 욕지기와 메스꺼움, 양쪽 관자놀이 뒤쪽으로 느껴지는 이상한 압박감이었다.

찰리는 마음의 상태의 본질에 대해 아는 것은 전혀 없었지만, 전에도 이런 경험을 한 적이 있었다. 지난 10년간 1년에 한 번 정도 일어났던 현상이었다. 한 번은 로터리클럽의 점심 식사 중에, 한 번은 집으로 운전해서 돌아오는 길에, 그리고 몇 번은 스키 타기, 삽질하기 또는 장작 패기 등 육체적으로 힘을 쓸 때였다. 이러한 순간적인 경험이 점점 자주 생기기 시작한 지난해까지 그는 이 사실을 남에게 알리지 않았다. 그러다가 지난겨울에 아들과 눈을 치우며 삽질을 할 때 찰리는 이 '괴상한 기분'에 대해 불평한 적이 있었다. 며칠 후 프랜과 스키를 타고 내려오다가 아내에게 "약간 정신이 없어. 전에도 가끔 느껴봤던 것인데, 마치 다른 세상에 존재하는 기분이야"라고 말했다. 지난여름에는 처남과 격렬한 테니스를 친 뒤 계단에 등을 대고 앉아 "조금 어지러워"라고 중얼거리며 머리를 움켜쥔 적도 있었다. 눈에 보이는 이상은 아무것도 없었다. 항상 남편이 '몽상가이고 조금 정신이 딴 데 팔린 사람'이라고 생각하던 프랜은 남편이 드물게 겪는 이런 느낌에 대해 걱정하지 않았다. 그리고 찰리가 주치의에게 정기 신체검사에서 그 일에 관해 설명했지만, 의사는 별일이 아니라고 생각했다. 찰리의 이야기는 심각해 보이지 않았다. 아직 아무도 그것이 뭔지 모르는 상황이었다.

숲속에서 찰리는 할 수 있는 만큼 톱질을 계속했지만 메스꺼움이 심해져서 결국 멈추었다. 그는 고개를 숙이고 이 느낌이 사라지기를 기다렸다. 곧 호흡과 심장 박동이 느려지면서 이 이상한 느낌은 가라앉았다. 상쾌한 공기가 마음을 씻었다고 느끼며 찰리는 숨을 깊게 쉰 다음 다시 톱질을 하기 시작했다.

잠시 뒤 그 느낌이 다시 돌아왔는데, 이번에는 파도처럼 그를 덮쳤다. 그를 둘러싼 숲과 발아래에 있던 나무줄기, 가로톱을 손에 든 자신에 더해, 찰리는 또 하나의 다른 세상이 느껴졌다. 그는 자신이 생생한 꿈에서 서서히 깨어나는 기분이 들었는데, 꿈에서 깨어나는 것이 엄청나게 길어져서 현실과 꿈의 중간에 한참 동안 남겨진 느낌이었다.

그는 멍한 상태에서 걷기 시작했다. 자신이 어디에 있는지, 또 어디로 가고 있는지 아무 생각도 없었지만 집으로 가는 길을 찾을 수 없다는 것은 알았다. 그의 친숙한 숲이 더 이상 친숙하지 않았다.

한 시간쯤 후에, 집에서는 프랜이 벽난로 옆의 안락의자에 앉아 졸고 있었다. 무릎에는 소설이 펼쳐져 있고 옆에는 차가운 찻잔이 놓여 있었다. 커다란 괘종시계가 3시를 알리는 소리에 깨어난 프랜은 "찰리!" 하고 외쳤다. 아무 대답이 없었다. 그녀는 부엌 창문으로 가서 남편이 마당에 있는지 살펴보았지만, 아무도 없었다. 프랜은 남편이 이렇게 오래 걸리자 깜짝 놀랐다. 찰리는 오후에 함께 크로스컨트리 스키를 타러 가자고 했기 때문에 지금쯤이면 돌아왔어야 했다. 버몬트에서는 한겨울에 밤이 빨리 찾아온다. 프랜은 양모 조끼 위에 스웨이드 외투를 걸치고 숲으로 걸어 들어갔다.

몇 분 후, 그녀는 희미한 소리를 들었다. 프랜은 남편을 불렀지만 대답이 없었다. 그 소리는 스스로와의 대화에 빠진 것 같은 끊임없는 재잘거림이었다. 프랜은 그 소리가 들리는 방향으로 서둘러 갔다. 찰리를 보는 순간, 그녀는 무언가 잘못되었다는 것을 느꼈다. 논리정연했고 집중력 있던 남편이 손에 가로톱을 든 채, 눈 속에서 혼자 중얼거리며 길에서 벗어나 서 있었다. 그는 주변과 동떨어져 보였으며 상황을 알아채지 못하는 듯했다. 프랜은 그에게 다가가 물었다, "무슨 문제가 생겼어요?"

"뭔가 잘못됐어." 그는 애매하게 인정했다. "내가 어디에 있는지 모르겠어. 집으로 돌아가는 길을 찾을 수가 없어."

"이게 전에 당신이 경험했다는 그 느낌이에요?"

찰리가 고개를 끄덕였다. '오, 하느님, 이것이 그가 꿈속 세계에 있을 때 겪는 일이구나'라고 프랜은 생각했다. 그녀는 남편에게서 톱을 받아 들고 집으로 이끌었다. 그는 순순히 따라왔는데, 몇 발자국마다 여기가 어디냐고 계속해서 물어보았다. 그에게 말해주고 또 말해주어도 남편은 그때마다 잊어버렸다. 이러한 혼란에도 불구하고 그는 화가 난 듯 보이지는 않았다. 감정과 지능이 분리된 것처럼 보였다. 그는 로봇 같았고, 감정과 기억은 잠시 버튼이 꺼진 것 같았다.

집은 프랜이 오븐에 요리를 넣어두었기 때문에 따뜻했으며 음식 냄새가 풍기고 있었다. 프랜은 그를 소파에 앉혔다. "이제 당신이 어디에 있는지 알겠어요?"라고 물었다. 그는 모르겠다고 대답했다. 그녀는 반복해서 질문했다. 대략 10분이 지나서야 그는 마침내 집에 있다고 대답했다.

아직 그는 자기 자신이 아니었다. 찰리는 숲에서 무엇을 했는지 기억하지 못했다. 프랜이 장작으로 쓸 나무를 자르러 가로톱을 들고 숲에 갔다고 설명하자, 그는 "나는 가로톱을 사용하고 있었어. 내가 왜 가로톱을 쓰고 있었지?"라고 말했다. 기억의 한 조각이 사라져버린 것이다.

시간이 갈수록, 프랜의 걱정은 커졌다. 찰리의 이야기로는 이런 일은 몇 분을 넘지 않았었는데, 이번 것은 이미 30분 넘게 지속되고 있었다. 그녀는 주치의에게 전화를 걸었다. 자동응답기는 주치의 선생님이 지금 시내에 없어서 응급 요청은 다른 의사가 받을 것이라고 안내했다. 프랜은 조금 더 기다리기로 했다.

4시가 되도록 그는 프랜이 알고 있던 찰리로 되돌아오지 않았다. 프랜은 지역 병원에 전화를 걸어 전화를 받은 의사에게 무슨 일이 일어났는지 설명했다. 의사는 찰리를 병원으로 데려오게 했다. 그녀는 남편을 보조석에 앉히고 안전벨트를 채운 후 차의 시동을 걸었다. 처음에 찰리는 아내가 자기를 어디론가 데려가고 있다는 것을 알았다. 하지만 몇 분 후에 그의 기억은 중단됐다. 그는 완전히 의식이 있었지만, 두 시간 동안 현실과 꿈 사이에 위치하고 있었던 그의 정신은 이제 꿈의 세계로 서둘러 빠져들었다. 그곳은 기억이 저장되지도 않고 기억을 되찾을 수도 없는 곳이었다. 그 숲에서 그의 기억을 비정상적으로 작동시킨 것이 무엇이었든 간에 지금은 완전히 기억이 꺼져버렸다. 그는 이 사건이 끝날 때까지 기억이 전혀 남지 않을 것이었다.

병원에서 의사는 그를 1인실에 입원시켰다. 찰리는 옷을 벗고 침대로 들어갔다. 그는 얌전했지만, 프랜은 "하지만 그는 고장 난 레코드처럼 같은 말을 반복했어요. 계속해서 '나는 가로톱을 사용하고 있었어. 내가 왜 가로톱을 쓰고 있었지?'라고 중얼거렸답니다"라고 회상했다. 의사는 찰리에게 의식 상태를 측정하는 표준적인 신경학적 질문을 했다. 당신의 이름은 무엇인가요? 당신은 지금 어디에 있죠? 오늘은 며칠입니까? 올해는 몇 년도인가요? 미국의 대통령은 누구입니까? 집에 돌아와서 엄마가 휘갈겨 쓴 쪽지를 보고 급하게 병원으로 달려온 딸 레이첼에 따르면 "아빠는 자기가 누구인지는 알고 있었지만 자기가 어디에 있는지, 어째서 거기에 있는지는 몰랐어요"라고 말했다. 지금은 뇌파 검사가가 된 당시 열아홉 살의 레이첼은 이미 의학과 뇌에 흥미를 느끼고 있었다. "병원에서 아빠의 기억 범위는 30초 정도였어요. 아빠가 우리에게 질문한 후 30초 뒤에는 똑같은 질문을 하곤 했어요"라고 관찰한 것을 설명했다. 좀 더 먼 과거에 대한 기억도 결함을 보였다. 그는 딸이 다니는 대학교 이름을 기억할 수 없었다. 당시 제럴드 포드가 대통령이었지만 찰리가 기억하는 마지막 대통령은 아이젠하워였다. 레이첼은 아버지에게서 숲에서 프랜이 보았던 것과 똑같은, 지능과 감정이 분리되는 현상을 볼 수 있었다. "아빠는 자신에게 뭔가 잘못된 일이 생겼다는 것은 알고 있었어요. 그런데 그게 뭔지는 느끼지 못했죠."

찰리에 대한 소식이 마을에 퍼졌다. 주치의의 아내는 히긴즈 가족의 담임 목사에게 연락했고, 그는 찰리를 방문한 후 크게 걱정하고 있었다. "찰리는 매우 꼼꼼하고, 주의 깊으며, 말하기 전에 먼저 생각하는 그런 사람입니다"라고 목사는 나중에 말했다. "그런데 거기서 그는 완전히 다른 사람인 것처럼 행동하고 있었어요. 숲에서 나무를 자르고 숲을 헤맨 행동에 대해 대화하면 찰리는 꽤 일관되게 대답할 수 있었는데, 잠시 그 이야기를 멈추면 누가 방금 전에 말한 것도 전혀 기억을 못했습니다. 그는 자신이 기억할 수 없다는 사실조차 기억을 못 했어요!"

찰리의 증상은 특히 프랜을 걱정시켰다. 그녀는 암이나 뇌졸중에 의해 조직이 손상되어 기억과 의식을 제어하는 뇌의 영역에 영구적인 문제를 일으킨 것은 아닌지 두려웠다.

놀랍게도, 몇 시간이 지나자 아무 치료도 받지 않았는데 찰리는 회복하기 시작했다. 먼 과거에 대한 기억은 차차 되돌아왔다. 저녁 식사 시간이 지나자, 마지막 몇 시간을 제외하고는 모든 일을 기억해냈다. 찰리는 들은 것은 무엇이든 반복하던 것을 멈추었고, 잠자리에 들었으며, 프랜은 집에서 자고 오기로 했다. 다음 날 아침 일찍 그녀는 전화벨 소리에 잠에서 깼다. 병원에서 목사가 전화를 걸어서 "찰리는 괜찮아요! 그가 다시 정신을 차렸어요"라고 말했다. 프랜이 도착했을 때, 남편은 다시 예전의 남편이었다. 찰리는 아직 '혼란스럽고 약간 멍한 느낌'이라고 실토했으므로 병원에서 하룻밤을 더 보냈다. 화요일 아침이 되자, 그는 다 나았다고 느끼고 일하러 갔다. 병원으로 향하던 길에 '기억을 잃은' 순간부터 여섯 시간 내지 여덟 시간 후 병원 침대에서 '되돌아온' 순간까지, 기억의 '큰 구멍'을 빼고는 아무 후유증도 없었다. 프랜은 "남편은 완전히 정상처럼 보였어요"라고 말했다.

빠른 회복과 제한적인 기억상실, 두통과 위장관의 통증을 동반한 몽롱상태는 찰리가 TLE 발작을 앓았다는 것을 보여주었는데, 이는 아마도 톱질을 하면서 발생한 과호흡 때문에 일어났을 것이다. 과호흡은 뇌로 가는 산소를 줄여서 전기적 활성을 불안정하게 만들고, 누구에게나, 특히 뇌전증 성향이 있는 사람에게는 발작의 가능성을 높인다. 의사는 찰리가 기억을 관장하는 뇌의 영역에서 일어난 뇌전증 활성화로 기억이 혼합되고, 그런 혼합된 기억이 몽롱상태를 만든 것으로 의심했다. 그런 정신 상태와 동반되는 '불쾌한 신체적 감각'은 TLE의 특징적인 양상인데, 찰리가 처음에 톱질을 멈추었을 때 뇌로 가는 산소량의 증가로 잠시 약해졌다가 다시 일을 시작하자 엄청난 힘으로 되돌아왔다. 그러다가 결국 뇌전증이 일으킨 뇌의 활동이 찰리의 기억을 닫아버리고 몇 시간 동안 발작적 기억상실의 원인이 된 것이라고 의사는 생각했다. 하지만 뇌전증이라는 단어에 찰리와 그 가족이 놀랄까 봐 의사는 진단을 알리지는 않았다. 대신 의사는 찰리에게 신경과 의사를 만나서 EEG 검사를 해보길 권했다.

집으로 돌아온 히긴즈 가족은 뭔가 잘못됐다는 것을 금방 잊어버렸다. 찰리는 평상시처럼 침착했으므로 가족들은 그의 결정에 따랐다. 그들은 여느 해처럼 크리스마스와 새해를 축하했다. 1월 3일이 되어 숲에서 사건이 일어난 지 2주도 더 지난 뒤에야 찰리와 프랜은 근처의 신경과 의사를 만나러 버몬트의 러틀랜드Rutland로 차를 몰고 갔다.

마거릿 와딩턴Margaret Waddington도 의사가 내린 것과 같은 진단을 내렸지만, 그녀의 방식은 훨씬 더 직설적이었다. 이 신경과 의사는 솔직하기로 유명했다. 그녀는 또한 나쁜 소식을 잘 받아들일 수 있는 찰리의 지성과 능력을 알아챘다. "그는 아주 밝은 사람이고, 매우 사교적이며, 기민하고, 방향성이 있고, 불행에 허우적거리지 않는 사람이다"라고 기록했다. 찰리가 수년간 혼란, 어지러움, 모호한 통증, 기억상실이 짧고 간헐적으로 발생했다고 설명하자마자, 그녀는 "이렇게 의식이 변동된 상태는 발작 질환처럼 보입니다. 아마도 이상 부위는 측두엽일 것입니다"라고 찰리에게 말했다. 와딩턴은 진단을 확진하기 위해 뇌전증 활동을 찾을 수 있는 EEG를 시행할 것이라고 말했다. 그녀는 EEG 기계가 있는 방으로 찰리를 데려가 검사용 침대에 눕힌 뒤, 측두엽 위의 두피에 전극을 몇 개 붙였다. 검사 중에 발작이 일어나면 EEG에서 비정상적인 활동을 발견하기 쉽다는 것을 알고 있었기 때문에, 그녀는 찰리에게 발작을 촉발했던 격렬한 운동을 할 때처럼 과호흡을 해보라고 지시했다. 찰리는 과호흡을 했지만 발작을 일으키지는 않았다. 와딩턴은 기계를 켜고 기록지에 나타난 뇌의 활동을 해석했다. "엄청나군요!" 그녀는 발작이 없는 상태인데도 놀랄 만큼 비정상적인 뇌의 활동성을 보고 큰 소리로 외쳤다. "오, 하느님, 저것 좀 봐요!" 찰리는 프랜이 이 방에 없는 것에 안심했다. "저는 쉽게 놀라지 않습니다. 그렇지만 와딩턴이 EEG의 불규칙성을 보고 반응한 소리를 들었다면 아내는 까무라쳤을지도 모릅니다"라고 찰리는 말했다.

"오, 끔찍해요. 내가 보기에 당신은 병변을 가지고 있는 것 같아요. 그리고 틀림없이 악성종양일 것 같습니다!"라고 와딩턴은 계속해서 외쳐댔다.

이것이 와딩턴이 가장 크게 걱정했던 것이다. TLE 자체가 아니라 종양이 원인일 가능성 말이다. 천천히 진행하며 비교적 늦은 나이에 생기는 뇌전증은 루스 펜필드의 경우처럼, 간혹 느리게 자라는 종양의 압박으로 인해 발생한다. 와딩턴은 찰리를 검사하며 인생의 전반부와 병력에 대해 수많은 질문을 했다. 그 대답에 기초해 가장 흔한 뇌전증의 원인인 두부 손상, 뇌염, 뇌수막염, 뇌전증 가족력, 분만 외상, 유년기 발작, 약물중독 등을 대부분 제외했는데, 이 중 어느 것도 찰리나 프랜이 생각하기에 해당 사항이 없었기 때문이다. 결국 찰리의 TLE에 대해 남은 단 하나의 설명은 뇌종양뿐이었다. 이 심각한 가능성은 와딩턴이 시행한 신경학적 기능 진찰에서 나온 '당황스러운' 소견 때문에 더욱 가능성이 높았다. 그녀가 찰리의 팔과 다리의 인대를 두드렸을 때 반사 행동은 좌우가 동일하지 않았고, 왼쪽이 더 비정상적으로 빠르게 반응했다. 이는 신체의 왼쪽을 관장하는 뇌의 오른편에 종양과 같은 이상이 있다는 의미다. '임시 진단'으로 그 신경과 의사는 이미 찰리의 차트에 '그 외의 것으로 증명되기 전까지는 종양이 의심됨'이라고 적어놓았다. 실제로 그녀는 찰리에게 종양이 있다고 의심하는 단계를 지나 확신하고 있었다고 털어놓았다.

집으로 돌아오는 길에 이 불길한 소식을 들은 프랜은 경악했다. 그녀는 나중에 이렇게 회상했다. "그때가 진짜로 공포가 시작된 때였어요. 물론, 제가 걱정이 좀 많기는 하죠." 찰리는 성격대로 냉정을 잃지 않았다. 프랜에 따르면, 그는 죽음에 직면하자 '철학적'이 되었다. 찰리도 그 점에 동의한다. "나는 그것을 고민하지 않았어요. 두렵지 않았죠. 왜인지는 모르겠어요. 아마도 제 종교적 믿음 때문일 겁니다. 평소의 철학적인 관점은 '나는 훌륭하고 행복한 삶을 살아왔으니, 이러다 하늘에 불려 가도 불만은 전혀 없을 것이다'였으니까요."

찰리의 발작을 치료하기 위해 와딩턴은 발작의 강도와 빈도를 줄여주는 항경련제를 처방했다. 의심되는 종양의 위치를 찾기 위해 그녀는 두개골 엑스레이 사진과 가까이에서는 할 수 없는 정교한 뇌 스캔을 포함하는 종합적인 신경학적 검사를 권했다. 찰리는 인체의 내부 조직을 보여주는 CT를 찍기 위해 다트머스 의대로 갔다. 그러나 뇌 스캔에서 종양은 찾아볼 수 없었다. 의사가 종양을 찾는 동안, 찰리는 벌링턴에서 5일을 더 지내며 버몬트 대학 의료센터에서 다른 뇌 검사를 받았다. 그중 몇 가지 검사는 침습적이었고 고통스러웠다. 하지만 모든 검사는 음성이었다. 아무 종양도 발견되지 않았다.

눈에 보이는 종양의 증거가 없자, 와딩턴은 찰리가 어떻게 뇌전증 흉터를 갖게 되었는지 몰라서 쩔쩔맸다. 그러나 원인을 찾지 못하는 일은 자주 일어나므로, 그녀는 다시 찰리에게 TLE 환자의 흉터에 대해 특별한 원인을 결정하지 못할 수도 있고, 환자의 인생에서 어린 시절에 머리를 부딪힌 일처럼 기억하지 못하는 사건이 있을 수도 있다고 설명했다. 만일 찰리가 뇌에 무슨 문제가 있는지 좀 더 알고 싶다면 큰 병원에서 신경외과적인 진단 수술을 해볼 수는 있다고 덧붙였다. 이 말을 듣고 찰리는 멈칫했다. 그의 발작은 외과 의사가 그의 뇌를 자르고 들어가야 할 만큼 심각해 보이지 않았기 때문이다. 찰리가 보기에 수술의 위험성은 얻을 수 있는 이익에 비해 훨씬 커 보였다.

몇 달이 지나 신경외과 의사이자 히긴스 부부의 친구였던 토머스 도나이Thomas Donaghy가 찰리의 이야기를 듣고는 다른 원인을 제시했다. 도나이에 따르면 찰리는 '너구리' 때문에 TLE가 생겼다.

1932년 여름 찰리가 열두 살이었을 때, 그는 보이스카우트 캠프에서 2주를 보냈다. 집을 떠나 밖에서 잠을 잔 것은 태어나서 처음이었다. 돌아오자마자 찰리는 애완용 너구리 한 쌍을 키우고 있던 뒤뜰의 닭장으로 달려갔다. 너구리는 날마다 오후에 찰리의 손에서 땅콩을 받아 먹는 데 익숙해져 있었다. 그런데 지난 2주 동안 아무도 땅콩을 주지 않았고, 너무 신이 난 찰리는 주머니에 땅콩을 채워 가는 것을 잊어버렸다.

평소처럼 찰리는 닭장 문을 열고 너구리와 함께 안으로 올라갔다. 수컷은 곧바로 평상시에 항상 땅콩이 들어 있던 찰리의 주머니에 코를 박았다. 먹이를 발견하지 못하자 너구리는 난폭해졌고, 소년의 손과 팔꿈치를 물고 옷을 찢으며 공격했다. 화가 나서 눈이 툭 튀어나온 너구리가 닭장 경첩이 떨어지도록 문을 할퀴자 문은 문틀에 꽉 끼어 움직이지 않았고 찰리는 갇혔다. 찰리의 비명을 듣고 집에서 뛰쳐나온 아빠는 피범벅에 충격을 받은 아들을 발견했다. 아빠는 고함을 질러 너구리를 닭장 뒤쪽으로 몰아낸 다음 문을 비틀어열고 아들을 밖으로 데리고 나왔다. 그는 아들을 차 뒷좌석에 태우고 의사가 살고 있는 농장으로 향했다. 의사는 찰리의 상처를 소독했고, 너구리가 공수병◆에 걸렸을까 봐 광견병 예방주사를 놓았다. 이는 미량의 공수병 균이 찰리의 피로 들어가도록 복부 피부를 통해

◆ 공수병恐水病, rabies은 광견병이라고도 한다. 이 바이러스 감염의 후반기에 액체를 삼키면 반사적으로 인후두 근육에 극심한 경련과 통증이 일어나므로, 환자는 물을 무서워하는 모습을 보인다.

주사하는 것이다. 이 처치는 가벼운 공수병 열을 일으킬 수는 있지만, 생명을 위협할 정도의 극심한 공수병은 막는 효과가 있다고 알려져 있다.

예상했던 대로 찰리는 체온이 급격히 올랐다. 끔찍한 열로 인해 한 달 동안 침대에 누워 있어야 했다. 때때로 그는 헛소리를 했고, 침대가 방을 둥둥 떠다니는 환상을 보았다. 그달 말이 되자 찰리는 힘을 되찾기 시작했고, 곧 정상적인 활동을 시작했다. 그는 괜찮아 보였다. 그 후 수십 년 동안, 찰리의 한쪽 손바닥에 남은 너구리 이빨 모양의 가느다란 흉터 말고는 이 사고가 흔적을 남겼다고 의심할 만한 것은 아무것도 없었다.

그러나 도나이는 보이지 않는 두 번째 흉터가 있을 것이라고 의심했다. 이 신경외과 의사에 따르면 공수병 예방접종은 뇌의 바이러스성 감염을 의미하는 뇌염을 일으켰다. 감염은 아마도 측두엽의 안쪽 깊게 위치한 구조인 해마에 영향을 끼쳤을 것이다. 해마는 공수병 바이러스가 흔히 도달하는 곳이기도 하다. TLE처럼 공수병도 성격 변화와 관련이 있다. 공수병에 걸린 사람들은 불안해하고 공포에 빠지며 공격적이다. 그리고 광견병을 뜻하는 *rabies*는 '광기'나 '분노'를 뜻하는 라틴어에서 유래한 것이다. 이 감염으로 찰리는 고열에 시달렸고, 고열은 결국 찰리의 뇌에 흉터를 남겼다. 몇 년이 지나자, 병변은 비정상적인 전기적 활동이 일어나는 곳이 되었고, 40대가 되자 약한 발작을 몇 번 일으키고, 숲에서의 커다란 발작에서 정점을 찍은 것이다.

그럴듯한 원인을 찾을 수 없었으므로 찰리의 의사들은 도나이의 설명을 받아들였다. 와딩턴이 은퇴한 뒤 찰리의 치료를 이어받은 신경과 의사인 키스 에드워즈Keith Edwards는 "공수병은 사람에게 치명적인 결과를 가져온다. 그러므로 실제로 공수병에 걸린 것으로 보이지는 않는다. 하지만 공수병 예방접종은 그 당시 많은 사람에게 약한 뇌염을 일으켰는데, 찰리에게도 뇌염을 일으켰을 수 있다. 뇌염은 뇌전증의 원인이 된다고 알려져 있다. 찰리의 비정상적인 EEG, 즉 뇌염에서 가끔 볼 수 있는 빠른 전두엽 베타 패턴rapid frontal beta pattern은 TLE가 예방접종과 관계 있을 것이라는 객관적인 증거다"라고 관찰 결과를 기록했다.

예방접종을 받은 경력 말고도 에드워즈는 찰리가 어렸을 때 약한 뇌염을 앓았다고 추정할 만한 근거를 발견했다. "많은 어린이가 독감에 걸리면 약한 뇌염으로 40.5℃의 열이 나고 밤새 깨어 헛소리를 하거나 발작을 일으키기도 한다. 아이가 몸이 굳고 덜덜 떠는 것을 몇 분간 지속하는데, 엄마는 그것이 발작인지 모르는 것이다. 그리고 1~2주가 지나면 좋아진다. 아이들 절반 정도에게 이런 일이 생긴다. 그래서 찰리가 예방접종을 한 것이 아니라면, 이런 비슷한 감염에 걸리지 않았을까 추측할 수 있다. 알아채지 못한 사이에 찰리의 뇌에 작은 흉터를 일으켰을 것이다"라고 기록했다.

진단을 받은 후 15년이 넘도록, 찰리는 몇 안 되는 운 좋은 TLE 환자에 속했다. 발작이 삶에 미치는 영향이 미미했기 때문이다. 그는 지난 70년간 그 나이대의 미국인 남자 중에 좋은 체형을 유지했다. 몸은 근육질이고 날씬했으며 주름진 얼굴은 아직 매력적이었다. TLE에도 불구하고 찰리는 높은 수준의 기능을 유지했다. 로펌에서 풀 타임으로 일했고, 전문 분야인 유언장과 부동산 문제를 다루며 소송과 법원 일을 했다. 이제 아이들이 다 자랐으므로 그와 프랜은 둘만 산다. 여가 시간에는 여행을 하거나 브리지 게임을 즐기거나, 과일나무나 라즈베리, 허브 등을 손질하며 보낸다. 1982년 이후로 찰리는 테그레톨Tegretol이라는 항경련제를 복용하고 있었는데, 이 약은 TLE를 잘 조절해주었다.

얼마 전 가을, "마지막으로 발작이 언제 일어났는지 기억도 잘 나지 않아요"라며 손에 갈퀴를 든 채 뜰에 서서 그가 말했다. 담당 의사가 테그레톨을 처방하기 전에는 숲에서 일어났던 것만큼 심한 발작을 몇 번 겪기는 했다. 물론 발작이 일어나도 무슨 일인지 안다는 점은 달랐다. 1976년 여름에는 정원에서 일하다가 잠시 의식을 잃었는데 깨어보니 땅바닥에 누워 있었다. 4년 후에는 라일락 덤불을 치다가 자기가 어디에 있는지, 또 무엇을 하고 있었는지 모르는 몽롱상태에 빠져서 뜰을 서성이기도 했다. 그러나 테그레톨을 복용하고 나서는 모든 발작은 이제 '지나간 일'이 되었다. 짧은 몽롱상태나 반짝이는 빛의 환상, 혹은 말로 설명하기 어려운 불쾌하고 가벼운 머리의 느낌 같은 전형적인 TLE 증상만 남았다. 이러한 발작은 1년에 한두 번만 일어났는데 '일상 활동의 정상적인 흐름'을 방해하지 않았다. 찰리는 발작이 올 것 같은 느낌이 들면 하던 일을 멈추는 요령이 생겼다. 15분만 누워 있으면 그런 느낌은 곧 사라지곤 했다. 오랫동안 일한 그의 비서는 찰리에게 사무실 바닥에 좀 누우라며 놀리기도 한다. "그는 가끔 뭔가가 올라오고 있는 괴상한 느낌이 든다고 말해요. 그런데 나는 그걸 볼 수 없죠. 그리고 오래가지도 않아요. 그가 진짜로 뇌전증을 가지고 있다는 것을 믿기도 어렵죠. 그는 항상 똑같거든요. 항상 바빠요"라고 비서는 말한다.

진단이 내려진 후에 일상생활에서 바뀐 것은 거의 없었다. 그는 하루 세 번, 항경련제를 복용해야 한다. 1년에 한 번씩 그를 진찰하는 에드워즈에 따르면, 이것은 용량이 적은 편이다. 1981년에 검사한 가장 최근의 EEG 결과는 충격적으로 비정상이었지만, 작년에 에드워즈가 검사했던 것과 차이가 없다. 이는 발작 병소가 퍼지지 않고 있다는 뜻이다. 찰리가 약을 중단한다면 '혼동이나 기억상실, 반자동적인 동작' 같은 일을 매주 혹은 매달 일으킬 것이라고 한다. 음주나 수면 부족으로 간혹 발작을 일으켰으므로, 찰리는 술은 마시지 않고 잠은 충분히 자도록 노력한다. 그가 쓰던 가로톱은 숲에서 발작을 경험한 뒤로는 잘 정돈된 헛간의 못에 걸려 녹이 슬었다. "그 후에 숲에서 일하는 것은 그만두었어요. 오, 불을 붙이려고 통나무한두 개를 쪼개기는 해요. 하지만 1974년 그날처럼 힘을 쏟아붓지는 않는답니다"라고 찰리는 말했다. TLE를 진단받은 후, 그는 집을 따뜻하게 만드는 벽난로에 나무 대신 석탄을 사용한다.

찰리는 TLE 때문에 스키 활강도 즐기지 못했다. 1975년 3월에 와딩턴이 처방한 첫 번째 항경련제 중 하나인 딜란틴Dilantin을 먹기 시작한 지 겨우 몇 주 뒤에, 그는 스키를 타고 혼자서 빠르게 그 지역의 산에서 내려오고 있었다. 오후에 리프트 의자에 앉아 산에 다시 오를 때 갑자기 몽롱상태가 시작되었다. 그의 말에 따르면 과호흡이 원인인 것으로 보인다. "스키를 탈 때 숨을 꾹 참게 되거든요." 그의 몽롱상태는 기억해낼 수 없는 과거의 회상과, 머리와 배에서

느껴지는 친숙한 '괴상한 느낌', 그리고 비현실적인 전조♦로 이루어
진다. 찰리는 간신히 리프트의 의자에서 빠져나와 산 아래로 스키를
타고 내려왔지만 발작의 느낌은 더 강해졌다. 산 아래로 내려왔을
때 그는 자기가 어디에 있는지 알 수 없었다. 그는 낯선 사람에게 질
문했다. 그가 곤경에 처한 소식은 곧 스키를 타는 사람 사이에 퍼졌
고, 그 지역의 의사 한 명이 찰리를 스키 오두막으로 데리고 갔다. 우
연히 그날 슬로프에서 스키를 타고 있던 로펌 동업자 중 한 명이 그
를 집으로 데려왔다. 당시 10대였던 찰리의 아들은 집 진입로에서
점프 슛을 연습하다가 아빠를 보고, '예의범절이 엄격한 분이 이상
하게 돌처럼 굳어 있으시네'라고 처음에는 생각했다. "그때 아빠가
저에게 말했어요. 한바탕 앓는 중이라 말을 반복해서 할지도 모르
니 좀 참아달라고요. 아주 멍한 것처럼 보이긴 했지만 그것 빼고 잘
못돼 보이는 것은 전혀 없었어요. 아빠는 TLE에 대해 항상 침착함을
유지할 수 있었기 때문에 저는 한 번도 진짜로 걱정한 적이 없어요"
라고 마이클은 말했다.

　　찰리가 이런 확장된 몽롱상태에 대해 와딩턴에게 보고하자, 그
녀는 다른 종류의 항경련제인 페노바르비탈phenobarbital을 처방했다.
또 과호흡이 발작을 잘 일으킬 위험이 있었기 때문에 스키 활강은
하지 말라고 했다. 의사의 말을 잘 듣는 환자인 찰리는 그 뒤로는 절
대 스키를 타고 산에서 내려오지 않았다.

　　의사가 절대 금한 적이 없는 다른 극한 운동에 대해 말하자면,

♦　　전조aura, 前兆는 발작 직전에 느끼는 신체감각의 이상 증상을 말한다.

찰리는 몇 년간 대체적으로 성적 활동을 피했다. 진단을 받고 1년 뒤, 찰리는 와딩턴에게 그가 생각하기에 당시 복용 중인 항경련제의 부작용으로 보이는 '성욕 감퇴'를 경험했다고 언급했다. 와딩턴은 페노바르비탈은 성적 흥미를 줄이지 않는다며 그를 안심시켰다. 그녀는 TLE 질환 자체가 성적 관심의 변화와 연관되어 있다고 말해 주지는 않았다. 그 후로 몇 해 동안, 그는 성관계 직후에 오는 발작을 몇 번 겪었는데, 찰리는 성행위에서는 당연한 강한 호흡이 발작을 촉발한 것으로 추측했다. 그는 과호흡에 대한 불안감 때문에 이제 섹스에 관해선 "흥미가 덜하다"라고 말했다.

그러나 강한 호흡으로 과거에 발작을 유발한 적이 있었던 테니스 같은 운동을 아직도 즐긴다. 날씨가 따뜻하면 농구도 하고, 겨울이면 크로스컨트리 스키도 타며, 1년 내내 매일 달리기를 한다. 아내는 남편이 달리는 동안 발작을 일으켜 집으로 돌아오는 길을 잃어버릴까 봐 걱정하지만, 그런 일은 절대 일어나지 않았다. "그 이유는 달릴 때 호흡이 일정하고 또 항상 호흡에 신경을 쓰기 때문일 겁니다"라고 그는 추측했다. 의사도 찰리가 항경련제를 복용하는 한 그런 운동은 발작을 일으킬 것 같지 않다며 프랜에게 염려하지 말라고 자신 있게 말했다. 찰리는 아내가 걱정한 나머지 자신의 활동을 제한하려 하자 화를 냈지만, 그의 병이 자신보다는 아내를 더 힘들게 한다는 것을 알고 있었다. 아내를 존중하는 의미에서 달리기를 할 때는 항상 복대를 찼는데, 그 복대는 찰리가 진단받은 후 어느 크리스마스에 아내가 선물로 준 것으로, 그 안에는 그의 이름과 주소가 들어 있었다.

진단 후 찰리가 알아챈 유일한 차이는 약간의 성격 변화였다. 그는 항상 집중하고 조심스러웠으며 약간 강박적이었는데, 1980년 대 초에 매년 시행하는 신경학적 검사에서 찰리는 이런 특성이 최근 몇 년 사이에 그를 '과도하게 말이 많고 섬세하게' 만들었으며, 더 강화되었다고 보고했다. 예를 들면, 로펌에서 일하면서 사건을 조사 할 때 그는 사소한 문제에 집착하는 것을 깨달았다. 아내는 찰리가 전보다 훨씬 길게 이야기하는 바람에 공손한 사람도 하품을 참을 수 없을 정도라고 말했다. 찰리는 이런 변화가 뇌전증과 관계가 있는지 궁금했다. 에드워즈는 그렇지 않다고 생각했다. TLE와 성격 변화에 관한 의학 논문을 읽은 적이 있는 찰리는 안도했다. "TLE를 가진 사 람은 폭력적이고, 공격적이며, 종교적으로 광신한다고 알고 있습니 다. 나는 절대로 그런 것을 바라지 않아요"라고 찰리는 말했다.

이런 모호하고 급작스러운 성격 변화에 대한 현실적이지 않은 두려움을 제외하고, 찰리는 TLE가 일으키는 결과에 대해 걱정할 것 이 없었다. "나는 뇌전증을 큰일이라고 생각한 적이 없습니다. 장애 가 생기거나 불구가 되었다는 부담감을 전혀 못 느낍니다. 문제없이 지내요. 모든 면에서 난 완전히 정상입니다. 심지어 '뇌전증'이 끔 찍한 낙인이 될 수 있다는 사실을 알지도 못했습니다. 나는 아무 문 제 없다는 것을 보여주는 표본입니다. 사람들은 TLE가 무섭다고 하 지만, 제게는 별문제를 일으키지 않는 사소한 일입니다. 의사들은 테그레톨의 장기적인 효과에 대해 확신하지 못하지만 아직 나에게 는 부작용이 없어요. 그리고 건강보험은 대부분의 비용을 책임져주 죠." 찰리는 자신이 다른 형태의 뇌전증을 앓는 사람에 비하면 운이 좋다고 생각한다. 몇 년 전 칵테일파티에서 그는 처음으로 대발작을 하는 사람을 목격했다. 방 건너편에서 한 여성이 음료수를 홀짝거리다가 뒤로 쓰러졌던 것이다. 무엇이 잘못되었는지 모르는 상태에서 찰리는 그녀를 돕기 위해 달려갔다. 응급구조팀이 도착했을 때 응급구조사는 그녀에게 복용 중인 약이 있느냐고 물어보았고, "딜란틴"이라고 그녀는 대답했다. 찰리는 '오, 저것은 전형적인 경련성 발작이야. 와, 저런 병을 가지고도 살아가는데 내 처지에 대해선 걱정하면 안 되겠네'라고 생각했다.

찰리의 경우 TLE는 잔잔하고 만족스러운 인생에 우아하게 내려앉은 것일 뿐이다. 가장 힘든 경험은 진단 전에 있었던 방향감각을 상실하게 한 발작, 생명을 위협하는 종양이 그 원인일 것으로 보이는 짧은 검사 기간이 다였는데, 이마저도 걱정으로 밤을 지새우지는 않았다. 이런 점에서 찰리는 특이하다. TLE를 가진 사람 대부분에게, 진단을 받는 충격적인 경험은 기나긴 고난의 시작에 불과하다. 30대의 나이에 회사 경영진이 된 질은 발작이 시작된 지 몇 년 후 이렇게 말했다. "TLE가 내 인생에 '쾅' 하고 들어왔고, 아직도 누그러지지 않은 채 그대로입니다."

거울 나라의 앨리스 — 질의 이야기

———————

보스턴 고층 건물의 높은 층 사무실에서 질 라스무센Jill Rasmussen
이 티끌 하나 없는 책상에 몸을 기댄 채 맹렬하게 보고서를 교정하
고 있다. 인재 스카우트와 자문을 전문으로 하는 회사 인사과에서
몇 년을 보낸 후, 지금 그녀는 큰 회사의 인사과 책임자로 수천 명이
나 되는 종업원의 직업적 운명과 수백만 달러의 예산을 책임지고 있
었다. 이날, 푸른 눈에 짧은 금발 머리인 날씬한 질은 손톱에는 매니
큐어를 칠하고, 흑백 모직 정장에 실크 블라우스를 입고 진주 목걸
이를 하고 있다. 그녀는 보고서에서 틀린 곳을 발견하고는 중얼거렸
다. "젠장, 서둘러서 하지 말자고 다짐했잖아. 이렇게 틀릴 줄 알았
어." 그녀는 담배를 재떨이에 비벼 끈 다음, 담뱃갑을 톡톡 쳐서 또
한 개비를 꺼냈다. '이 일은 오리들에게 죽을 때까지 쪼임을 당하는
것 같아'라고 수백만 번은 생각했을 것이다.

마치 이 후회를 듣기라도 한 것처럼 누군가 문을 톡톡 두드렸

다. "들어와요"라고 질이 말하자, 그녀와 비슷한 나이의 남자가 고개를 들이밀었다. 최근에 의견 충돌이 있었던 부사장의 비서였다. 그는 상관을 대신해 간청했다. 질은 조용히 말했다. "당신의 상관은 나에게 뭐라고 하면 안 돼요. 내가 잘못했다고 생각하지 않기 때문이죠. 내가 당신의 상관이 좋아할 것 같지 않은 일을 하기 전에, 그에게 한 번 더 기회를 주겠어요."

전화가 울렸다. 회사의 회계 감사관이 모든 직원의 이름과 직책, 직무 분석표 목록을 요구했다. 그는 지금 당장 필요하다고 했다. 질은 준비되면 바로 주겠다며 부드럽게 이야기했다. 오후에는 몇 명의 구직자 면접이 예정되어 있었다.

한 여성이 노크한 후 들어와서 어느 동료에 대해 장황하게 불평했다. 질은 문제의 요점을 듣고 그녀를 위로한 다음, 다시 보고서로 되돌아갔다.

한 중년 남자가 출입구에 멈춰 섰다. 질은 고개를 들어 쳐다보며 빛나는 미소를 띠고 말했다. "제가 해달라고 한 일 기억하시죠? 1년하고도 반이나 지났다고요." 그 남자는 사과하고 그녀가 원하는 정보를 가지러 돌아갔다.

그녀의 전화가 다시 울렸다. 비서가 질의 일정을 물었다. 둘이 통화하고 있을 때 사장이 질의 사무실에 살짝 몸을 들이밀었다가 그녀가 전화하는 것을 보고는 자리를 떴다. 몇 분 후, 비서가 사장님이 전화를 기다리고 있다고 알려주었다. 질은 전화기를 집어 들고 말했다. "어떻게 지내세요?" 사장은 퇴사한 직원의 기록을 찾고 있었다. 그 직원의 이름을 듣자 질은 말했다. "아, 그 사람 기억해요. 언제까지 필요하시죠? 오늘 안으로 드릴까요?" 사장은 그렇다고 말했다. "오늘 안으로요?" 질은 믿을 수 없다는 듯이 다시 물었다. "알겠습니다. 제 비서에게 부탁해놓겠습니다. 나중에 시간이 되시면 사장님이 적어주신 직원 봉급에 관한 메모에 대해 이야기 나누지요."

또 다른 날이었다. 오후 4시에 질은 사무실에 혼자 있었다. 그날의 면접은 끝났고, 그녀는 앉아서 서류를 훑어보고 있었다. 갑자기 질은 집중할 수가 없었다. 읽고 있는 단어가 그녀에게 아무 의미도 없었다. 마지막 몇 줄을 다시 읽어보았지만 소용없었다. 서류의 내용보다 훨씬 강력한 무엇인가가 그녀의 마음에 있었던 것이다. 그것은 '절대적인 공황과 공포의 무시무시한 감정'이었다. 특별한 이유도 없이 질은 '정말 나쁜 일이' 막 생기려 한다고 느꼈다. 이 전반적이고 불특정한 두려움은 그녀를 옴짝달싹 못 하게 만들었고 그녀의 모든 에너지와 집중력을 빼앗았다. 어디인지 설명할 수 없는, 그녀의 깊은 어딘가에서 나오는 것 같았다. 외적인 근거는 없었지만, 질은 그 두려움이 완전히 당연하고 진실인 것처럼 경험하는 중이었다.

이 공황은 고흐가 간혹 느꼈던 것과 비슷한 발작임을 그녀는 알고 있었다. 질의 담당 의사가 두려움을 제어하는 뇌의 영역에 뇌전증성 방전이 일어나면 공황발작을 일으킬 수 있다는 설명을 해준 적이 있었다. 불행하게도, 이러한 감정이 발작이라는 것을 알고 있다고 해서 이 경험의 강도가 줄어드는 것은 아니었다. 이러한 일이 일어날 때마다 지독하게 현실적으로 느껴졌다. 발작은 실제적이며 곧 닥쳐오는 파멸이었다. 공황발작이 몇 시간 이상 오래 지속되면 자살 말고는 방법이 없을 것이라고 그녀는 믿고 있다.

이런 경우에 그녀는 발작이 지나갈 때까지 기다릴 준비를 했다. 먼저 최대한 평상시와 같은 목소리로 비서에게 앞으로 모든 전화를 연결하지 말라고 지시했다. 그런 다음 질은 흔들리지 않게 균형을 잡으며 사무실 문을 닫았다. 그리고 의자에 깊숙이 앉으며 담배에 불을 붙였다. 발작할 때 니코틴은 증세를 가라앉히는 효과가 있었다.

한 시간 후, 퇴근이 시작되었다. "내일 봐요." 사람들은 헤어지며 서로 인사했다. 아무도 질이 자신의 사무실에서 굳어 있다는 것을 눈치채지 못했다.

6시쯤 되자, 가까운 사무실을 쓰는 회계 감사관 테드 브라운슨 Ted Brownson은 일을 마무리하고 퇴근하기 전에 질의 사무실을 들르기로 마음먹었다. 기혼이고 도시 외곽에 집이 있는 테드는 질이 자기보다는 '훨씬 덜 평범한' 사람이지만 재미있고 똑똑하며 일을 아주 잘한다고 생각한다. "그녀는 다섯 시간 만에 열다섯 명을 면접 볼수 있어요"라며 테드는 극찬한다. 테드와 질은 일이 끝나고 따로 어울리지는 않지만, 일할 때는 대화를 많이 나눈다. 그는 그녀의 친구중에 드물게 자신이 현실적이라고 생각하며, 그녀를 보호한다고 느낀다. "질은 의지할 사람이 별로 없어요. 하지만 내가 그중의 한 사람이죠."

그는 노크를 했는데도 아무런 반응이 없는 것을 보고 조금 놀랐다. 질은 그보다 더 늦게까지 일을 하곤 했다. 테드는 다시 한번 노크를 하고 기다렸다가 문을 열었다. 사무실은 담배 연기로 가득했다. 반짝거리는 책상 뒤로 질이 허공을 응시하고 있었다. 그녀의 얼굴은 문제가 있어 보였고 눈동자는 움직이지 않았다.

"무슨 문제가 있나요?"

"나는 두려워요." 질이 중얼거렸다. 그 이상 아무 말도 할 수 없었다. 공황발작을 하는 동안에는 말하는 것조차 두렵다.

"뭐가 두려워요?"

"나는 두려워요."

테드는 처음에 자신이 질을 겁먹게 했다고 생각했다. 그러나 말이 안 되는 이야기였다. 그녀는 테드를 여러 해 동안 신뢰했다. 그 순간, 그는 언젠가 질이 뇌전증 비슷한 병에 의해 생기는 공황발작에 대해 말했던 것을 기억해냈다. TLE에 대해서 들어본 적이 없는 테드는 발작에 대해서는 반신반의하고 있었다. 그는 질이 설명한 모든 문제, 즉 공황발작뿐 아니라 한바탕 휘몰아치는 두려움, 혼란, 복통, 어지러움, 건망증 등이 뇌전증에 의해 생길 수 있다고 생각하지 않았다. "틀에 박힌 모습이지 않나요? 뇌전증 환자들은 몸을 위아래로 펄쩍펄쩍 뛰고, 코르크를 잇새에 끼워 넣어줘야 하죠."(환자의 혀가 기도를 막지 않게 할 목적으로 과거에 권하던 처치법이지만, 어떤 종류의 발작이든 혀가 기도를 막는 일은 드물기 때문에 더 이상 권고되지 않는다.) 테드가 아는 대로 질은 절대 대발작이 아니었다. 평상시에는 그녀는 '꽤 정상'인 것처럼 보였다. "그렇지만 함께 참석한 회의의 3분의 1 정도에서는 인사 문제를 다루거나 어떤 일이 늦어지는 이유를 따질 때, 질은 들으려 하지 않아요." 그 경우 문장은 뒤죽박죽이 되고, 눈은 갈 곳을 잃고 게슴츠레했으며, 가장 이상한 것은 웃지 않았다. 테드에게 이런 모습은 일부러 연출하는 것처럼 보였다. "질의 모습이 회의의 주제 때문인지, 아니면 발작 때문인지 궁금합니다. 그녀가 지금 경험하는 것들이 정확하게는 얼마나 감정과 연관된 것이죠? 제 말은, 감기로 두통을 앓으면서도 곧 죽을 것처럼 느껴질 수도 있다는 말이죠." TLE를 잘 모르는 사람들이 흔히 그렇듯이, 테드도 그녀의 발작이 질도 잘 모르는 심리적인 문제가 드러난 것이 아닌지 의심했다. 문제는 그도 잘 모른다는 것이었다.

그녀의 사무실에서 질의 이상한 행동에 직면해서, 테드는 어떻게 도울 수 있는지 물었다. "잘 모르겠어요. 난 무서워요"라고 그녀는 힘없이 대답했다. 그는 차로 집에 데려다주겠다고 제안했다. 질은 고개를 흔들며 말했다. "여길 떠나는 것이 무서워요." 테드는 그녀를 괴롭히는 것이 무엇인지 말해보라고 용기를 북돋았지만 아무 소용이 없었다. 마침내 무엇을 해야 할지 모르니, 그냥 집에 가기로 결정했다. 질은 안심했다. 발작의 공포를 말해줄 수 없었다. 어차피 공황발작 동안에는 아무도 도와줄 수 없었으므로, 그녀는 혼자 있는 편이 나았다.

8시가 되자, 질은 이제 전화를 할 만한 힘이 나는 것 같았다. 발작은 약해졌을 것이 분명했지만, 한 시간 동안 그녀는 전화기를 집어 드는 것조차 너무 두려웠다. 질은 베스 이스라엘 병원Beth Israel Hospital에 전화를 걸었다. 담당 신경심리학자인 폴 스피어스Paul Spiers가 간혹 늦게까지 근무하는 곳이다. 부자연스러운 목소리로 질은 스피어스에게 자신이 공황발작을 했다고 말했다. 그는 몇 년간 질이 복용 중이던 항경련제를 한 번 더 먹으라고 권했다. 질은 전화를 끊고 핸드백을 뒤져 딜란틴 한 알을 찾은 다음 약을 삼켰다.

한 시간 뒤, 공황은 누그러졌다. 발작은 끝났다. 질은 녹초가 되어 택시를 타고 집으로 왔다. 혼자 사는 연립주택의 문을 열고 계단을 올라가 침대에 몸을 던졌다. 다음 날 아침에 깨어나보니, 신발과 겉옷을 그대로 입은 채였다.

TLE가 가져온 타격은 찰리보다 질이 더 심했다. 찰리의 발작은 중년이 되어 경력이 탄탄해지고 도와줄 가족이 주변에 있을 때 시작했지만, 질은 젊고 직업적 미래가 확실하지 않고 혼자인 상황에서 나타났다. 30대 초반에, 아직 인생의 원이 조금밖에 그려지지 않았는데, 그녀는 만성질환으로 인한 두려움과 외로움, 공포에 맞닥뜨렸다. 또 찰리는 약에 금방 잘 반응했지만, 질은 약으로 발작이 적절하게 조절되지 않는 TLE 환자였다. 의사들 말로는 25% 정도, 환자들 말로는 65% 정도가 이렇게 약이 잘 듣지 않는다고 한다. 질은 진단받은 후 수년간 몇 번이나 항경련제를 바꿔봤지만 그녀의 발작은 계속됐다. 처방 기록만 놓고 보면 항상 새로운 약을 시도하는 것처럼 보이기도 했고, 바로 전에 복용하던 약에 내성이 생겨 약을 바꾸는 것처럼 보이기도 했다. 조금 더 효과적이었던 약의 경우에도 증상이 호전과 악화를 반복했다. 전체적으로 안 좋은 시기가 좋은 시기보다 많았으며, 좋은 시기조차 전에 알던 인생만큼 좋지는 않았다. "지금까지는 그런대로 괜찮아요. 그렇지만 내 인생의 나머지 시간을 이렇게 보내야 하는 것은 괜찮지 않아요." 조금 심한 주에는 하루 평균 서너 번씩 발작이 일어났다. 다양한 발작 중에서 가장 괴로운 것은 1년에 네다섯 번 정도 오는 공황발작이었다. 다른 발작과 마찬가지로 공황발작도 어느 정도 기간을 두고, 경고도 없이 찾아왔다. "발작이 자신만의 생각을 가지고 있나 봐요. 내가 일에 몰두하며 순조롭게 진행하고 있는데, 갑자기 끔찍한 생각이 찾아온다니까요"라고 그녀는 이야기했다. 발작의 예측 불가능성 때문에 질은 TLE를 '엉큼한 질병'이라고 불렀다. "그건 주변에 숨어서 맴돌아요. 그러다가 잠시 동안 당신을 덮치죠."

질이 서른한 살이던 1983년 여름, TLE가 처음으로 그녀를 '덮쳤다'. 당시 아파트를 같이 쓰던 친구 노마Norma와 가구점에서 쇼핑하다가 질은 길을 잃었다는 것을 깨달았다. 그녀는 어느 통로가 자신이 갔던 곳이고 어느 통로가 가보지 않은 곳인지 기억할 수 없었다. 이상한 감각에 당황해서 질은 친구에게 솔직히 말하지 않고 정상인 것처럼 행동하려고 노력했다. 그러다가 노마가 몇 분 전 둘이 함께 감탄했던 책상 가격을 확인해달라고 했다. 질은 그 부탁을 들어주고 싶었지만 어느 길로 가야 그 책상이 있는지 알 수 없었다. 이상한 나라의 앨리스처럼 그녀가 향하는 모든 통로가 자신이 원하는 곳의 반대 통로처럼 보였다. 멍해진 그녀는 가게를 헤매고 돌아다녔다. 질은 좌절하고 속수무책이었지만 바보처럼 보이는 것이 싫어서 도움을 요청하지는 않았다. 마지막 방법으로 질은 가만히 멈춰 서서 책상에 정신을 집중한 다음, 옳은 길로 가보겠다고 마음먹었다. 그러나 그렇게 해도 질은 위치가 어딘지 알 수 없었다.

몇 주 후, 그녀는 다시 한번 비슷하게 신경에 거슬리는 방향감각상실◆을 경험했다. 어느 날 밤, 질과 노마는 퇴근 후 조금 더 큰 아

◆   방향감각상실spacial disorientation은 의학 용어로 공간지남력장애라고 한다.

파트를 찾아보려고 시내를 차로 돌아보았다. 익숙한 교차로에 들어섰을 때, 질은 어느 쪽으로 방향을 틀어야 하는지 모른다는 사실을 깨달았다. 그녀는 이 거리를 잘 알고 있었다. 운전하며 이 교차로를 수백 번은 지나쳤다. 그러나 몽롱상태에 빠져 집에 어떻게 돌아가야 하는지 몰랐던 찰리처럼, 질은 어디로 가야 할지 전혀 몰랐다.

가구점에서 그랬던 것처럼, 질은 노마에게 아무런 말도 하지 않았다. 대신 차를 멈추기 위해 속도를 줄였고 기어를 중립으로 바꿨다. 노마는 그녀를 쳐다보며 도대체 뭐 하는 것이냐고 물었다. 질은 대답할 수가 없었다. 그녀는 자기가 뭔가 잘못 행동했다는 것을 어렴풋이 느꼈다. 마침내 질은 말했다. "어디로 가야 할지 모르겠어."

노마는 질이 가구점에서 딴 데 정신이 팔렸던 일을 기억해냈고, "이봐, 질, 요즘 정말로 기억에 나사가 풀렸나 봐"라고 말했다.

사실이었다. 위치 감각을 관장하는 뇌의 영역에서 TLE 발작이 일어나면 질의 기억에 문제가 생기는 것이었다. 그 결과, 가구점이나 교차로처럼 익숙한 공간이 몽롱상태에서 낯설게 보였던 것이다. 이런 종류의 상태를 '전에 한 번도 본 적이 없는'이라는 뜻의 미시감♦♦이라고 하는데, 몬트리올에서 펜필드의 환자들이 경험했던 기시감에 반대되는 현상이다. 어쨌든 질은 TLE 발작이나 뇌의 발작성 활동에 대해서는 전혀 알지 못했다. 그래서 질은 자신의 이상한 새로운 감각을 무시하고 부정했으며, 스트레스와 수면 부족을 탓

♦♦ 미시감jamais vu은 과거에 경험한 일과 상태를 전혀 미지의 경험으로 느끼는 기억 착오의 일종이다. 자메뷔는 프랑스어로 '본 적이 없는never seen'이라는 뜻이다.

했다.

몇 주가 지난 후, 그녀는 친숙한 단어나 이름, 숫자를 기억하는 데 어려움이 생겼다. 가끔 자신의 전화번호를 틀리기도 했다. 이것은 도스토옙스키가 발작하는 동안 가족이나 친구의 이름을 기억하지 못한 것과 비슷한 증상이다. 때로는 생각과 단어를 연결할 수 없다는 생각('끔찍한 느낌')을 가졌다. 이러한 기억의 문제는 질의 인생을 빠르게 변화시켰다. 먼저 날마다 〈뉴욕타임스〉의 십자말풀이를 하던 습관을 포기했다. 재정 상태는 항상 체계적이지 않아서 이제는 완전히 꼬여버렸다. 또 돈을 놔두었던 장소를 잊어버려 찾지 못하곤 했는데, 한 번에 수백 달러가 넘는 돈이나 영수증도 자주 잃어버렸다. 독촉장들이 도착했지만, 질은 보지 않았다. 우편물을 열어보지도 않고 서랍에 집어넣고는 확인하지 않게 되었기 때문이다. 마침내 시에서 주차 위반 벌금 520달러를 내지 않은 것 때문에 차를 압류했고, 전기 회사는 미납금을 낼 때까지 전기를 끊어버렸으며, 국세청 징수관은 오랫동안 밀린 세금을 즉시 납부하라고 했다. "원래도 잘하지는 못했죠. 하지만 지금은 세상에서 제일 돈 관리를 못 하는 사람이 돼버렸어요"라며 한탄했다. 연봉은 7만 달러*가 넘었지만, 옆에서 지켜본 테드는 "그녀는 돈을 다룬다거나 신용을 유지한다거나 하는 사생활의 기본적인 면에 문제가 있었어요. 최근 질에게 안 좋은 일이 많이 생겼죠. 매주 불운한 사건이 생기는 것 같아요"라고 했다. 몇 달 만에, 질은 노상강도를 한 번 당하고 소매치기를 두 번 당

◆　1983년 당시 1달러 환율은 795원으로, 환산하면 약 5,600만 원이다.

했으며 차도 한 번 털렸다. 이런 사건은 질을 더 불안하게 만들었고 건망증을 더욱 악화시켰으며 '불운'은 더 자주 일어났다.

그러더니 감정을 담당하는 뇌의 영역에 감지되지 않은 문제로 인해 질의 감정도 변하기 시작했다. 그녀는 자신의 감정, 특히 부정적인 감정이 강해지는 것을 알아챘다. 질은 스스로 묘사하기를, 다른 사람과 좋은 관계를 맺고 감정이 항상 풍부하던 '다른 사람들과 잘 어울리는 사람'이 이제는 한 번도 그런 적이 없던 '변덕스러운 사람'으로 변했다고 말했다. 그녀는 때로 설명할 수 없을 만큼 강력한 희열을 경험했지만, 극도로 암울한 분노나 우울한 감정을 자주 느꼈다.

이런 감정적인 변화와 함께 신체적인 문제도 생겼다. 이따금 위에서 메스꺼움이 일어나는 것을 느꼈다. 현기증이 나기도 했고 때로 정신을 잃기도 했다. 어느 주말에 친구들과 시골로 나들이를 간 적이 있었는데, 오븐이 열리며 강한 열기가 뇌의 산소를 감소시키자 다리가 '젤리처럼 변해' 쓰러졌다. 어느 날에는, 골동품 가게의 긴 계단을 오르다가 너무 어지러워서 거의 굴러떨어질 뻔한 적도 있었다. 찌르는 듯한 두통이 생겼고 눈에는 간헐적인 통증이 발생했는데, 그것은 '통증이 뇌 안으로 확 달려들지는 않고 주변을 빙글빙글 선회하는 것처럼' 느껴졌다. 심지어 그녀는 외모도 바뀌었는데, 가끔 친구들은 대체로 밝았던 얼굴에 드리운 그림자 같은 것을 느꼈다.

질이 진단받기 전에 겪은 증상 중에서 가장 이상한 것은 '괴상한 냄새'였다. 미시감을 처음 느끼고 몇 달 뒤, 그녀는 썩은 참치 냄새나 부패한 마늘 냄새, '죽은 쥐' 냄새 같은 짧고 톡 쏘는 듯한 냄새를 느끼는 환각이 생겼다. 평상시에 좋아하던 셀러리 냄새였는데, 너무 강렬해서 '셀러리 바다에 빠져 죽는' 듯한 불쾌한 느낌이 들기도 했다. 이러한 환각은 장소에 따라, 또 얼마나 편히 쉬고 있는지에 따라 다소 불안감을 주기도 했다. 아침에 샤워를 하다가 참치 냄새가 났다면 그냥 무시해버리고 머리를 감으면 그만이었다. 그렇지만 직장에서는 냄새가 지장을 미쳤다. 임원진에게 프레젠테이션을 할 때 마늘 냄새가 나면 질은 초조하고 당황했다. 그녀는 코를 킁킁거렸다. 다행스럽게 테드나 부하 직원이 옆에 있으면, 그녀에게 문제가 생긴 것을 눈치채고 발표를 대신 떠맡았다.

거의 1년 동안 발작을 끼고 살던 1984년 여름에, 이 냄새는 진단에 대한 열쇠가 되는 증상인 것으로 드러났다. 그해에 질은 내과 의사와 정신요법 의사 등 의사 몇 명에게 자신의 증상을 설명했다. 질은 열다섯 살 많은 독일인 사업가와 장거리 연애를 하다가 1983년에 힘겹게 결별한 후, 그 의사들에게 진찰을 받고 있었다. 그 의사들은 질에게 어떤 병이 생겼는지 모른 채로, 노먼 게슈윈드가 과장으로 근무하는 베스 이스라엘 병원에 그녀를 의뢰했다. 신경과 의사인 마이클 런털Michael Ronthal은 그녀의 증상에 어리둥절했지만, 질이 괴상한 냄새를 언급하자 TLE를 떠올렸다. 냄새 환각은 흔한 발작 상태인데, 측두엽에 가깝게 위치한 후각 영역에 생긴 뇌전증성 방전의 결과로 발생한다. 런털은 TLE가 질의 다른 증상들, 즉 간헐적인 위장관 통증, 강렬한 감정, 방향감각 상실, 건망증 등도 동시에 설명할 수 있는 병명임을 즉각 알아차렸다. 런털은 즉시 그 냄새에 대해 질문했다. 보통 짧은 시간 동안 고약한 냄새가 나는 경향이 있는 냄새 환각과 질의 증상이 일치하는지 확인하기 위해서였다. "얼마나 오래 그 냄새가 지속되죠?"

"1~2분 정도요."

"상쾌한 적이 있었나요?"

"아뇨."

그녀의 대답에 근거하여, 런털은 질에게 발작이 있는 것 같다고 이야기했다. 찰리의 TLE를 처음 의심한 의사와 마찬가지로, 그는 질에게 '뇌전증'이라고 말하지 않았다. 이 단어는 질을 깜짝 놀라게 할 것이기 때문이다. 이런 조심성은 널리 적용된다. 최신 표준 신경과 교과서도 그 단어에 대해, '뇌전증'은 "유용한 의학 용어이지만, … 아직도 불쾌한 뜻을 내포하고 있어서… 대중들의 인식이 조금 더 개선될 때까지… 환자에게 말하지 않는 것이 아마 최선일 것이다"라고 충고하고 있다.

"발작이라니, 무슨 뜻이죠?"라고 질은 런털에게 물었다.

"아, 글쎄요, 말하자면 충전되었다가 잘못 방전되며, 잘 연결되지 못한 상태에서 잘못된 시간에 전부 꺼져버리는 식의 전기적인 자극이 당신의 뇌에 있다는 이야기죠."

"그게 무슨 말이에요?"

"EEG를 검사해보도록 합시다."

그는 7주 후에 검사를 하러 병원에 다시 들르라고 말했다. 2주 후에, 이번에는 일하다가 정신을 잃는 일이 생기자 그녀는 런털에게 전화했고, 그는 응급실로 택시를 타고 오라고 했다. 그녀가 도착했을 때 런털은 없었다. 런털이 질의 차트에 적어놓은 내용을 읽은 신경과 레지던트가 그녀에게 처방전을 주었다. 딜란틴 300밀리그램을 그날 저녁에 먹고 다음 날 아침 한 번 더 먹도록 지시한 것이었다. 질은 그 레지던트에게 무슨 약이냐고 물어보았다.

레지던트는 "발작에 쓰는 약입니다"라며, 환자가 놀랄 수 있는 뇌전증이라는 단어와 항경련제라는 용어를 모두 피해 대답했다.

멍하고 혼란한 채로 질은 집으로 돌아왔고, 약을 먹은 후 잠이 들었다. 약은 극적으로 영향을 주었다. 다음 날 아침, 그녀는 너무 어지러워서 걸을 수 없었다. 질이 런털에게 전화하자 그는 "아, 그래요, 그 약은 환자분을 혼란스럽고 어지럽게 할 수 있어요. 300밀리그램을 한 번 더 드세요"라고 말했다. 딜란틴을 먹은 첫 주 내내 그녀는 일도 나가지 못하고 집에 처박혀 있어야 했다.

그동안 런털은 그녀가 EEG를 빨리 받을 수 있도록 일정을 조정했다. 질이 검사를 받을 때 EEG 기사는 '쐐기꼴의' 전극을 사용했다. 이 전극은 측두엽 근처에 자리를 잡아 비정상인 현상을 잡아낼 기회를 높이기 위해, 턱뼈가 만나는 뺨 위쪽의 피부 속에 삽입된다. 다음 날, 그녀는 결과를 듣기 위해 런털의 진료실로 전화를 걸었다. 런털의 비서는 그가 바쁘다고 했다. 질이 이름을 대고 전화를 건 이유를 설명하자, 비서는 "검사 결과는 양성입니다"라고 말했다. 질은 무슨 뜻인지 물어보았다. 비서는 "뇌전증이 있다는 뜻입니다"라고 대답했다.

질은 "뭐라고요?"라고 외쳤다. 런털이 예상한 대로 그녀는 그 단어에 충격을 받았다. 뇌전증이라는 병명이 이상한 증상에 대한 현실을 받아들이게 해서 감당하기 쉽게 만들어준다고 느끼는 다른 환자들과 달리, 질은 이 병명을 듣지 않았기를 소원했다. 그 진단은 유죄 선고나 같았다. "누가 내 머리를 몇 번 후려친 다음 '이제 넌 이걸 가졌어!'라고 말하는 것 같았어요. 특히 뇌전증이 아주 금기시되는 병이라서, 그 이름이 나에게 붙자 병이 더 심각해 보였거든요."

이 진단은 질의 인생을 완전히 바꾸었다. 찰리는 항경련제를 복용해 일단 안정이 되자 정상적인 생활로 돌아갔지만, 질은 TLE로 영구적으로 바뀌었다. "적응하기가 정말 힘들었어요. 하루는 조금 좋았다가도 다음 날은 완전히 망가지는 것 같았어요." TLE는 자아의식을 담고 있는 기관인 뇌에 직접 영향을 끼쳐서 스스로에 대한 안전과 통제에 대한 감각을 망가뜨렸다. "TLE를 앓는다는 것은 팔에 농양이 생긴 것과는 매우 달라요. 그 경우 팔을 잘라내면 그만이니까요. TLE는 자아에 침범해서 성격을 가지고 놀죠. 그리고 기능하는 방식을 통해 밖으로 드러나요. 아, 물론 아직 힘든 일을 할 수 있어요. 기운을 차렸죠. 그렇지만 나 자신과 세상을 바라보는 방식에서, 그리고 한 사람의 인간으로서 아주 심하게 변했습니다." 그녀는 이다음에 다가올 발작에 휘둘리는 상황이 되면, 자신의 감정이나 행동, 생각을 누그러뜨릴 수 있을지 더 이상 확신이 없다. "감정적으로나 육체적으로 나는 예전의 내가 아니에요. 그리고 되돌아갈 수도 없어요. 이게 가장 어려운 문제인 것 같아요. 나는 나 자신의 일부와 헤어져야 했어요."

진단과 더불어 TLE의 원인이 무엇인지에 대한 불쾌한 질문이 그녀를 따랐다. 런틸이 이 진단을 확정 지은 후, 질을 담당한 베스 이스라엘 병원의 신경과 의사인 도널드 쇼머는 질도 찰리처럼 분만할 때의 외상이나 머리의 손상 같은 명백한 뇌전증의 원인이 될 만한 것이 없다는 사실을 알았다. 어른이 되어서 발생한 발작은 종양의 가능성이 높았기에 쇼머는 질에게 뇌 스캔 검사를 권했다. 결과는 뇌종양이 없는 것으로 나왔다. 이 의사에 따르면, 단 하나의 가능성은 그녀가 태어나기 전에 일어난 일이었다. 1945년 질의 부모가 결혼한 후, 네 번 임신하고도 모두 유산했다. 1949년에 한 의사가 유산을 막을 목적으로 다이에틸스틸베스트롤, 약어로 DES*라는 약을 처방했다. 그다음 해에 엄마는 아들을 낳았다. 2년 뒤에 질을 임신한 엄마는 다시 DES를 복용했다. 태어난 이후 발작이 시작될 때까지 질은 완벽하게 건강해 보였지만, 쇼머는 자궁 내에서 DES가 질의 뇌에 약간의 이상을 일으켰을 것이라고 의심했다. 시상하부는 측두엽의 깊은 안쪽에 위치한 뇌의 구조이고 뇌하수체를 통해 호르몬을 조절하는 곳인데, 질은 시상하부에 물리적인 이상이 생기면서 뇌의 전기적 활동에 변화가 일어나 발작을 유발한 것으로 보였다.

DES를 사용한 여성의 자녀들 중 많은 사람에게 심각한 의학적 문제가 일어났으므로 이 약은 사용이 금지된 지 오래되었다. 쇼머에 따르면 DES 사용자의 딸 중에서 비정상적으로 높은 비율로 측두엽

◆　DES[diethylstilbestrol]는 합성 여성호르몬제로 1940~1971년까지 사용된 약이다. 미국에서 임신한 동안 이 약을 사용한 엄마의 자녀는 'DES 자녀'로 불리며 합병증을 추적하고 있다.

이상이 생긴다고 한다. 그리고 이로 인해 TLE, 질암viginal cancer, 난소낭종ovarian cysts, 여러 가지 출산 문제가 생기는 것이다. 질은 진단을 받은 지 몇 달 후, 자신이 암을 제외한 이런 문제를 모두 가지고 있다는 것을 알았다. 즉, 호르몬 검사 결과 배란이 없었고, 산부인과 의사는 난소낭종을 발견했던 것이다. "내가 의사에게 갈 때마다 뭔가 또 다른 데 문제가 있다는 말을 들어요. 내 몸이 이상하게 굴고 있어요"라고 질은 쇼머에게 불평했다.

진단 직후 여러 가지 항경련제를 사용하고도 질의 발작은 더 심해졌고 점점 직장 생활에 지장을 주었다. 일의 스트레스는 발작의 빈도를 높였고, 반면에 발작은 사무실에서 느끼는 스트레스를 높였다. 질은 끔찍한 두통이 있었는데 가끔은 온종일 계속됐고 그동안에는 집중할 수 없었다. 인터뷰나 회의를 진행하는 시간에 정신을 집중하지 못하고 앉아 있었다. 기분은 걷잡을 수 없이 오르락내리락했다. 질의 감정은 조절이 완전히 불가능한 것처럼 보였다. "며칠 정도 정말 안 좋다고 느껴지면 우울해져요. 이런 식으로 느끼는 것을 절대 멈출 수 없다고 생각하게 되니까요"라고 그녀는 말했다. 또 그녀는 더 자주 잊어버렸다. 한번은 이사진 회의에서 모든 직원의 급여 인상 비율에 대해 모든 부서가 동의한 후에, 질이 실제 드는 비용을 계산하게 되었다. 그런데 다음 회의에서 그녀가 계산을 발표하자 참석한 모든 사람이 어리둥절했다. 그녀가 잘못된 수치를 사용한 것이었다. 이전까지 그녀는 항상 완벽한 숫자 기억력이 있다고 믿고 있었다. 이 실수로 겁에 질렸지만 그렇다고 자신의 발작을 멈추게 할 수도 없어서 그 후로 일할 때는 엄청나게 메모를 하기 시작했다.

이윽고 질은 간신히 따라가는 정도로만 일할 수 있었고, 그것도 때로 너무 버겁다고 느끼게 되었다. 진단 이후로 지속적으로 괜찮다고 느낀 유일한 기간은 1986년 3개월간 병가를 떠났을 때뿐이었다. 휴가가 시작될 때에는 '만신창이'라고 느꼈지만, 푹 쉬면서 3개월을 보내는 동안 질은 극적으로 좋아졌다. 하지만 복귀한 지 몇 주 만에 전처럼 피곤하고 스트레스를 받았다. 정기적으로 3개월짜리 휴가를 보낼 수 없었기에 그녀는 일을 그만두는 상상을 했다. 회사의 사장에게 한 달 뒤에 회사를 그만두겠다는 통고서를 날리고 다람쥐 쳇바퀴 도는 회사 일을 던져버린 후 6개월에서 1년 정도 극동 지역으로 여행을 떠나는 것을 꿈꾸었다. 하지만 현실적이지 못하다는 것을 알고 있었다. 저축해놓은 돈은 거의 없었고, 그녀의 직업은 재정적인 안정과 건강보험을 보장하고 있었기 때문이었다.

그래도 계속 그만두고 싶다는 생각이 들었다. 그녀가 진단을 받은 후 5년이 지난 어느 여름날 밤이었다. 야구 경기를 보며 펜웨이 파크 구내매점에서 핫도그를 사 먹으러 줄을 서서 기다리다가, 그녀는 10대 판매원이 "프레첼은 다 팔렸어요!"라고 외치는 소리를 들었다. 질의 얼굴이 밝아졌다. "프레첼은 다 팔렸어요!"라고 그녀는 계속 되뇌며 넋을 빼앗겼다. "좋아!" 그녀는 이 구호를 자기 일에도 사용하면 좋겠다고 생각했다. "직업은 다 팔렸어요!" 그녀는 인터뷰를 보러 온 상상 속의 면접자 무리에게 이렇게 외쳤다. "영업시간은 끝났다고!"

발작 때문에 생긴 변화로 한때 다양했던 인생의 선택지가 사라졌다는 느낌이 들었다. TLE가 사생활에도 영향을 미쳐서, 결혼하거나 가족을 가질 기회가 줄어들었다고 생각했다. 20대에는 경력을 쌓는 일에 집중하면서 수많은 남자와 데이트를 했고, 한 남자 친구와는 2년간 동거하기도 했다. 서른한 살에 TLE가 시작됐을 때는 가끔 데이트를 즐기는 정도였고, 독일 남자와의 관계가 끝난 상처에서 회복하는 중이었다. 진단을 받고 나자, 그녀는 남자와 깊은 관계로 발전하는 것을 조심하게 되었다. 질이 꼭 결혼하길 원하던 그녀의 엄마는 이러한 갑작스러운 변화에 대해 "질은 열두 살 이후부터는 항상 남자 친구가 있었어요. 그런데 최근에는 만남에 아무런 진척이 없답니다. 게다가 이제는 지속적으로 만나는 사람도 없어요. 이게 무슨 일인지 모르겠어요"라며 한탄했다. 질에 따르면, 임신이 어려울 것임을 알게 된 것도 이유였다. 임신하려면 배란을 위해서 호르몬 약을 먹어야 하고, 항경련제는 기형을 유발한다고 알려져 있으므로 중단해야 할 것이다. 게다가 만나는 남자에게 TLE에 관해 말하는 것이 불편했다. 대부분의 사람들은 한 번도 이 질병에 대해 들어본 적이 없기 때문이다. 데이트 약속 몇 분 전에 발작이 일어나 약속을 취소해야 했을 때, 질은 그 이유를 말할 수 없었다. "말조심을 해야 했어요. 많은 사람이 뇌전증에 대해 잘 모르기 때문이에요. 나를 정신병자나 불안정한 사람으로 보죠." 이런 두려움의 결과로 "내 섹스 생활은 최근 '전혀 없음'입니다. 데이트를 거의 하지 않아요".

진단 이후 몇 년간 그녀가 좋아한 몇 안 되는 남자들은 조건이 맞지도 않고, 만날 수도 없고, 주변에 있지도 않은 사람이었다. "그녀는 자기를 좋아하지 않는 남자나 그녀에게 전념할 마음이 없는 남자를 좋아해요"라고 질의 동료인 테드가 말했다. 첫 번째 정신과 의사를 대신해, 진단 후 질의 정신 상담을 맡은 젊은 신경심리학자인 폴 스피어스는 "TLE로 사람과 어울리는 것을 원하지 않게 되었어요. 자기가 언제 일을 저지를지 모르기 때문이죠. 그래서 자기가 이성에게 매력이 없다고 느끼게 됐고, 위험을 감수하고 싶지 않아졌지요. 질은 정상적인 생활을 30년이나 해왔으니 뇌전증을 받아들이기가 힘든 것이죠. 자아상을 손상되거나 불완전하게 보고 거기에 맞추려니 되지 않는 거예요"라고 말했다.

진단으로 인해서 질은 스스로를 고립시키고 의료 관계자를 제외하고는 누구의 도움을 받지 않았다. 일터에서는 자주 자리를 비우는 이유를 설명하지 않았다. 사적인 사람에게는 친구라 해도 자신의 경험을 공유하는 것을 불편해했다. 상대에게 거부당하거나 상대가 당황하는 모습을 보는 위험을 감수하기보다는 아예 데이트를 거절했다. 친구가 남자를 만나보라고 억지로 밀어붙이면 마지막 순간에 약속을 취소하거나 아예 나가지 않는 편을 택했다. 질은 전화 응답기를 꺼놓거나 때로는 전화기의 전선도 뽑아버렸다. 사람들을 불쾌하게 만들기는 몹시 싫었지만 다른 방법이 없다고 느꼈다. "그냥 혼자 있고 싶어요. TLE에 대해 이야기하고 싶지 않거든요." 가족은 도움이 되지 않았다. 서부 해안에 사는 오빠와는 친하지 않았다. 은퇴한 사업가인 아버지는 질이 진단받을 당시 암과 싸우고 있었기 때문에 그녀를 위해 내줄 시간이나 체력이 없었다. 패션 컨설턴트인 엄마는 질이 TLE에 적응할 때 조금 도움을 주었다. 진단에 대해서는 테드보다 더 회의적인 입장을 취한 점을 제외하면 말이다. 엄마는 성격이 강한 편이라 질에게 아내가 되고 엄마가 되는 것보다 중요한 일은 세상에 없다고 항상 말해왔는데, 딸에게 뇌전증이 있다는 사실을 믿으려 들지 않았다. 엄마는 이 진단을 남편을 찾지 못하는 것에 대한 '변명'이라고 여겼다. 곧 세 명의 전문적인 질환 관리자가 질의 가족을 대신하는 꼴이 되었다. 신경과 의사, 뇌전증 전문 간호사 한 명, 새로 온 정신과 의사가 그들이다. 질은 매달 그중 한두 명을 만났고, 자신을 지탱해주는 첫 번째 자원으로 여기게 되었다.

이들에 따르면, TLE가 질의 생활 반경을 제한하기는 했지만 게슈윈드 증후군의 전형적인 모습을 보이지는 않는다고 한다. 그녀에게서 보이는 증후군의 특성은 아주 미세해서, 특출하지도 않았고 장애를 가져오지도 않았다. 뇌 손상이 생애 초기에 일어났기 때문에 발작이 일어나기 전부터 몇 가지 증후군의 특성이 있었을 가능성은 있다. 스피어스에 따르면, 그녀는 '약간의 장황함, 즉 과다묘사증을 닮은 세부 사항에 대한 지나친 관심이 있고, 약간 욱하는 성격도 있으며, 아마도 성욕저하가 있다 없다 하는 것' 등의 증거를 보인다. 쇼머는 "질의 성격 문제에서 TLE에서 볼 수 있는 것과 일치하는 모습을 볼 수 있습니다. 질은 아마도 성욕저하일 것입니다. 남성과의 관계는 항상 표면적이었어요. 그리고 철학과 관련해서는 보통 이상으로 평생 관심을 가졌지요"라고 덧붙였다. 대학에서 그녀는 철학을 전공했고, 도스토옙스키 작품의 종교윤리에 대한 논문을 썼다. 물론 당시에 그녀는 도스토옙스키의 뇌전증에 대해서는 아는 바가 없었다.

쇼머는 질의 발작이 좋아지지 않고 계속되면 게슈윈드 증후군이 심해지거나 정신질환적인 행동을 하는 등 차츰 장기간에 걸친 성격 변화가 올지 모른다며 개인적으로 염려했다. 이러한 일은 TLE 발작을 시작한 지 14년이 지나면 대략 환자의 15% 정도에서 일어나는데, 이는 반복되는 발작이 뇌의 감정 영역을 영구적으로 변화시킬 수 있기 때문인 것으로 보인다. 정신과 의사인 데이비드 베어David Bear는 TLE 환자에게서 보이는 정신병은 진정한 조현병*이라기보다는 '조현병형' 또는 조현병모양의 병이어서, 조현병과 달리 '강한 정서'와 '높은 수준의 대인관계 기능'을 유지할 수 있기 때문이라고 설명했다. 질에게 장기적인 성격 변화가 생기는지 알기 위해, 쇼머는 특별히 기존의 특징이 강화되는지 살펴보면서 10년 내지 20년간 검사해보기를 희망했다. 가능성 면에서 보면, 스피어스도 동의했듯이 질은 차츰 더 종교적이고, 더 공격적이고, 더 섹스에 관심이 없어질 것이다.

이러한 실제적이고 잠재적인 어려움에도 불구하고 TLE는 기대하지 않은 이점도 있었다. 때로 환각으로 구성된 몽롱상태가 찾아왔는데, 질은 이것을 사랑했다. 그녀는 점점 사라지고 그녀를 둘러싼 세상과 상쾌하게 단절되어 육신을 떠나, 아무 무게도 없고 보이지 않는 것처럼 되는 것이다. 때때로 유체이탈을 경험하기도 했는데, 자신이 분리된 듯 그녀의 정신이 떨어져 나가 몸 위에 붕 떠 있는 기분이었고 '자기 자신을 보고 있다는' 느낌을 주었다. 어떤 때는 공중

---

* 조현병schizophrenia이라는 용어를 해석하면, schizo-는 '나누다', phrenia는 '마음'이라는 뜻이다. 우리나라에서는 이를 그대로 번역해 정신분열증이라고 불렀으나, 2011년부터 부정적인 이미지를 개선하기 위해 질병 명칭을 조현병으로 바꾸었다.

에서 부유하는 느낌이 들었다. 이러한 유쾌한 발작이 일어나는 동안, 질과 함께 있던 사람들은 그녀의 모습에서 변화를 거의 느낄 수 없었다. 약간 멍해 보인다든지, '정상 컨디션이 아닌' 듯하거나, 잠깐 다른 세계에 가 있는 것처럼 보이는 점만 제외하면 말이다. 대화 중이라면 질은 20초 정도 조용해졌다가 정상 의식으로 돌아오고, 그다음 애매하게 "아! 저에게 뭘 물어보셨나요?"라고 말하곤 했다. 이런 '좋은' 발작도 다른 증상처럼 조절할 수 없었다. "호텔에서 나갈 때처럼 쉽게 말하지 마세요. '내'가 체크아웃하고 싶다는 말이요. 당신에게 그런 일이 진짜로 생깁니다."

또 질은 시각적인 환각도 보았는데, 이는 측두엽 뒤쪽의 시각을 관장하는 뇌의 영역에 뇌전증성 방전이 발생해서 생긴 것이었다. 의자나 식탁처럼 멈춰 있는 물체가 때로 수축하거나 팽창하는 것처럼 보였는데, 이는 소시증micropsia과 대시증macropsia이라고 해서 비교적 잘 알려진 발작 상태다. 이러한 느낌은 그녀를 놀라게 했지만, 그 외의 모든 시각적 발작은 기분 좋았다. 그녀는 자신을 둘러싼 세상의 모든 색이 특이하게 광택이 나고 넋이 나갈 정도로 아름답게 보여서 큰 행복감을 느꼈다. "그건 놀랍도록 변화된 의식의 상태예요. 실제로는 존재하지 않는 다른 차원에 발을 들인 듯한 느낌이죠. 하지만 실제로 마음속에 존재하고 있었다고요!" 비슷한 형태의 발작을 보이는 환자들은 '크리스마스 불빛' 같은 반짝이는 환상을 보고하기도 한다. 다른 시각적 발작에서 질은 시각 영역의 오른쪽 상단에서 아름다운 푸른색의 반점을 보기도 했다. 그녀는 이 반점을 "멋지고, 창조적이며, 고요하다"라고 표현했다. 질이 이 점을 처음 본 것은 어느 날 밤에 운전하던 중이었다. 어둠 속에서 이 파란 점은 신호등처럼 보였다. 이를 발작으로 생각한 질은 아주 조심스레 운전해 집으로 돌아왔다.

이렇게 기분 좋은 정신 상태로 인해 질은 마음에 관한 새로운 인식을 가지게 되었다. "다른 사람은 얻지 못하는 세계에 관한 관점"이라고 그녀는 설명했다. "저에게 TLE는 완전히 다른 영역이 존재한다는 것을 깨닫게 해주었습니다. 나쁠 수도 있지만 대단히 매력적이지요. 색깔이 있고 떠 있는 느낌을 주는 착한 발작은 내가 경험해본 종교적이거나 영적인 경험에 가장 가까운데, 사람들이 어떻게 신을 발견했는지에 대해 처음 이해할 수 있었습니다." 질은 신을 믿지 않았지만, 이러한 발작의 감정은 어떤 이유로 몇몇 문화에서 뇌전증을 숭배하고 뇌전증 환자를 영적인 지식의 수혜자로 여겼는지 이해할 수 있게 해주었다. "뇌전증이 사람을 불편하게 만들기는 하지만, 장점이 있기도 합니다. TLE가 뇌의 기이한 면이나 신비스러운 모습을 보여주는 것이지요. 뇌는 보거나 만질 수 없어요. 확인해볼 수가 없는 거죠. 작동하게 되어 있다는 것 빼고는 아무것도 모릅니다. 대부분의 사람은 뇌가 눈으로 보고, 냄새 맡고, 맛을 보는 방식과는 반대되는 아주 이지적인 것이라고만 생각합니다. 내가 이 놀라운 감정의 상태를 경험했을 때 어딘가 다른 곳에 있었습니다. 완전히 매혹되었어요!" 그녀는 이러한 감정을 다른 사람에게 표현하는, 글이나 그림 같은 어떤 방법을 찾고 싶었다. 그렇지만 이를 설명하기가 매우 어려웠다. 가끔 이러한 증상을 친구에게 설명하면 그들은 놀라고 걱정했다. 질은 이런 반응에 당황해서 발작할 때 느끼는 감정 대부분을 혼자서만 간직했다.

하지만 다른 사람은 질과 비슷한 발작을 상상의 세계를 구축하는 기초로 이용했을 수도 있다. 18세기 영국계 아일랜드인 성직자인 풍자작가 조너선 스위프트Jonathan Swift는 뇌전증을 가졌던 인물로 여겨진다. 걸리버가 여행 중에 만난 소인국과 대인국의 사람들인 릴리퓨티언Liliputian과 브로브딩내지언Brobdingnagian은 스위프트가 발작 동안 소시증과 대시증을 경험했다는 것을 암시한다. 그리고 19세기에 고흐와 도스토옙스키는 뇌전증 경험을 그림과 소설로 변형시켰고, 또 다른 작가는 괴상한 모험을 겪는 캐릭터를 창작했는데 오늘날 이것은 발작을 소설화한 이야기라고 여겨진다. 또한 폴 스피어스에 따르면 《이상한 나라의 앨리스》와 《거울 나라의 앨리스》에서 "루이스 캐럴Lewis Carroll은 아마도 측두엽뇌전증에 관해 썼을 것이다".

스피어스가 보기에 주인공 소녀 앨리스가 겪는 경험 중 많은 부분이 TLE 발작처럼 보이는데, 그중 일부는 질과 비슷했다. 앨리스의 모험이 시작되는 첫 부분에서 구멍으로 떨어지는 장면은 TLE를 가진 환자들이 묘사하는 발작이다. 질과 걸리버처럼 앨리스도 자주 눈앞에서 물체가 줄어들거나 확장하는 것처럼 느낀다. 그녀의 몸은 25센티미터까지 줄어들었다가 2.7미터까지 커진다. 질과 같은 시대의 환자는 이런 종류의 발작에서, 그의 몸이 정확하게 보통 상태의 1과 16분의 1만큼 확장한다고 느꼈는데, 이런 느낌은 인격이 16분의 1 부분으로 들어가서 나머지 부분과 영원히 분리될지도 모른다는 불안을 일으켰다. 발작하는 동안 그는 자기 자신이 "네, 좋아요"라고 말하는 것을 들었지만, 그 말을 하는 사람이 자신이 아니라고 느꼈다.

앨리스와 질은 다른 발작 상태도 공유한다. 앨리스는 미시감을 자주 느끼는데, 이 감각은 그녀를 공간적으로 불안하게 만들었다. 또 그녀는 갑자기 눈물을 터트리거나, 공황에 빠지거나, 분노에 사로잡히는 등 갑작스러운 감정의 변화를 보인다. 질처럼 앨리스도 이상한 상태로 존재하는 것을 경험한다. "내가 점점 안 보이게 되는 것처럼 느껴져요!"라고 앨리스는 외친다. 《거울 나라의 앨리스》에서 그녀는 "계단을 뛰어 내려갔는데, 혹은 최소한, 그것은 정확히는 뛰는 것이 아니었고 아래층으로 빠르고 쉽게 내려가는 새로운 발견이었다. … 난간에 손가락 끝을 대고 부드럽게 둥둥 떠서 계단을 전혀 발로 밟지도 않고 아래로 내려갔다. 만일 문손잡이를 잡지 못했다면 그대로 홀을 지나 둥둥 떠서 문밖으로까지 쭉 떠내려갔을 것이다. 그녀는 공중에 계속 떠 있어서 약간 어지러웠다"라고 묘사되었다. 루이스 캐럴이 30대에 이렇게 기록했을 때에는 자신도, 그의 의사도 모두 그의 질병을 몰랐다. 20년이 지나서야 둘은 루이스가 뇌전증을 앓고 있다는 것을 알게 되었다.

쉰네 살의 찰스 루트위지 도지슨Charles Lutwidge Dodgson은 1886년 1월 20일 자 일기에 "갑작스러운 공격(모스헤드Morshead 박사는 이것을 '뇌전증형epileptiform'이라고 불렀다)을 겪었다. 일종의 두통이 있었고 보통 때의 내가 아닌 것 같은 기분이 일주일에서 열흘 정도 지속되었다"라고 썼다. 루이스 캐럴은 도지슨의 필명이다. 의사인 모스헤드는 도지슨의 발작이 대발작이 아니라는 것을 나타내기 위해 뇌전증형이나 뇌전증모양epilepticlike이라는 용어를 사용했다. 모스헤드가 도지슨에게 가족 중에 뇌전증 환자가 있느냐고 물어보았을 때 그는 아니라고 대답했다. 하지만 도지슨은 나이보다 이르게 백발이었고, 이는 뇌전증이 있는 집안에서 자주 보이는 현상이었다. 또한 한쪽 귀가 들리지 않고 말을 더듬는 등 유년기 신경학적 손상의 신체적인 징후를 보였다. 도지슨은 또 얼굴이 심한 비대칭이었는데, 이것도 찰리의 비대칭적인 신경 반사처럼 한쪽 뇌의 손상을 의미하는 것이었다. 도지슨의 지인 중 한 명은 도지슨이 "얼굴 양쪽 윤곽이 매우 달랐다. 양쪽 눈의 모양이 달랐다. [그리고] 양쪽 입꼬리가 맞지 않았다"라고 이야기했다. 도지슨은 먹거나 쉬거나 잠을 자는 데 어려움을 겪고 있으며, 극심한 두통과 시각적인 환각으로 주기적인 고통을 겪는다고 불평했다.

5년 후, 도지슨은 다른 종류의 발작을 했고, 이때 다른 의사가 진단을 확정했다. 이 발작은 도지슨이 인생의 대부분 동안 연구하고 수학을 강의하며 보낸 옥스퍼드 대학의 예배실에서 일어났다. 아침 예배를 마치고 좌석에서 무릎을 꿇고 기도하고 있을 때 도지슨은 꿈을 꾸는 기분을 느끼다가 정신을 잃었고, 아무도 없는 예배당의 돌바닥에 쓰러졌다. 그는 발작성 활동이 전신적으로 변해서 2차적으로 대발작이 발생했거나, 아니면 쓰러지면서 뇌진탕이 발생했거나 하는 이유로 약 한 시간 정도 의식이 없이 누워 있었다. 마침내 도지슨이 '뒤숭숭한 꿈'에서 깨어났을 때 윗옷과 얼굴은 피범벅이었다. 나중에 이 느낌을 설명하면서 "진짜로 매우 불편한 베개구나!"라고 생각했다고 썼다. 깨어나서도 몇 분 동안은 '아직 꿈꾸는' 듯한 느낌이었다. 두통이 생겼던 예전의 발작처럼, 이번 두통도 일주일 동안 계속되었다. 이러한 증상과 가끔 TLE 발작 후에 따라오는 지속적인 두통을 보고 도지슨의 의사는 뇌전증이 확실하다고 생각했다. '뇌전증 사건'이 두 번 다 겨울에 발생했기 때문에, 발작이 계절성이라고 착각한 의사는 도지슨에게 겨울에 여행하지 말고 무리하지 말라고 권했다. 이 권고에 따라 도지슨은 다음 크리스마스에 집에 머무르면서 옥스퍼드 도서관 위에 있는 아파트에서 홀로 휴일을 보냈다.

또한 성격 면에서도 고독한 이 작가는 TLE를 가진 사람의 전형이었다. 스피어스에 따르면, 도지슨은 반박의 여지가 없는 게슈윈드 증후군을 가지고 있었다. 게슈윈드 증후군의 여러 성격적 특징은 이제는 몇몇 의사에게 진단에 도움을 주는 용도로 쓰이고 있다. 그의 과다묘사증은 놀라자빠질 정도다. 열세 살에 그는 혼자서 15연으로 된 시와 28쪽의 스케치와 수채화가 들어 있는 잡지를 만들었다. 어른이 되자 도지슨은 강박적으로 글을 썼는데, 시, 수학, 논리학, 그림과 판타지에 관한 수많은 소책자와 책을 발간했고 40년이 넘도록 일기를 썼다. 복잡한 24권 분량의 일지에는 그가 20대 후반부터 예순다섯 살에 죽을 때까지 자신이 보내거나 받은 모든 편지를 보관했는데, 그 분량이 98,721통에 달한다. 언젠가 그는 말하기를, 인생의 3분의 1은 편지를 받았고 나머지 3분의 2는 그에 대한 답장을 보냈다고 했다. 도지슨의 글도 왁스먼과 게슈윈드의 과다묘사증 환자와 마찬가지로 이 증후군의 기이한 특징을 보여준다. 거울 쓰기, 광범위한 주석 달기, 책 가장자리에 수많은 그림 그리기, 거의 예외 없는 미사여구에 대한 의존성이 그것이다. 문학비평가인 V. S. 프리쳇 Pritchett에 따르면 도지슨은 "잉크병과 결혼했고, 자신이 고안한 기발한 펜으로 하렘을 꾸몄다"라고 한다.

　게슈윈드 증후군의 다른 특성은 과다묘사증을 더욱 부추겼다. 조너선 스위프트처럼 독실한 청교도였던 도지슨은 안수받은 목사였다. 그는 수많은 설교문과 전도지를 작성했다. 고상한 체하고 깐깐한 면이 있어서 불쾌한 일을 당하면 욱하는 성질이 있었다. 일요일에 즐기는 크리켓 게임에서 누가 예의 없이 행동하거나 문법적인 오류를 저지르면 도지슨은 광분했다. 옥스퍼드 관계자에 따르면, 그는 '최고로 생산력이 왕성한 불평불만 분자'여서 편지 여러 통을 대학 사무실에 보내 주의를 주거나 다음과 같은 사소한 불편 사항을 처리해달라고 요청했다. "먼저 배달원이 때로 우체통을 정해진 시간 2분 전에 가져가서 불편하다. … '새 휴게실'이라는 방은 '배수 문제로 발생한 위험한 악취'가 나서 '거의 거주 불가능한' 곳이 되었다. … 또 두 침실에 각각 전기 초인종을 설치해주기 바란다. … 주방에 말해서 훈제 햄은 더 이상 보내지 않게 해주기를 바란다. … 기타 등등, 기타 등등."

　인간관계에 있어서 도지슨은 집착했고 섹스에 관심이 없었다. 그는 혼자 살았고 결혼한 적이 없으며 다른 사람과 성관계를 한 경험이 없었다. 수십 년간 그의 소중한 친구는 사춘기 이전의 소녀들이었다. 도지슨은 여러 명의 소녀에게 지나친 관심을 보여 달콤한 문장을 적은 쪽지를 보냈고, 자기를 방문해달라고 애걸했다. 독신 기숙사에서 소녀들에게 차와 케이크를 자꾸 권했으며, 때로 소녀들에게 더 오래 머물게 하면서 용돈을 주기도 했다. 그리고 특별한 복장을 입히거나 벗긴 상태에서 자주 사진을 찍었다. 그러나 도지슨의 친구가 된 아이들이나 그 부모들이 이 소심하고 신사적이며 말을 더듬는 옥스퍼드 교수에게 왜 그랬는지 물어보지 않은 것은 분명하다.

목사인 도지슨의 비정상적인 행동은 그를 믿고 존경했던 동시대의 사람이나, 그가 죽은 뒤에 그의 공상 소설을 사랑했던 여러 세대의 아이들에게 아무 문제를 일으키지 않았다. 루이스 캐럴도 도스토옙스키처럼 게슈윈드 증후군으로 인해 뚜렷한 이점을 얻었다. 완벽한 빅토리아시대 신사로 제약이 많은 세상에서 과다묘사증이나 집착증, 지나친 종교적 성향, 까다로움, 변화된 성적 성향은 모두 그 특징이 있었다. 그러나 다른 사람과 다른 시대, 다른 장소라면 루이스 캐럴이 지닌 성격은 살아가기에 아주 어려울 수도 있다. 이는 그 사람이 이런 특성에 적응하지 못해서일 수도 있고, 혹은 이 특성들이 한층 더 눈에 띄는 유형으로 나타날 수도 있기 때문이다. 게슈윈드 증후군은 개인을 사회적으로 받아들이기 힘든 행동으로 몰고 가기도 하는데, 정신질환이나 심지어 범죄 행위의 양상을 띠기도 한다.

의사보다도 환자를 잘 아는 환자 — 글로리아의 이야기

하버드 의과대학의 중앙 안뜰에 흰 대리석으로 된 그리스-로마식 홀의 한 강의실에서 글로리아 존슨Gloria Johnson은 의대생 청중에게 할 강의를 기다리며 조용히 앉아 있었다. 그녀는 의사인 데이비드 베어와 함께 신경과학 과정의 봄 학기 강의에 '초빙 강사'로 초대되었다. 글로리아는 조그마한 몸집의 젊어 보이는 중년 여성으로, 오늘을 위해 밝은 색 새 스니커즈를 신고 빨갛고 하얀 물방울무늬의 원피스를 입었으며, 짧은 머리를 뒤로 묶은 빨간 머리핀과 하얀색 겉옷을 입고 있었다. 베어가 강의가 시작되기 직전에 그녀에게 꽂아준 옷깃의 휘장 버튼은 그날의 유명 인사로 왔다는 뜻이었다. 베어는 그녀가 겪고 있는 TLE 경험을 의대생들에게 나누어달라고 했다. 베어는 학생들에게 글로리아가 뇌의 감정 영역에서 일어난 발작의 효과를 보여주는 의학적 증후군의 놀라운 예라고 소개했다.

인간 감정의 신체적인 바탕이 베어의 오늘 강의 주제였다. "나는 정신과 의사입니다. 그래서 감정에 관심이 많습니다"라고 그는 웃으며 말했다. 키가 크고 말랐으며 숱이 많고 희끗희끗한 머리카락을 가진 40대 남성인 베어는 하버드에서 과학과 의학을 공부했고 게슈윈드 밑에서 신경과 인턴을 마친 다음, 지금은 하버드 의과대학 산하 병원에서 스태프로 일하고 있다. 그는 의대생들에게 일반적인 감정 상태, 즉 '생리적인 동기와 관계된 감정 상태'는 분노, 공포, 배고픔, 성욕이라고 말했다. "이 4중주단은 때로 4F라고 불립니다. 싸움fight, 도주flight, 섭취Feeding, 그리고… 섹스*죠"라고 그는 덧붙였다. 이 지점에서 학생 중 몇 명이 이를 드러내며 웃었지만, 글로리아의 침울한 표정은 그대로였다. 그녀는 베어가 해달라고 요청한 일에 대해 불안하게 느꼈다. 게다가 그녀는 아프리카계의 후손으로서, 지금 강의실에 있는 20여 명 되는 의대생 중에 유색인종이 한 명도 없다는 점이 불편했다.

　베어는 감정이란 인간과 동물 모두에게 있는 것이므로, 찰스 다윈Charles Darwin은 그것을 종의 생존에 필수적이라고 여겼다고 언급하며 강의를 계속했다. 동물과 인간의 감정 표현은 다소 다르다. 동물의 감정은 반사적으로 보이지만, 인간의 감정 조절은 복잡하고 미묘하다. 그리고 인간 감정의 범위는 동물보다 훨씬 다양한 것이어서 종교나 언어, 예술에도 기여한다. 하지만 동물과 인간 모두, 감정은 측두엽의 일부인 뇌의 중심 근처의 영역이 전기적 활동으로 관장하고 조절한다. 동물에서 이 영역을 제거하면 극적인 감정의 변화를

◆　속어이며 일종의 금기어인 'fuck'을 말하지 않기 위한 농담이다.

일으킨다. 고양이는 극도로 공격적이고 성적으로 무분별해진다. 원숭이는 유순해지고 두려움이 없어진다. 인간은 수술적인 실험이 금지되어 있지만 "가장 흔한 성인 뇌전증인 측두엽뇌전증의 예가 있습니다"라고 베어는 말했다. 이는 그 부분의 뇌의 기능을 보여준다. 내용 면에서 TLE 발작은 '극도로 감정을 드러내지 않는' 것이지만, 기저에 깔린 계속되는 비정상적인 뇌 활동은 사람을 화나게 만들고, 다소 섹스에 관심을 가지게 만든다고 베어는 덧붙였다. 반복되는 발작이 어떤 감정이 사회적으로 적절한지를 알려주는 전기회로 수준에서 뇌 손상을 가져온다면 이는 감정적인 문제의 원인이 된다. 예를 들어 사장님에게 어느 정도까지 화를 낼 수 있는지, 또는 다른 사람의 음식에 손을 뻗어서 게걸스럽게 먹을지 그러지 말아야 할지 따위를 알려주는 감정이 이에 해당한다.

"여기 존슨 부인이 있습니다." 베어는 글로리아를 가리키며 말을 이었다. "그녀는 평생 측두엽뇌전증을 가지고 있었습니다." 자신의 이름을 듣고 글로리아는 기대하는 표정으로 의대생들을 바라보았다. 그녀는 베어가 자신의 병력을 설명하는 것을 주의 깊게 들었다. 튀어나오고 촉촉한 그녀의 눈 때문에 계속 눈물을 흘리는 것처럼 보였다. 서인도제도에서 최근 이민 온 이민자의 후손으로서 1930년 보스턴에서 태어난 글로리아는 고흐처럼 난산을 겪었다. 탯줄이 목 부근을 감아 산소의 공급이 멈췄는데, 베어가 생각하기에 아마도 이 때문에 뇌의 일부에 흉터가 생겼을 것이다. 글로리아가 서른일곱 살이 될 때까지 TLE로 진단받지는 않았지만 헛소리를 하거나, 정상적인 의식이나 기억을 잃어버리거나, 국소적인 신체 발작을 하는 등 최초 발작은 한 살이나 두 살 때부터 이미 시작했다. 그녀는 열세 살까지 이불에 오줌을 쌌는데 아마도 야간 발작으로 인해 괄약근이 열렸기 때문이라고 베어는 설명했다. 열네 살에 고등학교를 중퇴하고 잠시 공장에서 재봉 일을 하다가 나이트클럽에서 댄서 일을 하기도 했다. 20대에 부상으로 댄서 일을 할 수 없게 되자, 그녀는 미용사가 되기 위해 미용학원에서 훈련받았다. 그리고 수년 내에 그녀는 미용 강사가 되었다.

글로리아는 진단받지 않은 채 청소년 시기와 성인의 초기까지 발작이 계속되었다. 그녀는 머리 한쪽 뒤편에 심한 두통이 있었는데, 그럴 때면 그쪽 눈은 초점을 잃었고 때로 정신을 잃었다. 글로리아는 다른 증상도 일으켰는데, 자신이 빙빙 돌고 있다고 생각했고, 속이 메스꺼웠으며, 몸이 뜨겁다고 느꼈고, 시야가 흐려지거나 두 개로 보였고, 숨이 콱 막히는 느낌이 들었다. 때로 그녀는 웅얼거리는 남자들의 목소리를 들었는데 일부는 그녀에게 "죽는 게 낫다"라고 말했다. 다른 때는 멀리서 전화벨이 울리는 소리를 듣거나 노크하는 소리를 들었는데, 너무 현실적이어서 문밖에 나가보면 항상 아무도 없었다. 그녀는 잠을 자기가 힘들었는데 아마도 야간 발작 때문일 것이다. 또한 분노에서 심한 우울감까지 극적인 감정의 변화를 보였다. 그녀는 공포감을 고통스럽게 반복적으로 경험했는데 이는 질이 공황발작으로 겪은 것과 비슷했고, '뭔가 매우 좋지 않은 일이 나에게 생길 것 같은' 느낌이라고 할 수 있었다.

20대 후반이 되자 이러한 문제는 좀 더 자주 발생하고 강도가 심해져서 하루에 60~100회에 이르는 한두 종류의 발작을 일으켰다. 그래서 술을 많이 마셨는데, 이 행동은 고흐를 연상시킨다. 많은 뇌전증 환자와 마찬가지로 술은 증상을 더 나쁘게 만들 뿐이었다. 발작을 견뎌보다가 절망에 빠져 죽음마저 정신적인 고통보다는 나아 보일 때, 그녀는 우울증과 정신 증상을 위해 의사가 처방해준 수면제나 다른 약을 반복적으로 과다 복용했다. 자살 시도를 하고 나면 매번 일주일 혹은 그 이상 주립 정신병원이나 보스턴 시립병원 정신과에 입원했다. 진단이 내려지기 전 10년 동안, 그녀는 정신병원에서 거의 2년 이상 지냈다.

그 10년간 글로리아를 본 의사들은 그녀를 '망상형 조현병', '우울증', '히스테리성 성격장애', '불안과 동성애적 성향의 지속성 문제를 가진 정신신경학적 우울성 반응' 따위의 무수한 정신질환을 가진 환자라고 했다. 베어는 훗날 글로리아는 성격장애도, 정신병도 모두 가지고 있지 않다면서 모든 정신과적 진단을 반박했고, "그녀는 일단 격정적이고 피해망상적이지만 장기적인 판단력은 잘 유지됩니다"라고 말했다. 멜라릴Mellaril과 소라진Thorazine 같은 수많은 정신병 약이나 1960년대에 의사가 그녀에게 주었던 항우울제는 효과가 전혀 없었고, 정신병 약은 오히려 발작을 강화했다. 이는 TLE 환자가 이런 종류의 약에 보이는 일반적인 반응으로, 지금은 이 현상이 환자가 정신과 질환보다는 뇌전증이라는 진단의 단서가 된다.

게다가 글로리아는 정신병에서 일반적으로 보이는 정신황폐 mental deterioration가 전혀 없었다. 서른네 살이던 글로리아를 진찰한 의사는 "지각이나 기억, 주의력, 집중력, … 그리고 지능에… 비정상적인 점은 없다. 그녀의 통찰과 판단력은 결여되어 있지 않다. … 망상이나 잘못된 이해도 없다. … 환자는 자신이 흑인이기 때문에, 혹은 실제적이거나 가상의 이유로 '모두가 나를 괴롭힌다'고 자주 생각한다. … 그러나 그녀는 곧 그러한 일의 실제적인 이유를 찾을 수 있다"라고 관찰했다. 글로리아의 분별력에도 불구하고 이 시기에 그녀를 본 의사들은 뇌전증의 가능성은 떠올리지 않았다. 1964년에 글로리아가 서른세 살이 되었을 때 한 의사는 "그녀는 신경학적 질환이 전혀 없다"라고 적기도 했다. 하지만 베어는 "그때까지는 매우 사려 깊은 분석이 아니었다"라고 말했다.

그러나 글로리아가 서른네 살이 될 때부터 간혹 EEG 검사를 한 것을 보면 어떤 의사가 신경학적인 손상을 의심했음이 틀림없다. TLE를 가진 환자들도 검사에서는 보통 정상이듯이 이런 검사 결과도 대부분 정상이었다. 일반적인 전극을 사용한 보통의 EEG는 뇌의 깊은 곳에 있는 측두엽의 뇌전증성 방전을 발견하는 데 자주 실패한다. 그러나 글로리아가 서른여섯 살 때 일반적인 전극으로 시행한 두 번의 EEG에서 왼쪽 측두엽의 상부와 전방에 전기적 이상이 있는 것이 밝혀졌다. 후속 EEG는 그녀의 뇌에 수술적으로 삽입한 심부전극을 이용해서 검사했는데 지속적인 오른쪽 측두엽의 이상을 보였다. 마침내 1967년에 한 의사는 그녀의 '충동적인 행동'은 '아마도 뇌의 병변 때문에 생겼거나' 뇌의 흉터로 인해 발생했고, 이런 문제가 '측두엽 발작'도 일으킨 것으로 보인다고 기록했다.

글로리아는 TLE라는 새로운 진단에 두 가지 상반된 반응을 보였다. 그녀는 의사들이 자신의 문제에 정신병의 병명을 붙이는 것을 포기했다는 데 안심했다. 그러나 뇌전증도 심각하고 무서운 병이라고 두려워했다. 글로리아는 의사가 처방한 대로 항경련제인 마이솔 린Mysoline과 딜란틴을 복용했으나, 이런 약은 발작 빈도나 강도에 거의 효과가 없었다. 질이나 TLE 환자의 3분의 2의 경우처럼 글로리아도 발작이 약에 잘 반응하지 않는다고 느꼈다.

하버드 의과대학을 방문할 당시 글로리아는 아직 딜란틴과 다른 항경련제를 복용 중이었고, 찰리나 질이 겪은 것보다 훨씬 더 많게, 하루 10~50회나 발작을 하고 있었다. 베어는 학생들에게 글로리아의 전형적인 발작은 1~2분간 지속되는 불쾌한 냄새로 시작한다고 말했다. "그것은 끔찍한 냄새입니다. 똥이나 오줌 또는 석유 타는 냄새입니다. 샤넬 넘버 파이브 향수 냄새가 *아니에요*"라며 글로리아는 끼어들었다. 그다음 단계로 그녀는 기계적으로 고개를 돌리거나 입맛을 다시듯 입을 쩝쩝거리는 자동증 증상을 보인다. 왼쪽 팔과 얼굴은 씰룩씰룩 경련한다. 이 순간부터 그녀는 자신이 무엇을 하고 있는지 완전히 인식하지 못하거나, 나중에 그녀의 행동을 기억하지 못한다. 오늘이 며칠인지 질문을 받으면 확실하게 대답할 수 없다. 어떤 때는 최대 15분간이나 우두커니 서서 빤히 쳐다보고 있기도 했다. 도스토옙스키처럼 그녀도 분노, 슬픔 또는 공포 같은 강렬한 감정의 폭발이 있었다. 때로는 뇌전증 활동이 뇌 전체로 퍼지면 의식을 상실했고 대발작을 하며 쓰러지기도 했다.

"이제 그녀의 감정에 관해서 이야기해봅시다"라며 베어는 글로리아에게 고개를 끄덕이며 격려했다.

"아주 강렬한 감정을 겪습니다." 마치 이 말을 연습한 것처럼 보이게 만들며(어느 정도 사실이다) 힘을 주어 단언했다. 글로리아는 이 강의에 베어와 함께 매해 봄마다 5년 동안 참여해왔으므로 앞으로 어떤 질문이 나올지 알고 있었다. "난 당신들을 언제든 죽일 수 있어!"라고 경고하며 청중을 노려보았다. 그녀는 모든 학생이 자신에게 집중하고 있는지 확인하는 학교 선생님처럼 강의실을 한 바퀴 둘러보았다. "장난이 아니라고. 장난이 아니라고. 나에게는 정말 부드럽게 친절하게 대해야 해. 나에게 덤벼들거나 괴롭히면 안 돼. 당신의 손이 위험하거든." 학생들은 줄지어 앉은 채로 조용히 듣기만 했고 아무런 반응도 보이지 않았다. 그들은 교수들이 질환 상태의 예로 보여주는 환자의 모습에 익숙했다. 게다가 글로리아는 자신의 위협을 실행할 수 있는 모습으로 보이지 않았다. 그녀는 휠체어에 앉아 있었고 발목과 손목, 목은 보호용 안전 멜빵이 둘러싸고 있었다. 이 장치는 40대 초반에 발생한, 심한 장애를 초래하는 자가면역질환인 류머티즘성 관절염rheumatoid arthritis 때문에 착용하고 있었다. 이유는 알려지지 않았지만 자가면역질환은 뇌전증 환자가 있는 가족에서 정상보다 높은 비율로 발생한다. 글로리아는 복합관절염과 TLE로 인해 일찍 미용사를 그만두었고, 지금은 매달 사회보장 장애연금과 사회보장 건강보험, 식료품 할인구매권과 연료비 보조금을 정부로부터 받고 있다.

그녀의 공격성에 맞추어, 베어는 "존슨 부인은 쉽게 화가 납니다"라는 말로 자신이 아는 바를 대단히 절제해서 표현했다.

"맞아요, 베어 박사님!"이라고 그녀는 동의했다. 학생들은 빙그레 웃었지만 어떤 이야기가 더 나올지는 알 수 없었다.

"그런 부인의 경향이 문제를 일으킨 적이 있습니까?"라고 베어는 재빠르게 물어보았다.

"첫 번째 남편을 칼로 찔렀어요!"라고 그녀는 눈에 띄게 자랑스러워하며 대답했다. 엄청난 양의 의료 기록에서 대개 최소한의 내용과 설명으로만 묘사된 수많은 폭력적 행동 중 하나를 이야기한 것이었다. 의료 기록철의 두께는 환자가 필요로 하는 치료의 양에 대한 지표가 된다. 글로리아의 두꺼운 기록철은 지난 40년간 보스턴 병원 정신과와 신경과에 여러 차례 입원하는 동안 모였다. 이는 질의 기록철의 다섯 배였고, 찰리의 신경과 진료실에 있는 파일보다 50배는 두꺼웠다. 글로리아가 언급한 폭력은, 열아홉 살 때 테네시주에 있는 병영에서 복무하다 제대한 즉석 음식 요리사인 첫 번째 남편과 살고 있을 때였다. 그를 죽이려는 의도에서 글로리아는 그의 등을 면도날로 베었다. "그는 나쁜 사람이었어요"라고 설명처럼 말했다. 남편은 상처에서 회복했고, 그다음 10년 동안 '헤어졌다, 만났다' 하며 함께 살다가 결국 이혼했다.

베어는 강의에 사용하려고 의료 기록철에서 발췌한 것 중 한 쪽을 내려다보며 "감옥에 갔습니까?"라고 물었다.

"그럼요." 그녀는 중얼거렸다. 글로리아는 1949년 남편에 대한 폭력으로 유죄 판결을 받고 연방교도소에서 몇 달간 복역했다. 그녀는 쉽게 과거의 폭력을 인정했지만, 상세하게 물어보는 사람들에게는 자신을 나쁘게 생각할까 봐 말하지 않았다.

그녀가 자세한 설명을 꺼리는 것을 알고 베어는 다른 사건으로 넘어갔다. 그는 의료 기록철에서 그녀가 20대일 때 보스턴 나이트클럽 밖에서 거의 정신을 잃을 정도로 경찰을 때렸다는 사실을 발견했다. "존슨 부인, 전에 경찰을 공격한 적이 있습니까?"

"아, 그럼요"라고 다시 강한 어조로 대답했다. 많은 사람이 놀라서 눈썹을 치켜올렸다. 이렇게 작고 사근사근한 여인이 그렇게 폭력적인 행동을 했다는 것이 믿어지지 않았던 것이다. 하지만 글로리아는 질이나 찰리와는 다르게 내내 공격성 문제를 가지고 있었다. 10남매가 사는 집에서 글로리아는 눈에 띄는 '나쁜 녀석'이었고, 화가 많았으며, 언제든 싸울 준비가 되어 있었다. "그냥 순종할 수 없었어요. 예의 바르게 행동할 수가 없었죠. 언제나 자신을 보호해야 한다고 느꼈으니까요. 그래서 다른 아이들을 때리곤 했죠"라고 언젠가 그녀는 베어에게 말했다. 한 의사는 어린 글로리아가 칼로 아빠를 죽이려 했다고 기록했다. 20대에는 불특정한 '공격'이라는 이유로 켄터키주에 있는 군병원에서 일주일을 보냈다. 30대 초반에는 깨진 유리병으로 만족스럽지 않은 성적 파트너의 성기를 자르려고 한 적도 있었다. 한 의사가 그 사건에 대해 자세한 설명은 없이 "그 시도가 부분적으로는 성공했다"라고 기록해놓았다. 1960년대에 보스턴 시립병원에 입원해 있을 때, 그녀는 다른 환자들과 보조원에게 '폭력적이고 공격적인' 환자였다. 20년간 그녀를 알고 지낸 신경외과 의사인 버논 마크Vernon Mark는 그녀의 성격을 종합하여 "그녀는 살인자의 성격을 가지고 있습니다. 실제로는 아무도 죽이지 않았지만, 죽이는 것과 불구로 만드는 것의 차이는 운에 불과합니다"라고 직설적으로 이야기했다.

"정치인에게 화가 난 적이 있습니까?" 베어는 그녀가 인종차별이나 노인 차별, 성차별 등 사회 불평등에 대해 특별하고도 깊은 분노에 관해 이야기하길 기대하며 물어보았다.

글로리아는 베어가 무슨 말을 하는지 이해하지 못했다. "누구 말이죠?"라고 그녀는 의아한 듯 베어를 쳐다보며 물어보았다.

"레이건에게 화가 나 있죠, 아마?"라며 두 번째 임기를 수행 중인 대통령의 이름을 댔다.

"오, 베어 박사님!" 그녀는 이제야 이해했다고 생각하며 외쳤다. "내가 말했죠. 박사님이 변호한 그 남자… 음, 이름이 뭐랬죠? 맞아, 힝클리! 감옥에서 나오게 해주었어야 했어요." 베어는 범죄 행위로 기소된 신경학적 손상을 입은 사람들을 위해 자주 법정에서 증언했다. 1982년에는 그 전해에 대통령과 다른 세 사람을 총으로 쏜 혐의로 재판을 받은 존 힝클리 주니어John Hinckley Jr.를 위해 피고 측 전문가 증인으로 활동했던 것이다. 힝클리가 정신병 환자이고, 따라서 그의 행위에 대한 책임이 없다는 베어 박사의 증언은 정신이상을 이유로 무죄 평결을 받은 것의 핵심 요소였다. 글로리아는 자기가 보기엔 희생자로 보이는 피고인들에게 공감했고, 또 대통령의 보수적 정책을 혐오했다. "그 남자, 레이건은 쏴 죽였어야 해요!"라고 글로리아는 외쳤다. "그는 치매 환자라고요." 학생 중 몇 명이 웃었다.

베어는 공격성에 대한 주제를 떠나 게슈윈드 증후군의 다른 특성으로 넘어가기로 했다. 그는 이런 문제를 겪는 사람들에게 글로리아가 극도로 연민을 느끼는 데 대해 더 파보고 싶었으나, 나중에야 연민이라는 주제로 돌아왔다. 피곤하게 여러 상세 사항을 읊어주는 것보다는 베어 박사는 학생들에게 글로리아의 성격에 대해 전체적인 인상을 보여주고 싶어 했다. "자 이제, 존슨 부인, 사람들은 당신이 항상 섹스를 생각한다고 느끼나요?"라고 그는 물었다.

"아, 그럼요. 내가 세 살 때부터요." 섹스는 자기가 좋아하지 않는 주제라고 말하는 찰리와는 달리, 글로리아는 그녀의 풍부한 성생활 역사에 대해 의사들과 토론하는 것을 좋아했다. 그녀의 의료 기록에는 글로리아의 성적 행동에 대한 언급이 줄줄이 쓰여 있다. 이 내용은 때로는 모호하고 또는 모순적이었지만, 그래도 강력하고도 일생을 관통하는 섹스에 대한 관심을 보여주었다. 그녀가 서른네 살 때 작성된 병력 청취 기록에 따르면, 글로리아는 남자와 성적인 관계를 대여섯 살에 시작했으며 이 경험이 '대단히 흥미로운' 것이었다고 한다. 이성애적인 활동으로 수없이 임신했지만 모두 유산되었다. 그리고 동성애적인 활동은 여덟 살 혹은 아홉 살에 시작됐는데, 당시 그녀의 자매 중 한 명이 그 대상이었고 그 뒤로도 계속돼서 병력 청취를 할 당시에도 '진지하게 꾸준히 사귀고 있는 여자 친구'에 관해 이야기했다. 기록에는 그녀가 열한 살 이후로 '심지어 정상적인 성적 관계를 맺고 있는 동안에도' 날마다 자위를 했다고 적혀 있다. 그녀는 "지금까지도 자위, 동성애, 이성애라는 세 가지 성생활을 모두 고수하고 있다"라고 말했다. 의사들은 그녀가 "성적인 만족의 재료가 된다면 어느 것이든, 누구든 차별하지 않고 이용했다"라고 기술했다. 또 병원에서 "개방형 병동◆이라면 그녀는 하루 18~20번 정도 자위를 했다. 그녀는 레즈비언 매춘부와 난잡한 성적 관계를 한 경험이 있고, 또 한번에 두 명 혹은 그 이상의 남자와 함께 침대

◆　환자가 자유롭게 지내는 병동의 한 종류. 폐쇄형 정신과병동과 구별된다.

에서 그녀의 요구대로 모두 녹초가 되게 만들었다"라고 덧붙였다.

"섹스가 생계 수단이 된 적이 있나요?"라고 베어는 물었다.

"오, 물론이죠"라고 그녀는 태평스럽게 대답했다.

"당신의 성적 선호는?"

"양쪽 다요. 모든 방식이 좋아요." 이 성향을 보여주기 위해, 글로리아는 강의실에 함께 온 젊은 여자를 가리키며 "정말 멋진 엉덩이예요!"라고 말했다. 그 여성은 글로리아를 때때로 방문하는 수녀로 교구 학교의 선생님이었는데, 그 말에 얼굴이 빨개져서 눈을 내리깔았다. 글로리아는 끈적끈적한 눈길을 의사에게로 돌렸다. "당신은 어때요, 베어 박사님? 박사님은 꽤 귀엽거든요!"

베어는 쓴웃음을 억눌렀다. 그가 보기에 글로리아는 극적인 효과를 내기 위해 개와 섹스를 했다고 말하는 식으로 과장하곤 했는데, 그녀가 말한 것은 대부분 사실로 보였다. 베어가 게슈윈드 증후군을 진단하기 한참 전부터 글로리아는 그 특성들을 충격적인 순서로 보여줬다. 1979년 5월 4일, 첫 번째 진료를 한 후 베어는 이렇게 기록했다. "이 환자는 TLE의 발작과 발작 사이에 보이는 많은 행동이 있다. 그녀는 감정적이고, 눈물이 많으며, 극도로 공격적이고, 종교적이며, 특이한 성적 성향을 가지고 있고, 장황하고, 집요하다." 맨 마지막 특성은 노먼 게슈윈드가 고착성이라고 부른 성격이다. 몇 년 후 베어는 글로리아가 과다묘사증을 가지고 있고, 과민하고, '범성욕주의pansexuality'이며, '종교와 철학적인 문제에 집착'을 보인다고 덧붙였다. 그녀 안의 이러한 특성은 특별하게 강화되어 보였으므로, 둘은 게슈윈드 증후군의 교과서적인 예를 만들어보기로 의기투

합했고, 그 후 베어는 해마다 이 강의에 그녀를 초대한 것이다. 그는 글로리아가 전형적인 TLE 환자라고 생각하지는 않지만, 이 질환이 감정에 미치는 효과를 훌륭하게 보여준다고 생각한다. 그는 감정을 조절하고, 분별력과 신중함을 유지하는 역할을 하는 전전두엽에 발생한 손상이 이러한 특성을 강화했다고 추측했다. 이 손상은 태어날 당시의 산소 부족으로 생겼을 수도 있고, 뇌의 외상으로 발생했을 수도 있으며, 뇌 손상을 일으킬 수 있는 장기간의 발작이 원인일 수도 있다. 베어가 보기에 글로리아는 대부분의 TLE 환자와는 다르다며, "그녀는 강한 충동을 발산하기 전에 그 결과에 대해 한순간도 심사숙고하지 않습니다. 대부분의 TLE 환자들도 강한 감정, 말하자면 부당함에 대한 분노를 느끼지만 글로리아처럼 노골적으로 표현하지는 않습니다"라고 그 차이점을 설명했다. 따라서 그녀의 극단적인 성격은 측두변연계 구조의 과잉 자극과 전두엽의 억제 기능이 감소된 것이 합쳐진 결과다. 다시 말해 감정의 크기가 커지는 동시에, 감정을 걸러내는 체계가 고장 났다고 할 수 있다. 그 결과가 바로 강화된 게슈윈드 증후군의 모습이다.

주제를 과종교증으로 옮겨서, 베어는 글로리아에게 "부인의 종교적인 감정은 어떻습니까?"라고 물었다.

"오, 난 주교님에게 결혼해달라고 부탁했어요." 로마가톨릭 보스턴 대교구의 보좌주교인 로런스 J. 라일리Lawrence J. Riley 주교에게 전화로 상담하면서, 실제로 그날 아침에 그렇게 말한 것이었다. 평상시 자주 나누는 대화에서 글로리아가 충격적인 일에 대해 이야기할 때면 항상 그랬듯이 주교는 웃음으로 대응했고, 그를 위해 기도

해달라고 부탁했으며, 친절하게 그만 가봐야 한다고 대답했다. 그녀는 한 달에 수차례 그에게 전화했고, 주교는 몇 분간 시간을 내는 편이 글로리아의 전화를 아예 피하는 것보다 문제가 덜 된다는 것을 알고 있었다.

글로리아는 가톨릭 가정에서 자랐다. 지금은 관절염 때문에 예배에 정기적으로 가지는 못하지만 신앙심이 깊다. 그녀는 날마다 기도하고 성경책을 읽으며, 공책과 녹음기에 영적인 명상을 기록하고 때로 성직자들과 그 내용을 공유했다. 또한 종교적인 감정을 시민운동을 통해 표현했는데, 오랫동안 이를 자신의 일이라고 생각해왔다. 곤경에 빠진 노인과 저소득자, 보스턴의 소수민족 문제로 그녀는 하루에도 몇 시간씩 대교구청과 시청 복지과, 보스턴의 기자들에게 전화를 걸어서 복지 정책이나 총체적인 불평등, 자신의 어려움에 관해 이야기하거나 잡담했다. 그녀는 베어에게 "도움이 필요한 사람들을 도와야 해요"라고 말한 적이 있다. "시청은 그들과 통화하다가 전화를 끊어버려요. 그것은 옳지 않아요. 하지만 그 불쌍한 사람들은 내가 하는 일을 알고 전화를 걸어서 자신의 형편을 알려줍니다. 그러면 내가 시청에 전화하지요. 나는 계속 전화를 걸어요. 아무도 내 입을 막을 수는 없어요. 누가 전화를 받든 신경 쓰지 않아요." 예를 들어, 어느 날 그녀는 사제 한 명, 수녀 한 명, 시청 직원 일곱 명, 〈보스턴 헤럴드〉의 편집자, 자신을 도와줄 것으로 생각했던 변호사 한 명, 자기를 잘못 치료한 것으로 생각되는 의사 한 명에게 전화를 하기도 했다. 글로리아의 활동 중 일부는 집 앞에 하나 더 놓는 '장애인 주차' 표지 청원의 성공처럼 자신을 위한 것이었다. 그러나 많은 전화는 다른 사람들을 대신해서 건 것이었다. 그녀는 시 당국에 자기가 알고 있는 노인들에게 사회복지사 방문 서비스나 다른 공적 부조를 제공하라고 요구했다.

이 활동은 가난한 사람을 넘어서도 확대되었다. "글로리아는 담당 의사에게도 호의를 베풀었고 결과를 얻었습니다"라고 베어는 은밀히 이야기했다. 한번은 진료 시간에 그의 아내가 일주일이 넘도록 요청했지만 가스회사에서 난로를 고쳐주지 않는다고 베어가 우연히 말한 적이 있었다. "내가 해결할 수 있어요"라고 글로리아는 베어에게 말했다. 그날 그녀는 가스회사에 거듭 전화를 걸어서 베어의 난로 문제를 해결해달라고 요구했다. 몇 시간 뒤, 수리공이 베어의 집을 찾았다. 마찬가지로, 글로리아의 내과 의사가 보스턴 연립주택의 재산세가 엄청나게 올랐다고 불평하자 그녀는 그 문제를 떠맡았다. 그녀는 시청의 감정 평가 담당 공무원이 마침내 그 의사의 재산을 다시 평가하기로 동의할 때까지 전화를 걸고 또 걸었다.

베어는 이 행동이 과종교성과 고착성에 대한 충격적인 증거라고 했다. 글로리아는 관절염으로 인해 전화를 제외하고는 분노를 배출할 출구가 모두 사라졌기 때문에, 그녀의 활동은 대체된 분노를 반영한다. "그녀의 성격상 문제는 무엇인가 잘못되어 있다는 진지한 감정에서 나오는 것입니다. 그녀는 자신만의 방식으로 신앙심이 깊고 양심적이고 윤리적이며, 가난한 사람을 돕는 데 관심을 가집니다"라고 베어는 말했다. 글로리아는 언젠가 다른 의사에게 "신앙심을 가지기 위해 교회에서 살 필요는 없답니다"라고 말했다.

또 다른 특성으로 주제를 옮기며, 베어는 글로리아에게 글을 쓰느냐고 물어보았다. "오, 항상 글을 쓰고 있어요." 베어는 책상 위에 있는 종이를 휘휘 넘기다가 찾던 것을 발견하자, 학생들이 볼 수 있도록 들어 올렸다. 그것은 글로리아가 쓴 일기의 한 쪽을 복사한 것으로, 그녀의 생각, 감정, 기억, 그리고 수년 동안 그녀가 모은 정보의 목록이 적힌 기록이었다. 이 목록에는 그녀가 인간 신경 구조에 대한 성인 교육 과정을 수강했을 때 배운 적이 있는 척추의 모든 근육과 뼈 등도 기록되어 있었다. 베어는 TLE에 대한 글의 과다묘사증 부분에 이 쪽을 포함시켜놓았다. 베어가 종이를 높이 들어 올리자 글로리아는 눈을 감고 억양이 없는 목소리로 외운 것을 읊었다. "비판받지 않으려거든 비판하지 말라. 뇌전증, 이 악마는 내 집입니다. 그리고 나는 지쳤습니다. 나는 지금 쉽니다. 욥Job처럼 당신 안에서 바라고 기도합니다. 당신은 더 이상 비틀거리지 않을 겁니다. 당신은 더 이상 넘어지지 않을 겁니다. 당신은…."

"방금 욥과 악마에 대한 이야기였나요?"라고 베어가 불쑥 끼어들었다.

"아, 맞아요." 그녀는 상념에서 깨어났다. "뇌전증과 성경의 각 권을 전부 담아 만든 카세트가 있어요." 그녀는 대중에게 뇌전증을 교육하는 것이 자신의 소명이라고 느낀다. 베어도 글로리아가 TLE를 가진 사람으로서 그 병을 묘사하고 설명하는 데 최고이고, 한 번도 발작을 겪어보지 않은 의사보다 훨씬 낫다는 생각에 동의한다. 베어는 또한 그녀가 거창하게 떠벌리고 메시아적인 충동을 느끼는 것도 게슈윈드 증후군의 모습이라고 여긴다.

"존슨 부인은 그녀의 회상과 명상에 관한 테이프가 든 가방을 들고 다닙니다"라고 베어는 덧붙이며 그녀의 발아래에 있는 속이 꽉 찬 핸드백을 가리켰다. 베어는 성격과 TLE에 관한 논문에서 글로리아가 처음에 방문했을 때 다음과 같이 기록해놓았다. "그녀는 침울한 개인적 회상과 종교적인 주해, 의사나 경찰, 정치인에 대한 분노 섞인 비판으로 꽉 찬 스무 권이 넘는 공책을 들고 왔다. 70쪽의 공책을 채웠는데… 그녀가 심한 통증을 일으키고 관절을 변형시키는 류머티즘성 관절염 때문에 손 지지대를 사용해 글을 써야 했다는 것을 생각하면 그 노력은 더더욱 놀랍다."

베어는 깊게 숨을 들이마셨다. 그는 글로리아에게 질문을 했다. "이제 존슨 부인, 당신은 좋은 사람입니까? 세심하고?"

글로리아는 잠깐 생각했다. 조용히 그녀는 "나는 욥과 같습니다"라며, 정의로운 신의 뜻으로 어마어마한 고통을 받아들인 성경의 인물을 언급했다. 이어서 그녀는 "하지만 베어 박사님, 어째서 힝클리를 감옥에서 꺼내주지 않은 거죠?"라면서 갑작스럽게 눈물을 글썽이며 물었다.

"여기에 따뜻함이 있습니다"라고 베어는 학생들에게 이야기하며 활짝 미소를 지었다. "그녀를 알기는 아주 쉽습니다." 베어가 동료에게 말한 것처럼, 그녀는 '눈에 띄게 배려심이 있고 세심한 사람'이다.

베어가 글로리아의 매력을 눈치챈 유일한 의사는 아니었다. 그녀는 다루기 힘들지만, 매력적인 면도 있다. 1962년, 글로리아가 자살을 시도한 후 그녀를 치료했던 한 정신과 의사는 "때로 충동적이고 활달한 행동 뒤에 겁먹고 순종적인 영혼이 숨어 있는 것이 보인다"라고 적어놓았다. "그녀는 매우 예민하고 아주 의심이 많으며 쉽게 화를 내고 충동적으로 보인다. 그녀는 예민하기 때문에 괴롭힘을 당하길 원치 않아서 '외피를 취하는' 것이다. 또 '많은 사람이 그녀를 배신'했기 때문에 그녀는 의심이 많은 것이다. 언제나 예민하다. 하지만 그 모습의 뒤쪽은 매우 부드럽다"라고 분석했다.

베어의 강의가 끝난 후, 몇 명이 글로리아와 이야기하기 위해 남았다. 베어는 그들을 소개했다. 글로리아는 웃으며 악수했다. 분위기는 따뜻했다. 베어는 강의해준 것에 대해 그녀에게 감사했다. 글로리아와 같이 온 수녀 매리Marry는 건물 밖 사각형의 잔디밭을 따라 경사로를 내려가며 도시의 혼란 속으로 휠체어를 밀고 나갔다. 햇빛 때문에 눈을 가늘게 뜨고 두 여자는 보도에서 주 정부가 장애인을 위해 제공한 밴을 기다렸다. 글로리아는 강의를 즐겼으나, 피곤했고 집에 돌아가고 싶었다.

잠시 후, 몇 마일 떨어진 언덕에 위치한 3층짜리 아파트인 글로리아의 집에 도착하자 수녀 매리와 운전사가 밴 밖으로 휠체어를 굴려 그녀와 내렸다. 글로리아는 일어서서 조Joe를 소리 질러 불렀다. 조는 상냥한 병원 관리인으로, 그녀가 서른다섯 살일 때 결혼한 남자이다. 수년간 따로 살았지만 항상 오후가 되면 들러서 그녀를 위해 저녁을 차려주고 집안일을 해준다. 그녀가 소리를 지르고 나서 얼마 후, 키가 작고 단단해 보이는 50대 후반의 남자가 아무 말도 없이 건물에서 나와 휠체어를 접어서는 현관 쪽 보도 위로 들어 올렸다. 글로리아는 그 뒤를 느린 걸음으로 끙끙대면서, 옹이 진 손가락으로 난간을 짚으며 따라갔다. 그녀는 현관에서 조와 이야기하고 있는 수녀 매리에게 작별 인사를 했다. 글로리아는 혼자서 낡은 현관 문을 지나 아파트로 가는 계단을 힘들게 올라가서 문에 키를 꽂느라 씨름했다. "기분이 좋지 않아. 좋은 것이 하나도 없어."

　안으로 들어가자, 그녀는 침실로 가서 침대에 몸을 던졌다. 빛이 발작을 심하게 만들 수 있으므로 글로리아가 대부분의 시간을 보내는 작고 나무 패널로 된 방은 항상 어둡게 해둔다. 두꺼운 양단으로 된 커튼이 창문을 가리고 있다. 이날 이 방의 빛은 희미한 노란빛을 내는 작은 램프와 그녀가 켜놓고 간 TV에서 나오는 것이 전부였다. 바닥은 책더미와 종교적인 명상을 담은 카세트테이프, 생각과 일에 관한 공책으로 꽉 차 있었다. 《민주주의의 초점》 두 권과 《영생의 말씀》이라는 책이 성경책 더미 위에 있었다. 또 유리로 만든 동물과 플라스틱 꽃, 조그마한 장식품이 튀어나온 징두리판벽을 장식하고 있었다. 베어와 라일리 주교에게서 온 편지가 끼워진 액자와 학위와 미용사 자격증, 그리스도의 심장과 성모마리아와 함께 예수그리스도가 그려진 그림이 벽을 장식하고 있었다. 사진관에서 보정한 글로리아의 사진은 침대 위에 걸려 있었는데, 그녀가 댄서일 때 찍은 것으로 모피 깃이 달린 진홍색 오버코트를 입고 타조 깃이 달린 필박스 모자를 쓴 모습이었다. 선반 위에는 손톱 광택제, 소화제, 목욕 로션, 소독용 알코올, 리오판 제산제, 빅스 포뮬러 44D♦, 아쿠아포 스킨 크림, 그리고 항경련제인 딜란틴과 마이솔린을 포함한 수많은 조제약이 가득했다. 30센티미터 높이의 석고 예수상은 팔을 벌리

♦　빅스 포뮬러Vicks Formula 44D는 미국의 가정상비약으로 진해거담제다.

고 축복하는 자세로 약병들 가운데 서 있었다.

조는 곧 글로리아의 저녁 식사로 구운 닭과 쌀밥, 완두콩을 들고 왔다. 그녀는 조금만 먹고 차를 마시고 담배를 피웠다.

그동안 보스턴 의과대학 캠퍼스 근처에 있는 디커너스 병원 Deaconess Hospital의 진료실에서 베어는 글로리아에게 보낼 편지를 구술하고 있었다. 이 편지는 그녀가 큰 소리로 읽은 뒤 액자에 넣어져 벽을 장식하게 될 것이다. "친애하는 존슨 부인, 오늘 의대생과 인턴, 레지던트, 그리고 무엇보다도 저를… 가르치는 일에 용감하게 참석해주신 것에 대해 감사를 표하고 싶습니다. 어떤 의사나 의대생도 부인만큼 TLE 환자의 고뇌를 잘 이해하지는 못할 것입니다."

글로리아는 이 고뇌에 대한 전문가다. 어른이 되어 발병해서 질병의 효과가 기존에 존재하던 생활방식과 성격에 덧붙여진 찰리나 질과는 달리, 글로리아는 의식을 가질 때부터 50년 넘게 빈도가 높은 TLE 발작을 앓았다. 그녀를 치료해온 베어와 많은 의사들은 어디에서 글로리아가 끝나고 TLE가 시작되는지 구분짓기 어렵다는 것을 알고 있다. 아무도 TLE의 효과와 바탕에 있는 성격을 구분해낼 수 없다. 그녀는 찰리나 질과 다르게, 평범한 사람처럼 보이지 않는 평범한 사람이다. 오히려 그녀의 이야기는 고흐를 떠올리게 한다. 고흐처럼 발작의 효과를 완화하기 위해 술을 마셨고, 다른 사람과 자기 자신을 향해 수없이 폭력적인 행동을 저질렀다. 또 그녀도 몇 달씩 정신 병동에 입원했으며, 과장된 형태의 게슈윈드 증후군을 가지고 있었다. 이 정도가 고흐와의 공통점이다.

어째서 누구에게는 증후군이 이점이 되고 다른 누구에게는 불이익이 되는지 아무도 모른다. 그 이유는 뇌전증과 아무 관련이 없을 수도 있다. 대신 뇌전증이 바꾸는 기본적인 성격의 반영과 관계가 있을 것이다. 게슈윈드는 언젠가 "뇌전증은 성격을 변화시키고, 길을 열어줄지도 모릅니다. 그러나 절대 그 뒤에 무엇이 있는지 말해주지 않습니다"라고 말한 적이 있다. TLE가 행동에 미치는 실제적인 구조, 즉 어째서 감정적인 극단이 어떤 사람에게서는 폭력과 성욕과잉증으로 나타나고, 다른 사람에게는 감정적 통제로 나타나는지는 수수께끼다. 글로리아의 어지러움이나 메스꺼움, 질의 시각적인 환상과 찰리의 미시감 같은 특별한 발작 상태의 신체적인 바탕은 조금 더 밝혀졌다. 우리는 성격의 생리학에 대해서는 완전히 이해하지 못하지만, 뇌의 분할된 의식 상태의 근원에 대해서는 상당히 많은 것을 알고 있다.

4

◆

정신적인 상태

———

뇌는 모든 활동, 감정, 사고의 기본이다

인간의 뇌는 노력 없이는 그 비밀을 알려주지 않는다. 생명이 있을 때 뇌는 하얀 치즈처럼 보인다. 실제로 만져보아도 치즈처럼 부드럽다. 혈관들이 수놓아져서 수술 중에 혈관을 자르면 딸기 소스가 뿌려진 요구르트 덩이를 닮았다. 뇌에서는 맥박이 뛴다. 그 안에서 심장 박동을 볼 수 있다. 이런 사실 말고 살아 있는 뇌가 알려주는 것은 거의 없다. 뇌는 전기가 이동하는 분자 구조를 함유한 수백만 개의 신경세포로 구성되어 있지만, 움직임이 있는 부위는 보이지 않는다.

사람이 죽으면 뇌는 비로소 접근이 가능해진다. 모든 부검에서 병리학자는 머리의 뒤쪽을 한쪽 귀에서 다른 귀까지 절개한 다음, 두피를 얼굴과 만나는 부위까지 잡아당겨 얼굴을 덮게끔 뒤집는다. 병리학자는 머리카락 라인에서 한 바퀴 빙 둘러 톱질을 하는데, 뇌를 덮고 있는 두개골을 1.3센티미터 정도 두께로 잘라 뼈로 된 뚜껑을 제거한다. 두개골 안쪽에는 방어막이 있는데, 이는 경질막이라는 껍질로 '억센 엄마'*라는 뜻의 라틴어다. 병리학자가 이 막을 자르고 들어가면 짠물 같은 용액에 떠 있는 뇌가 드러난다. 뇌의 하부까지 도달해서는 척수와 지저분한 신경과 정맥, 동맥 등 뇌를 몸에 연결시키는 것을 잘라낸다. 두개골 바닥에서 뇌를 끄집어내고 밑부분을 한 가닥의 끈으로 묶는다. 그 후 몇 주 동안 뇌를 거꾸로 해서 포름알데히드가 들어 있는 플라스틱 양동이에 매달아놓는다. 이렇게 하면 뇌의 모양을 유지할 수 있다. 포름알데히드는 뇌를 고정하고 보전해주는데, 어느 정도 모양이나 굳기를 변화시킨다. 흰색에서 누런빛이 도는 회색으로 바뀌고 경도는 더 굳어져서, 뇌는 브리Brie 치즈라기보다는 고다Gouda 치즈의 느낌이 난다. 뇌의 갈라진 틈과 툭 튀어나온 곳은 바구니 바깥 면처럼 느껴질 때까지 단단해져서, 눌러도 거의 꺼지지 않는다. 이러한 변화의 결과로 양동이에 있는 뇌는 살아 있는 뇌가 감추고 있던 모습을 보여준다.

양동이에서 건져 올리면 인간 뇌의 무게는 약 1.3~1.8킬로그램 정도다. 그 크기나 모양새는 콜리플라워 같고, 완벽한 구라기보다는 짓눌린 계란 형태다. 인간의 몸처럼 역시 뇌도 좌우대칭이다. 대뇌반구는 왼쪽 반과 오른쪽 반으로 되어 각각 호두 반쪽을 닮았다. 대뇌반구는 서로 케이블로 붙어 있지만 눈으로 뚜렷이 구분된다. 좌우

---

* 경질막dura mater은 'thick mother of brain'이라는 뜻의 아랍어 umm al-dimāgh al-ṣafīqah(움무 앗디마그 앗사피까)를 라틴어로 번역한 것이다. 아랍어에서 아버지, 어머니, 아들 등의 단어는 사물 사이의 관계를 설명할 때 사용하는 단어다.

반구는 기능을 공유하기도 하고 개별적인 기능을 각각 수행하기도 한다. 뇌의 중심부 근처를 가로지르는 신경섬유를 통해 각각의 대뇌반구는 몸의 반대편을 조종한다. 대부분의 사람은 왼쪽 대뇌반구가 순차적으로 작동하며, 언어, 숫자 계산, 손재주 같은 세부 사항에 의존하는 기능을 주도한다. 오른쪽 대뇌반구는 전체적으로 작동하며, 감정이나 시각적 지각, 공간적 정위 같은 외형에 의존하는 기능을 주도한다. 연구자들은 살아 있는 사람에게 바르비투르산염**을 투여해 한쪽 대뇌반구의 활동을 일시적으로 억압한 다음, 대상에게 여러 가지 작업을 수행시키는 방법으로 대뇌반구의 기능 구분을 보여줄 수 있다. 오른쪽 대뇌반구가 작동을 멈추면, 대부분의 사람은 왼쪽 몸을 움직일 수 없다. 그들은 공간의 왼쪽은 무시해버린다. 간단한 선을 그리는 작업을 수행할 수도 없고, 얼굴 표정을 읽거나 사람들 틈에서 적절하게 행동하는 데 어려움을 겪는다. 왼쪽 대뇌반구가 작동을 멈추면, 대부분의 사람은 오른쪽 몸을 움직일 수 없고 숫자를 차례대로 기억할 수 없으며 말하기나 읽기에 문제가 생긴다.

하지만 이런 기능적인 구분이 완전히 정해진 것은 아니다. 생애 초기에 대뇌반구는 비교적 융통성이 있기 때문이다. 각각의 대뇌반구는 양쪽 기능을 모두 떠맡아서 발달할 수도 있다. 그래서 한쪽 대뇌반구만 가지고 태어난 아이도 비교적 정상으로 자라날 수 있다. 성인처럼 아이도 사라진 뇌의 반대쪽 몸이 약하거나 마비 증세를 보일 수 있지만 공간 지각력, 감정, 언어는 정상일 것이다.

** 바르비투르산염우 진정제, 최면제로 쓰이는 약물이다.

이러한 기능적인 적응성은 오래가지 않는다. 어른이 뇌전증이나 종양을 제거하기 위한 수술 혹은 광범위한 뇌졸중의 결과로 한쪽 대뇌반구를 잃으면, 남아 있는 대뇌반구는 더 이상 잃어버린 반쪽의 기능을 떠맡을 수 없다. 그 결과 육체와 정신 모두 엄청난 결손이 나타난다. 오른쪽 대뇌반구를 잃거나 손상을 입으면, 몸의 왼편을 조종할 수 없게 되고 왼쪽 공간에 대한 지각을 잃어버리며 감정을 부적절하게 표현한다. 그러나 아직 읽을 수 있고 말을 이해할 수 있다는 점에서 언어 능력은 정상이다. 만일 왼쪽 대뇌반구를 잃거나 손상을 입으면, 감정과 공간에 대한 지각력은 정상이지만 몸의 오른편이 마비되고 말하기와 읽기 능력을 잃어 언어를 이해할 수 없다. 이렇게 기능적인 차이가 있음에도 불구하고 두 개의 반구는 거의 비슷하게 생겼다.

각각의 반구는 엽이라고 부르는 네 부분으로 나뉜다. 네 쌍의 엽(전두엽, 후두엽, 두정엽, 측두엽)은 각각 반구의 앞쪽, 뒤쪽, 위쪽, 바닥에 위치한다. 이 엽은 태아기에 발달하는 동안 전구처럼 생긴 뇌가 자라날 때는 둥글고 튀어나온 모습이었다가, 다 자라면 각 반구의 반구형의 덩어리에서 연속적인 부분으로 존재한다. 살아 있는 뇌에서 각 반구는 엽으로 명확히 구분할 수 없고, 부검할 때만 미묘하게 구분할 수 있다. 모호한 경계에도 불구하고 엽은 의사에게 방위를 알려주는 역할을 한다. 예를 들어 의사가 '후두측두occipitotemporal'라고 하면 이는 후두엽과 측두엽이 붙어 있는 곳을 지칭하는 것이다.

여러 엽이 협력하여 많은 기능을 수행하지만, 어떤 영역은 특별한 역할을 전담하기도 한다. 잭슨이 말한 "뇌전증의 흉터는 발작의 영향을 받는 기능을 제어하는 뇌의 영역에 위치하고 있다"라는 아이디어는 '기능의 국재성局在性' 이론을 만들었다. 운동, 감각, 기억, 언어가 뇌의 어떤 특정 영역에 대응한다는 것이다. 펜필드와 제스퍼는 TLE를 가진 환자 수백 명을 수술하면서 전두엽과 두정엽의 경계에 위치하며 운동과 감각을 담당하는 뇌 조직의 '줄무늬'를 지도로 만들었다. 그들이 발견한 것을 그림으로 나타내면서 둘은 각각의 기능을 가진 묶음을 '난쟁이homunculus' 또는 '작은 사람'이라고 불렀는데, 이 난쟁이의 신체 부분은 각 부분의 작동에 기여하는 뇌 조직의 비율에 맞추어 그려진 것이다. 운동 난쟁이는 거대한 입술과 손, 조그마한 몸통을 가지고 있고, 생식기와 코가 없다. 대조적으로 감각 난쟁이는 거대한 혀와 손, 꽤 큰 몸통, 생식기, 코를 가지고 있다. 측두엽, 두정엽, 전두엽의 다른 부분은 언어를 담당한다. 이 영역이 손상을 입거나 제거되면 언어의 이해나 말하는 데 문제가 생긴다. 실제로 각 쌍의 엽은 한 가지 혹은 여러 가지 특별한 기능과 관계가 있어서 그 쌍이 손상을 입거나 제거되면 그 기능은 걷잡을 수 없어진다.

이마 안쪽이 바로 전두엽인데, 관자놀이 안쪽에 있는 거의 수직으로 갈라진 틈을 향해 뒤로 몇 인치까지 이어진다. 전두엽은 말하기와 운동 그리고 추상적인 사고를 담당하는 조직이다. 이 부분은 뇌의 관리자로 여겨지는데, 세상으로부터, 그리고 다른 엽에서 혼란스럽게 오는 소리와 영상, 감각, 감정의 정보를 분류하고 높은 단계의 분석을 하기 때문이다. 전두엽에 손상을 입은 사람은 중요한 일과 사소한 일을 구별하는 데 어려움을 겪는다. 의사가 환자에게 "밖에 눈이 내리고 있다"라는 문장을 따라 해보라고 했는데, 환자가 "그럴 수 없어요. 눈이 오지 않으니까요"라고 대답한다면 그는 전두엽에 손상이 있을 것이다. 20세기에 조현병에 대한 악명 높은 외과적 치료법이었던 전두엽백질절제술, 다른 말로 '엽절개술lobotomy'과 같은 수술로 전두엽이 심하게 손상을 입으면, 환자는 모든 자주성을 잃고, 다른 사람이 없는 곳에서 오줌을 싸는 선택 같은 기본적인 행동을 수행할 수 없게 된다. 집을 설계하는 일보다 훨씬 복잡하지 않은 행동인데도 말이다.

머리의 뒤쪽, 목덜미 위쪽 안에는 후두엽이 있다(Occiput은 라틴어로 '머리의 뒤쪽'이라는 뜻이다). 뇌에서 가장 특화된 기능을 가지고 있는 한 쌍의 엽으로 시각을 담당한다.

머리의 뚜껑 바로 아래에는 두정엽이 있다(라틴어로 parietal은 '벽 안에 있는'이라는 뜻이다). 이 엽은 감각, 공간적 지각력, 언어와 기억의 일면을 담당한다.

두정엽의 아래에는 거의 수평으로 갈라진 깊은 틈이 있다. 그 아래 척추 꼭대기에 위치한 양쪽 귀 사이에 청각과 냄새, 학습과 기억, 감정과 동기를 담당하는 영역인 측두엽이 있다(측두엽은 라틴어 tempus에서 나왔는데 '두개골의 옆쪽'이라는 뜻이다).

다른 엽과 마찬가지로 측두엽 전체를 보기 위해서 병리학자는 뇌를 얇게 썰어야 한다. 각 엽의 덩어리는 밖에서 다 보이지 않고 접히거나 층을 이루며 모여 있고, 표면으로부터 수 인치까지 이어져 있기 때문이다. 얇게 썬 조각은 얼굴과 평행하게 잘라 만든다. 각각의 세로 절편은 양쪽의 측두엽을 포함하는데, 위치에 따라 몇 가지 다른 엽도 포함한다. 각 조각은 나무줄기를 세로로 자른 모양과 닮았다. 다소 둥근 모양이고, 가리비 모양의 가장자리를 가지고 있으며, 중앙부는 흰색이고(뇌의 '백질white matter'), 바깥쪽 어두운 테두리는 약 0.6센티미터 두께다. 이 테두리는 '회백질gray matter'로, 라틴어로 '나무껍질'이라는 뜻에서 기원한 '피질'로 알려졌다. 대뇌피질 혹은 회백질은 사고, 말하기, 숙련된 운동 같은 높은 단계의 기능을 수행하는 데 필수적이다. 아마도 회백질은 가장 복잡한 조직일 것이며, 진화의 고리에서 가장 높은 자리에 있는 생물에서 가장 많이 나타난다. 뇌의 표면에만 회백질이 있으므로 인간의 뇌 표면은 다른 동물의 뇌 표면보다 비교적 넓다. 자연은 인간의 뇌를 접고 층을 만들어 표면적을 늘렸다. 인간 측두엽의 세로 절편을 보면 대뇌피질은 끝이 밀어 넣어져서 스커트처럼 주름이 잡혔다.

측두엽의 절편은 다른 엽의 절편과 닮았다. 네 가지 엽 모두 비슷한 모양을 하고 있기 때문이다. 그러나 측두엽은 중요한 면에서 차이가 있다. 측두엽 절편의 중심부 가까이에는 어둡고 얼룩덜룩한 모양의 영역이 있다. 뇌의 엽 중에서 유일하게 측두엽은 그 중심에 변연계limbic system라는 여벌의 구성원이 있는 것이다.

변연계는 뇌의 중심 가까이에 있는, 백질과 회백질이 섞인 몇 가지 구조의 조합이다. 그 이름은 이 시스템의 위치와 모양에서 따온 것이다. *limbus*는 라틴어로 '경계' 또는 '가장자리'를 뜻한다. 이 시스템은 척수와 뇌량corpus callosum, 즉 양쪽 대뇌를 잇는 섬유 가닥을 고리 모양으로 둘러싸고 있고, 수평 평면에서 보면 측두엽 내에서 C의 모양을 하고 있다. 정확한 경계에 대해서는 논란이 많지만, 의사들은 대부분 변연계가 뇌에서 가장 오래된 구조인 편도체, 해마, 유두체, 전방 시상을 포함하고 있다는 것과 기억이나 호르몬 생산, 수면 주기, 냄새, 적절한 감정 반응 같은 여러 가지 기능에 참여한다는 사실에는 동의한다. 도망갈 것인지, 이성에게 추파를 던질 것인지, 싸울 것인지 결정하는 곳이 바로 변연계다. 숲길에서 우연히 토끼를 마주쳤는데 토끼가 도망갔다면 토끼의 변연계가 제대로 작동한 것이다. 제대로 작동되지 않는다면, 변연계는 다른 토끼는 모두 도망을 선택할 때 싸움하는 것을 선택하게 만들 수도 있고, 다른 녀석들은 부끄러움을 느끼거나 숨을 때 성관계를 시도할 수도 있다. 변연계는 모든 동물의 뇌에서 발견된다. 악어의 뇌는 거의 전부 변연계다. 영아의 뇌에서 기능하는 부분은 주로 변연계다. 성인의 뇌는 부분적으로만 변연계이고 언어나 사고 같은 고차원의 기능과 균형을 이룬다.

변연계와 측두엽은 일을 같이 하므로, 때로 '측두변연계 영역'이라고 불리기도 한다. 베어는 하버드 의과대학 강의에서 이곳을 '감정적 뇌'라고 지칭하기도 했다. 측두엽뇌전증은 측두엽과 변연계 양쪽의 결함으로 발생하기도 하므로, 영어 약자로는 똑같이 TLE인 측두변연계 뇌전증temporolimbic epilepsy이라고 불리기도 한다. 부분발작 혹은 초점발작은 실제로 뇌의 어느 부분에서든 생길 수 있지만, 대다수는 측두변연계 영역에서 시작한다. 그 이유는 학습과 관계된 이 영역의 조직이 특별히 활발하게 작동하므로, 상대적으로 조용한 뇌의 다른 부분보다 더 쉽게 발작을 일으키기 때문으로 보인다.

뇌의 나머지 부분처럼 측두변연계 영역도 방대한 세포로 이루어져 있다. 이 중의 일부는 뉴런 혹은 신경세포라고 불리는 신경계 특유의 세포 종류다. 신경세포체인 각 뉴런의 중심은 뇌의 표면에 위치한다. 많은 세포체가 뭉쳐서 피질 혹은 회백질인 뇌의 바깥 테두리를 이룬다. 회백질이란 명칭은 신경세포체의 분홍빛을 띤 회색 때문이다.

각 신경세포체에서 긴 흰색의 축삭돌기가 뻗어 나온다. 축삭돌기는 둘러싸고 있는 지방질 때문에 색채가 밝아서 뇌의 '백질'을 이룬다. 이들은 뉴런을 서로 연결하며 소통하게 한다. 복잡한 통신망에서 뉴런 수백만 개를 연결해서 축삭돌기는 뇌 구석구석까지 신호를 전달한다. 각각의 축삭돌기는 수십 센티미터에 이를 수도 있다. 전화선처럼 뇌를 교차하며 모여서 두꺼운 묶음을 형성한다.

축삭돌기를 따라 흐르며 뉴런끼리 소통하게 하는 힘은 전기력이다. 전류는 뉴런의 안팎에서 일어나는 화학적 변화로 생산되는데, 이 과정은 '발화firing'라고 한다. 일단 생산이 되면, 전류는 신경세포체에서 축삭돌기를 따라 흐르다가 인접한 뉴런과의 가지돌기dendrite 사이를 건너뛰어 옆 뉴런으로 전달된다. 전류에 의해 흐르는 화학적 신호는 두 번째 뉴런을 발화시키거나, 두 번째 뉴런이 이미 발화하고 있었다면 그 활동을 멈추기에 충분하다. 다른 말로 하면, 한 뉴런이 발화하면 다른 뉴런을 '켜거나 끌' 수 있는 것이다. 관례상 뉴런의 정보가 다른 뉴런을 켜면 '흥분성excitatory'이라고 부르고, 다른 뉴런을 끄면 '억제성inhibitory'이라고 한다. 이 현미경적 과정을 사람 크기로 확대한다면 뉴런은 사람이 되고 들판에서 서로 어깨를 대고 밀

집한 모습이 된다. 한 사람이 몸을 흔들기 시작하거나 뉴런 하나가 발화하면, 그 사람을 둘러싸고 있는 사람들도 역시 약간 흔들릴 것이다. 이 움직임은 소멸할 때까지 군중을 따라 전달될 것이다. 누군가, 즉 흥분성 뉴런은 밀쳐지면 고함을 지르고 마구 움직일 것이다. 이것은 흔들림을 강화하고 군중을 통과하는 속도를 증가시킨다. 다른 사람들, 그러니까 억제성 뉴런은 조용히 있을 것이다. 그들은 흔들릴 때 거의 반응하지 않으며 결국 진동은 가라앉는다. 환경도 또한 이 군중의 반응에 영향을 미친다. 들판의 날씨가 좋다면 흥분하기 쉬운 군중이라도 조용히 있을 것이다. 그러나 극단적으로 덥거나 춥다면 아주 조용한 사람들조차 매우 초조해져서 흔드는 행동에 참여할 것이다. 들판의 극단적인 날씨 조건에 상응하는 신경 상태는 뇌의 종합적인 화학적 환경이나 주변 연결망이나 근처의 발작 근원지의 발화라고 할 수 있다.

잭슨이 추측한 대로, 뇌는 이런 연결망 혹은 회로의 묶음 단위로 이루어져 있고 이들은 각각 특별한 기능이 있다. 어떤 물체를 차로 인식하는 과정을 예로 들면, 이 경우 뇌의 다양한 부분에서 정보를 받는 몇 가지 연결망이 필요한 것으로 보인다. 한 부분은 차의 이미지를 전달하고, 다른 부분은 기억에 있는 모양과 그 이미지를 비교하고, 세 번째 부분은 그것을 인식하고 이름을 알아낸다. 전체 뉴런의 연결망이 켜져 있다면 전기적 신호는 여러 뉴런을 통해 뇌의 여러 부분으로 이동하고 성공적으로 뉴런을 켜거나 끄게 된다. 이렇게 발화하는 뉴런 사슬은 모든 일상적인 활동, 감정, 사고의 기본이 된다.

뇌를 움직이는 두 가지 인자, 의도와 사건

인간의 모든 노작勞作은 뇌의 전기적 회로가 활성화한 결과라는 사실은 널리 받아들여지고 있지만, 어떤 방법으로 이 과정이 진행되는지는 누구도 정확히 모른다. 뉴런 회로의 작동은 매우 복잡해서 대충의 윤곽만이 알려져 있을 뿐이다. 아주 단순한 정신 상태에서도 몇 가지 엽에 있는 뉴런이 필요하다는 것은 알고 있다. 한 엽에 있는 뉴런들이 대부분 여러 신경 연결망의 한 부분이라는 사실도 알고 있다. 하지만 어떤 식으로 전기적 활동이 하나의 생각이 되는지 그 원리는 잘 모른다.

그래도 무엇이 뉴런의 발화를 촉발하는지는 알고 있다. 일상적인 경험에서 전기적 충동의 두 가지 촉발 인자가 있다. 첫 번째는 의도intention다. 팔을 움직이기로 마음먹었다면, 운동피질에 있는 뉴런의 연결망이 발화해서 팔 근육에 명령을 내리고 그 결과 팔이 움직인다. 이런 방식으로 여러 뇌 기능을 의식적으로 조절한다. 몸짓을 취하기도 하고, 사건이나 공식을 기억하며, 마음대로 어떤 감정을 느낄 수도 있는 것이다.

두 번째 일상적인 촉발 인자는 외부 세상의 사건events이다. 만일 당신이 운전을 하고 있는데 신호등이 초록색에서 노란색으로 바뀐다면, 신경 연결망은 차를 멈추게 하려고 발화한다. 트럭이 갑자기 위험하게 접근하면, 다른 신경 연결망이 발화해서 방향을 급히 틀게 만든다. 이런 일은 의도하거나 생각하기도 전에 자동적으로 일어난다.

그러나 정상적인 경험에서는 드문 신경 발화의 촉발 인자가 또 하나 있다. 일상적인 내부나 외부의 원인도 없이 정상 연결망이 비정상적으로 발화하는 현상인데, 이것이 바로 발작이다. 뚜렷한 이유도 없이 갑자기 어떤 경험, 즉 극심한 공포의 감정, 팔의 갑작스러운 움직임, 어렸을 때의 기억 등이 일어나는 것이다. 발작하는 동안 마음은 기이하게 둘로 나뉜다. 한 부분은 이 경험이 발작에 의한 것이라고 깨닫는다. 다른 부분은 이 경험이 현실이라고 느낀다. 이것이 찰리가 숲에서 심한 발작을 하는 동안 경험했던, 일반적인 세상과 꿈의 세상에 동시에 존재하는 현상이다.

이러한 이중 자각dual awareness의 원인은 행동신경학자인 마르셀 킨스번Marcel Kinsbourne에 의해 밝혀졌는데, 그는 인간 행동의 물리적 연관성이나 감정이나 동작, 사고를 하는 동안 신경계에서는 무슨 일이 일어나는지 연구했다. 키가 크고 섬세한 이목구비를 가졌으며 영국식 억양이 특징인 킨스번은 1931년에 빈에서 태어나 옥스퍼드에서 공부했다. 런던에 있는 퀸스퀘어 병원에서 1년을 보내고 지금은 보스턴 외곽에 있는 유니스 케네디 슈리버 센터에서 일하고 있다. 어느 봄날, 공기에는 어렴풋이 파이프 담배 냄새가 감돌고 벽에는 아이들이 뛰놀고 있는 사진이 장식된 그의 사무실에 앉아서, 킨스번은 이중 자각의 이유가 되는 신경 활동에 대해 설명해주었다. "발작에서는 일반적인 신경 양상이 멈추고, 두 번째 신경 양상이 왔다가 다시 나갑니다. 그 이후 첫 번째 것이 재개되면 사람들은 '나에게 무슨 일이 일어난 거지?'라고 말합니다." 이 경험은 뇌 안에 작은 뇌 하나를 더 가지고 있는 것과 같은데, 이 작은 뇌가 이따금 큰 뇌를 잠시 차지해서 인간의 행동과 경험의 온전함을 위태롭게 만드는 것이다.

킨스번은 이러한 발작 경험을 일반적인 경험에 비교해서 설명했다. "정상적으로 뇌에서 일어나는 일은 전부 모든 요소가 맞아떨어지게 상호작용을 하여 협력해서 일어납니다. 예를 들면 지금 이 시간의 내 경험은 하나입니다. 나는 내 사무실에 있고, 내가 이야기하고, 내 마음속에 어떤 생각이 있습니다. 한 손에는 파이프 담배를 들고 있고, 다른 손에는 성냥을 들고 있죠. 그리고 어느 순간에 이 파이프에 불을 붙일 의도가 있습니다. 이러한 것 중 아무것도 충돌을 일으키지 않습니다. 이것들은 질서정연하며 우선순위가 있고 갑자기 튀어나오는 일도 없습니다. 그런데 [발작이 일어나는 동안] 흐트러진 뇌가 한 손에는 성냥을 들고 뜬금없이 '내가 왜 성냥을 들고 있지?'라며 궁금해하는 식으로 자신을 분리해서 바라보고 대화하는 것을 상상해보세요. 흐트러진 뇌가 보기에는 그 성냥은 대화에 연관되어 있지 않으므로, 성냥이 손에 있는 것이 말이 되지 않는 일로 느꺼질 것입니다."

　비정상적인 촉발 인자에도 불구하고 발작은 일반적인 감정과 동작, 생각의 단편을 모두 가지고 있다. 킨스번은 불을 붙이지 않은 파이프를 입에 대며 설명을 계속했다. "정상적일 때 할 수 없었던 일이라면 발작 때에도 할 수 없습니다. 발작은 신경세포의 과민성으로 인해 일반적인 제어에서 벗어나 너무 자주 발화된 까닭에 맥락 없이 마구 일어나는 정상 행동의 파편입니다. 뉴런은 둘 중에 하나를 할 수 있지요. 정상 상태보다 느리게 발화하거나 더 빠르게 발화하는 것입니다." 만일 뉴런의 발화가 좀 더 천천히 일어나거나 멈춘다면, 이 경우 기능의 상실을 의미하는 '결핍'이 생긴다. 만일 뉴런의 발화가 정상 상태보다 훨씬 더 빨리 일어나면, 이 경우 발작을 일으킨다. 킨스번은 "발작에서 한 가지 행동 또는 일련의 행동은 질병으로 인해 조정해볼 수 있는 맥락과는 동떨어져 있습니다. 행동을 일으키는 뉴런의 패턴이 발화에 즉흥적으로 쉽게 반응하도록 변했기 때문입니다"라고 설명했다.

　이런 뉴런들이 즉흥적으로 발화하는 이유는 병적으로 낮아진 '방전의 역치' 혹은 '발작 역치seizure threshold'를 가지고 있기 때문이다. 발작 역치는 어떠한 뉴런이라도 비정상적으로 발화할 수 있는 한계를 말한다. 어떠한 뇌든 신경 연결망과 전기적 활동이 있기 때문에 모두 발작을 일으킬 만한 장비가 있는 셈이다. 신경외과 의사인 마크 디히터Mark Dichter는 "[발작이 발생하는] 그 용이성과 신속성을 보면, 정상 뇌가… 선천적으로 불안정하고, 또한 발작을 일으킬 수 있는 여러 방법에 영향을 받을 수 있는… 기제를 뇌 안에 가지고 있다는 것을 의미한다"라고 썼다. 발작 역치를 낮출 수 있는 요소로는 뇌에 대한 전기적인 자극, 과호흡, 수면박탈, 술이나 코카인, LSD♦ 따위의 약물복용이 있다. 뇌전증이 없는 사람도 술을 중단하면 발작이 일어날 수 있다. 이런 발작을 '럼 발작rum fits'이라고 하는데 환각과 섬망, 신체적 경련이 일어나며, 폭음한 뒤 수일 혹은 수 주 후에 나타난다. 어떤 TLE 환자들은 주문이나 기도문을 읊조리려는 신체적인 노력이 발작을 가져올 수 있다고 보고했다. 드문 경우지만 환자들은 '반사뇌전증reflex epilepsy'을 겪기도 한다. 이때 발작은 초인종 소리나 번쩍이는 섬광등의 빛처럼 반복적인 소리나 장면으로 인해 시작된다. 이유가 무엇이든 간에 뇌의 전기적인 활동이 발작 역치를 넘어설 때마다 발작이 시작된다. 그렇다면 뇌전증을 가진 환자와 그 외의 사람들은 발작 역치의 상대적인 높이가 다른 것뿐이다. 뇌전증을 가진 사람은 다른 사람들보다 더 쉽게 반응하는 것이다. 그 이유는 부분적으로 유전적일 수 있다.♦♦ 1991년에 연구자들은 쥐에서 측두변연계의 발작과 관계된 유전자를 발견했고, 미래에는 인간의 '뇌전증 유전자'가 확인되리라 예측했다.♦♦♦

♦　　LSD(lysergic acid diethylamide)는 강력한 환각제의 일종이다.

♦♦　부모나 형제에게 뇌전증이 있는 경우, 일반적으로 40세까지 뇌전증이 발생할 위험은 20분의 1 미만이라고 한다(Peljto et al. 2014). 이 경우 부모나 형제에게 전신발작이 있을 때가 국소발작이 있을 때보다 유전 가능성이 더 높다고 한다(Helbig et al. 2016).

♦♦♦　최근 뇌전증 유전자로 볼 수 있는 977개의 유전자를 찾았다는 연구가 있다(Jie Wang et al. 2016). 연구자들은 이들을 네 그룹으로 나눴는데, 각각 중심 뇌 증상을 보이는 유전자 84개, 뇌 발달 과정의 기형에 관계된 뇌전증 유전자 73개, 다른 신체적이나 전신적 이상과 연관된 뇌전증 유전자 536개, 미분류 284개로 분류했다.

낮아진 발작 역치의 원인은 잭슨이 알아낸 바와 같이 뇌의 한 부분의 전기적 활동을 변경시키는 흉터다. 어떻게 흉터가 역치를 넘어 발작을 일으킬 만큼 방전을 만드는지에 대해서는 정확히 알려지지 않았다. 대부분의 경우 흉터는 물리적이거나 화학적인 뇌의 손상으로 인해 발생하는데, 질은 출산 전에, 글로리아는 출산 중에, 찰리는 출산 후에 생겼다. 흉터에서 생긴 발작은 그 자체로 질병이라기보다는 손상된 뇌의 여러 가지 증상의 조합으로서 나타난다. 게다가 발작은 무작위로 발생하지 않는다. 의도대로 되는 것은 아니지만 발작은 학습된다. 일단 신경 통로가 비정상적으로 발화하면, 다시 그렇게 될 가능성이 높다. 이러한 뉴런의 연결망은 발작의 초점seizure focus이라고 알려져 있다.

뇌의 손상과 발작

잭슨이 밝혀낸 대로 흉터의 위치는 발작의 효과를 결정한다. 의사들은 이러한 효과를 관찰한 다음, 뇌의 기능에 대한 지식을 바탕으로 발작성 활동이 출발하는 환자의 흉터 위치를 정확히 짚어낸다. 위치가 확인되면 몬트리올에서 펜필드의 수술을 받는 환자들처럼 그 흉터가 제거될 수도 있다. 그러나 발작 상태를 바탕으로 해서는 흉터가 있는 엽의 위치, 심지어 어느 대뇌반구인지조차 알아내기 힘들 때가 많다. 이런 경우는 TLE로 인해 발작하는 동안 종종 측두변연계와 뇌의 다른 부분 사이에 존재하는 무수한 내부의 연결을 통해 방전이 반대편 대뇌반구나 이웃한 엽으로 퍼지기 때문이다. 이 때문에 많은 경우, 의사는 EEG 결과와 '신체적 증상', 즉 한쪽 대뇌반구의 강함을 의미하는 특이한 신체 기술과 잘 쓰는 손, 한쪽 대뇌반구의 약함을 의미하는 신체적인 불균형 같은 것 등을 이용해서 환자의 흉터 위치를 특정한다.

글로리아의 경우에 발작의 바탕이 되는 뇌 손상은 비교적 분명했다. 그녀가 발작하는 동안 일어나는 강력한 감정이나 방향감각상실, 왼쪽 몸의 움직임은 이러한 기능을 담당하는 오른쪽 대뇌반구가 관계되어 있다는 것을 의미한다. 글로리아의 신체 소견과 대부분의 EEG 결과 또한 그녀가 태어날 때 발생한 뇌 손상이 오른쪽 대뇌반구에 있다는 증거를 뒷받침해주었다. 그녀는 오른손잡이였는데, 이는 왼쪽 대뇌반구가 건강하다는 것을 추측하게 한다. 글로리아의 EEG에서 비정상 소견이 나타날 경우, 주요한 발작 초점은 오른쪽 전두측두 영역에서 보이고, 소규모의 이상은 오른쪽 측두변연계와 왼쪽 측두엽에서 보였다. 맨 마지막의 왼쪽 측두엽에서 보이는 이상의 결과는 뇌전증 활동이 오른쪽 발작 초점에서 왼쪽 대뇌반구로 퍼져서 생긴 것이라고 베어는 추측했다. 왼쪽 대뇌반구는 개별 정보를 다루는 기능을 하므로 발작이 왼쪽으로 전파되어 숫자나 이름을 혼동하는 경향이 생겼을 수 있다. 글로리아의 측두 영역에서 뇌척수액을 담고 있는 뇌실의 상대적 크기도 역시 오른쪽 뇌의 이상을 보여준다. 글로리아가 30대에 찍은 뇌 스캔에는 오른쪽 측두 뇌실이 커진 것이 보이는데, 이는 오른쪽 측두 영역이 위축되어 있다는 뜻이고♦, 아마도 태어날 때 발생했던 뇌 손상이 그 원인일 것이다.

질의 뇌 손상은 그 성질과 위치가 글로리아보다 덜 명확한데, 그 이유는 아마도 뇌 손상이 너무 초기에 발생했기 때문일 것이다.

♦ 뇌실은 뇌척수액을 담고 있는 뇌 안의 공간을 말한다. 뇌가 위축되면 그 위축된 부분만큼 뇌척수액이 채우므로 뇌 영상에서 뇌실은 커져 보인다.

그녀가 느낀 냄새와 발작 때의 강렬한 감정은 변연계가 관계되어 있다는 것을 의미한다. 색채와 빛에 대한 질의 환각은 시각을 관장하는 후두엽 근처의 발작성 활동을 암시하고, 이러한 환각이 보이는 위치가 오른쪽 시야라는 점은 뇌전증 활동이 왼쪽 대뇌반구에서 발생한다는 의미다. 그녀의 미시감과 몽롱상태, 이상한 나라의 앨리스 증상들, 즉 '멀어지는 느낌'과 '둥둥 떠 있는 느낌'이 엄습하는 것은 두정엽 근처의 상부측두 영역에서 온 것이다. 또 이러한 증상은 공간 감각과 관계되므로 오른쪽 대뇌반구와 관련이 있을 것이다. 그러므로 질의 발작은 측두변연계와 후두측두 영역, 측두두정 영역에서 일어나며, 아마도 대뇌반구 양쪽에 걸쳐 퍼진 것으로 보인다. 그녀의 EEG는 양쪽 대뇌반구 모두 비정상인 증거를 보여주는데, 왼쪽이 오른쪽보다 더 자주 나타난다. 쇼머는 글로리아처럼 질도 발작할 때 한쪽 측두변연계 영역에서 다른 쪽으로 방전이 퍼졌을 것으로 추측한다. 발작이 시작하는 대뇌반구는 태내에서 DES에 의해 손상받은 반구일 것이다. 물론 양쪽 대뇌반구가 함께 손상받았을 수도 있고, TLE에서 때로 일어나듯이 한 곳의 병소가 다른 곳에 두 번째 병소를 만들었을 수도 있다. 질은 사람과 상황에 대한 어마어마한 직관력이 있는데, 이렇게 강한 오른쪽 대뇌반구의 기능은 특이하게 우세한 오른쪽 대뇌반구를 의미하고, 이는 DES가 왼쪽 대뇌반구에 손상을 입혔다는 것을 암시한다. TLE가 발생한 이후로 나타난 숫자나 단어를 기억할 때 겪은 어려움 또한 계산이나 말로 하는 기억을 담당하는 왼쪽 대뇌반구의 손상을 의미한다. 태내에서 왼쪽 대뇌반구가 손상을 입었다면 이는 오른쪽 대뇌반구의 우세함을 설명해준다. 한쪽 대뇌반구의 때 이른 손상은 다른 쪽 대뇌반구의 과다 보상을 이끌어내서 두뇌 손상의 결과 비범한 능력이 생길 가능성이 있기 때문이다. 그러나 질이 오른손잡이인 점, 왼쪽 얼굴이 더 작아서 비대칭적인 미소를 짓는 점, 왼쪽 손이 다소 약한 점 등 신체적인 징후는 왼쪽 대뇌반구의 우세를 설명하며, 그녀의 인식 능력이나 EEG 결과와는 상반되는 모습을 보여서 뇌 손상의 위치를 특정짓는 데 혼동을 준다. 이에 대해 쇼머는 왼쪽 대뇌반구의 초기 손상으로 인한 뇌전증이 수년에 걸쳐 더 건강한 오른쪽 대뇌반구로 퍼져나가 생긴 일이라고 가정했다. 쇼머의 TLE 환자 중에 질만이 뇌 손상이 불확실한 것은 아니며, 그가 맡은 환자의 3분의 1은 발작이 시작되는 부위에 대해 아직 어느 쪽 대뇌반구인지도 결정하지 못하고 있다.

가장 경미한 TLE를 가지고 있는 찰리는 흉터의 위치에 대해 의문점이 가장 많은 사례다. 그의 뇌전증 효과는 측두엽, 두정엽, 후두엽이 연관됐다는 것을 보여준다. 몽롱상태와 기억의 문제는 기억과 의식을 담당하는 측두 영역에서 비롯한 것이다. 신체적인 불쾌감과 복통과 두통 같은 '괴상한 기분'은 두정엽이 관련되었다는 의미다. 그가 본 번쩍이는 불빛은 후두측두 영역의 문제다. 그가 오른손잡이라는 점은 건강한 왼쪽 대뇌반구를 암시하고, 유년기 뇌염의 손상이 오른쪽 대뇌반구에 있다는 사실을 추론할 수 있다. 찰리의 얼굴 왼쪽이 약간 찌그러진 점과 와딩턴이 발견했던 특이하게 빠른 반사가 몸의 왼쪽에서 일어난 점 등도 오른쪽 대뇌반구 손상을 보여준다. 흉터가 오른쪽에 있다는 다른 증거로는, 찰리가 발작하는 동안 가장 자주 영향을 받은 기능이 오른쪽 대뇌반구에 의해 제어되는 공간 지각력인 반면, 왼쪽 대뇌반구의 제어를 받는 언어 기능은 전혀 영향을 받지 않았다는 사실이다. 하지만 EEG 결과는 이 사실과 일치하지 않는다. 어떤 것은 오른쪽 대뇌반구에 약간의 이상이 보이는 반면, 다른 것은 주로 왼쪽에 이상 소견이 보였던 것이다. 모두 양쪽 측두변연계와 측두전두 영역에 넓게 퍼져 있었다. 에드워즈는 찰리가 발작하는 동안 뇌전증 활동은 어느 곳에서 시작하든지 빠르게 반대편으로 퍼진다고 생각했다.

발작 증상의 여섯 가지 범주

발작은 일반적인 정신 상태로 구성되어 있으므로 어떠한 형태로든지 나타날 수 있다. 폴 스피어스에 따르면, TLE 발작은 "인간의 존재와 주변 환경 인식의 모든 종류를 망라한다". 발작 증상의 다양성을 구분하기 위해 스피어스는 이들을 여섯 가지 범주로 나누었다. 환각, 감정, 자율신경(의식적으로 조절할 수 없는 신체의 기능을 의미한다), 운동, 감각, 경험이 그것이다. 환각 발작hallucinatory seizure은 맛이나 냄새, 소리, 색이나 빛, 위협적인 모습을 보는 것으로 구성된다. 감정 발작emotional seizure은 인간 감정 상태의 범위를 따라 공황이나 분노의 엄습, 눈물이나 웃음이 터지는 것, 오르가슴을 포함한다. 불규칙한 심장 박동이나 호흡곤란, 어지러움, 얼굴의 화끈거림, 구토 같은 신체적 상태는 자율신경 발작autonomic seizure에 속한다. 입맛을 다시듯 입을 쩝쩝거리는 것, 공공장소에서 옷을 벗는 것, 멍하게 응시하기, 경련하기, 순간적인 마비 등은 운동 발작motor seizure의 요소로,

한쪽 몸의 위나 아래로 퍼지는 떨림으로 구성된 '잭슨 발작Jacksonian seizure'(프로이트의 스승인 샤르코Charcot에 의해 잭슨을 기리기 위해 명명되었다)도 이에 해당한다. 감각 발작sensory seizure은 통증을 느끼거나 일시적으로 통증을 느끼지 못하는 증상, 그리고 감각이상paresthesia을 포함한다. 감각이상이란 발작하는 동안 환자들이 느끼는 '핀이나 바늘로 찌르는 느낌'이나, '벌레가 피부 밑을 기어 다니는 느낌(의주감)'♦, 사지가 사라진 느낌, 물체가 축소하거나 커지는 느낌(변시증metamorphopsia)인 '이상한 나라의 앨리스' 증상, 또는 사람이 구멍으로 떨어지는 느낌, 그리고 심지어 팔이 얼음물에 들어가는 느낌에 대한 기억 같은 괴상한 감각을 말한다. 마지막 종류인 경험 발작experiential seizure은 몽롱상태, 회상, 무아지경, 자동증, 기시감과 미시감, 시간이 멈추거나 빨리 가버리는 느낌, 존재의 환상, 도플갱어 또는 '분신'(도스토옙스키가 《분신》이라는 단편소설에서 묘사한 것 같은), 귀신 들린 느낌, 마음이 신체에서 분리되는 것처럼 보이는 정신신체해리 mind-body dissociation, 다른 말로 이인증depersonalization 같은 의식의 변화를 포함한다.

TLE 발작은 인간 행동만큼 매우 다양하지만, 각 개인의 발작은 시간이 지나도 동일하게 유지되는 경향이 있다. 킨스번은 "전체적으로 인구 면에서 보면, 발작은 인간의 기억과 경험의 다양함을 모

♦ 의주감蟻走感, formication은 라틴어로 개미를 뜻하는 formica에서 유래했다. 의주감은 TLE뿐만 아니라 조현병, 파킨슨병, 대상포진, 폐경 전후, 당뇨병성 신경병증 등 여러 이유로 나타날 수 있는 증상이다.

두 건드립니다. 하지만 한 *개인*에게는 발작이 매우 특이한 형태로 나타납니다. 누군가에게 측두엽에 관계된 발작이 일어날 때 계속해서 나타나는 발작의 레퍼토리에는 제한이 있습니다. 그는 노래나 교회 종소리를 들을 수 있겠죠. 그렇다고 다음번에 발작을 겪을 때 봉고 소리를 듣는 것은 아닙니다. 그는 그 바보 같은 교회 종소리를 계속 듣고 있는 것입니다"라고 말한다. 발작의 상태는 "매우 제한적이고 조잡하며 원시적입니다. 마치 인식의 경련 같은 것이죠. 이는 감정이나 냄새 또는 인상에 따라 흐르는, 판에 박힌 반복입니다. 발작은 언제나 일반적인 경험보다 더 간단하고 더 제한적이며 더 경직되어 있거든요".

고흐의 전형적인 발작은 위장장애, 공황 상태에 빠진 분노, 고갱을 스토킹한다거나 대중 앞에서 옷을 벗는 등의 복잡한 자동증과 관련이 있다. 그리고 그가 세상을 떠나기 1년 전 생레미에서 그린 〈별이 빛나는 밤〉의 천체의 소용돌이는 아마도 환각적인 빛의 섬광을 겪었을 것이라 추측하게 해준다.

잭슨의 아내인 엘리자베스도 찰리처럼 자주 몽롱상태를 경험했다. 도스토옙스키는 황홀감을 느꼈으며 심리적인 통증을 느꼈다. 글로리아는 '똥을 태운 냄새'나 그 비슷하게 불쾌한 냄새를 맡았고 자동증을 가지고 있었다. 펜필드의 환자인 실베르는 자기 자신이 회전하고 있다고 느꼈고, 이름을 부르는 소리를 들었다. 질은 감각 환각이 있었고, 자신이 합리화할 수도 없고 멈출 수도 없는 공포를 느꼈다. 이처럼 각 개인의 발작 레퍼토리가 제한적인 이유는 뇌전증의 방전이 뇌를 통해 이동하는 방식 때문이라고 보인다. 비정상적인 발화는 한 개인에게 발작이 일어날 때마다 몇 개의 똑같은 신경 통로를 따라 이동하는 것으로 여겨진다. 많은 TLE 발작은 측두엽에 의해 제어되지 않는 여러 뇌 기능에도 영향을 끼치는데, 그 이유는 발화가 뇌의 몇몇 영역을 가로질러 일어나기 때문이다.

환자의 마음에서, 발작의 경험은 정상적으로 일어나는 동일한 경험과 차이점이 없다. 예를 들어, 찰리는 발작하는 동안 길을 잃었다고 느꼈는데 그의 혼동은 진짜였다. 그 지역에 익숙했지만 그는 집으로 오는 길을 찾을 수 없었다. 질에게 공황발작이 생길 때 공황의 감정은 진짜였다. 발작 때의 공황과 노상강도를 당할 때 같은 정상적인 공황과의 유일한 차이점은 맥락일 뿐이다. 발작에서는 공포를 유발하는 노상강도는 없다. 이와 비슷하게, 1981년 캐나다에서 발표된 TLE를 앓는 여성 열두 명에 대한 연구에 따르면, 발작에서의 오르가슴 경험과 일반적인 오르가슴은 실제로 같다. 유일한 차이는 발작으로 발생한 오르가슴은 정상적인 흥분과는 달리, 예고 없이 찾아오며 의도하지 않았다는 것뿐이다. 이 점을 제외하고는 연구에 참여한 환자 열두 명은 발작으로 발생한 오르가슴을 일상적인 용어로 묘사했다. 한 비서는 발작하는 동안 그녀가 자위할 때 느끼는 것과 똑같은 '좋은 기분'을 느꼈고, 발작 후에는 두려움을 느꼈으며, '머리가 두 개 달린 야수와 코끼리, 코뿔소, 하마가 원을 그리면서 돌지만 아무 소리가 나지 않는' 장면을 보았다고 말했다. 그리고 이 발작은 오른쪽 측두엽절제술을 받은 뒤 사라졌다. 다른 한 여성은 생리 전 며칠간 발작으로 인한 오르가슴이 수차례 발생했다. 그녀는 심리적인 불편함과 '점점 몸이 따뜻해지는 감각'을 느꼈다. 마음은 흐릿해지고 몸은 축 늘어졌다. 그녀는 오르가슴을 느꼈고, 그다음에는 '엄청나게 고요한 감정'을 느꼈으며, 그동안 '증가한 질 분비'가 있었다. 세 번째 환자는 간호조무사였는데, 흥분이 가득한 발작은 생리 전 기간과 야간에 발생한다고 말했다. 그녀는 성적으로 흥분했다고 느꼈으며, 빠르고 깊은 호흡을 했고, 잠시 의식을 잃었다. 그녀는 "그런 다음, 내 팬티로 돌아오는 거죠"라고 설명했다. 어떤 남자 환자는 이 연구에 포함되지는 않았지만 옷핀을 볼 때마다 발작에 의한 오르가슴이 있었다고 보고했다. 그는 의사에게 시간이 지나면서 단지 핀을 상상만 해도 그러한 발작이 일어날 수 있게 됐다고 말했다.

하지만 전문가들 사이에는 정상 상태와, 발작에서 비정상적으로 일어나는 똑같은 상태의 차이점에 관해 논란이 있다. 보스턴의 베스 이스라엘 병원에서 측두엽절제술을 시행하는 동안 EEG를 판독하는 뇌파 전문의인 쇼머는 그 구별점이 명확하다고 보는 의사 중 한 명이다. 1946년 시카고에서 태어나 몬트리올 신경과학 연구소에서 수련한 쇼머는 동화 속에 나오는 빵집 주인처럼 둥글고 밝은 피부색의 얼굴에, 사발 모양으로 깎은 갈색 머리카락을 하고 부드럽고 삼촌처럼 친근한 분위기를 풍기는 사람이다. 얼마 전 찰스 강이 바라다보이는 깨끗한 진료실의 책상에 앉아서, 쇼머는 발작 상태의 EEG와 정상 상태의 EEG 사이에는 눈에 보이는 차이점이 있다고 말해주었다.

쇼머는 발작이 일어나는 동안 전극이 뇌에 충분히 깊게 위치할 수 있다면, 발작 시의 EEG는 정상 EEG와 다르게 보일 것이라고 말했다. 발작성 활동은 특징적으로 일련의 톱니 모양 극파jagged spike를 보이는데, 뇌파 검사자들은 이 뉴런들이 정상적인 상태보다 좀 더 동기화돼서 방전되므로 이를 초동기 방전이라고 부른다. "발작의 일부로 내 환자 중 한 명이 이렇게 동작한다고 합시다." 쇼머는 몸을 뒤틀고 오른팔을 들어 마치 보이지 않는 깃발을 들어 올리듯 자세를 취하며 말했다. 이런 동작이 일어날 때 EEG에는 발작성 활동이 나타난다. 그러나 그녀가 같은 동작을 의도적으로 하려고 하면 EEG에 발작성 활동은 나타나지 않을 것이다. 간헐적으로 발생하는 발작성 활동이든, 그 바탕에 깔린 극파 초점(발작이 일어나는 지점에 비정상적인 전기적 활동이 있다는 것을 알려주는 지속적인 EEG 형태)이든, 모두 사람이 조절할 수 있는 것은 아니다. 발작을 발작으로 만드는 것은 수수께끼의 세 번째 신경 발화의 촉발 인자인 비정상 유발abnormal trigger이라 할 수 있다. 누구나 다 발작 상태를 흉내 낼 수는 있지만, TLE 환자조차도 그 바탕에 깔린 뇌의 활동을 흉내 낼 수는 없다. 아무도 의도적으로 비정상적인 EEG를 만들 수는 없다는 말이다.

이것을 일반화해서, 쇼머는 정상 현상과 발작 현상의 차이를 개인이 제어할 수 있는 정도에 따른 것이라고 보았다. 어린 시절의 어느 한순간을 기억하는 것은 의지에 의한 행동이다. 발작하는 동안 그 순간을 기억하는 것은 의도하지 않은 행동이다. 뇌의 이상 현상이 의지와 타협하는 동안, 뇌(개인이 아니다)는 일시적으로만 조절 상태에 있다. 귀스타브 플로베르Gustave Flaubert가 TLE로 진단을 받기 13년 전인 1857년에 썼듯이, 발작은 "내 불쌍한 뇌에 온갖 아이디어와 그림이 소용돌이치다가, 내 의식이, 내 것이었던 내가 마치 폭풍 속의 배처럼 침몰한다"라는 묘사처럼 발생한다. 쇼머는 발작하는 동안 환자의 뇌에서 일어나는 일에 대해 "당사자는 중요한 영향력을 가지고 있지 않습니다. 일반적인 사람은 아무 때나 뇌의 사용 가능한 통로를 제어할 수 있지만, 발작하는 동안 뇌전증 환자는 그럴 수 없습니다"라고 설명한다. 그 결과 발작하는 동안 뇌전증 환자가 하는 행동은 고흐가 어설프게 자해하거나 글로리아가 자극도 없이 분노를 터트리는 것처럼 대개 갑작스럽고, 무계획적이며, 방향성이 없다. 에드워즈는 "만일 발작 행동이 폭력적이라면, 은행을 턴다거나 누군가의 지갑을 훔칠 목적으로 뒤에 칼을 들이댄다거나 하는 목적의식이 있는 행동보다는 닥치는 대로 물건을 던지거나 도리깨질을 합니다. 발작하는 동안 그 사람은 소리를 지르거나, 침을 뱉거나, 긁어댈 수는 있지만 은행 강도를 하거나 차에 침입할 것 같지는 않은 것이죠. 할머니를 성폭행하거나 자동차용 휠캡을 훔치는 사람들은 일반적으로 신경과적 환자가 아닙니다. 의도적인 행동이기 때문입니다"라고 언급했다.

쇼머가 TLE 상태와 정상 상태의 차이에 관해 확실하게 이야기했지만, EEG의 한계 때문에 그 사실을 보여줄 물리적인 증거를 짚어주지는 못한다. TLE를 유발하는 손상은 대개 일반적인 EEG로 접근하기에는 뇌 안의 너무 깊숙한 곳에 위치하기 때문이다. 통상적으로 사용되는 전극은 두피에 붙이기 때문에 표면 전극이라고 부르는데, 주로 뇌의 바깥 영역으로부터 오는 정보를 받아들인다. 그래서 측두변연계 영역의 발작 초점을 찾기 위해서 표면 전극을 사용하는 것은 마치 옆방에서 내 방과 먼 벽 쪽에서 대화하고 있는데 이쪽 벽에 귀를 대고 들으려는 것과 비슷하다.

병원은 TLE가 의심되는 경우 아직 일반적인 EEG에 의존하지만 쇼머의 병원 같은 몇 군데는 외과 의사가 뇌의 안쪽에 붙이는 특별한 '심부 전극'을 사용하고 있다. 그런데도 환자가 발작하는 도중에도 종종 측두엽의 이상이 전혀 보이지 않는 경우가 있다. EEG는 뇌에서 무슨 일이 일어나고 있는지 총체적인 느낌만 보여준다. 즉, 발작 활동이 일어나는 상대적으로 몇 안 되는 세포를 정확하게 짚어내기보다는 수십만 개의 뉴런의 전체적인 활동을 보여주는 것이다. 첫 번째 EEG는 대개 이상이 없다. 어떤 종류의 뇌전증이든 일단 뇌전증이 있을 것으로 보이는 환자에게 시행한 첫 번째 EEG의 29~50%만 이상을 보이고, 그다음에 시행한 EEG에서도 59~92%에서 이상이 보인다. 의사들은 TLE가 있는지 없는지에 대한 절대적인 지표 검사는 없다는 점에 동의한다. EEG가 양성이면 대개 뇌전증을 의미하지만, EEG가 음성이라고 해서 뇌전증의 가능성을 배제할 수는 없는 것이다. 실제로, 반복되는 발작 상태와 항경련제에 잘 반응하는 양상으로 미루어 TLE가 강력하게 의심되는 환자에게서도 EEG가 정상으로 나오는 경우가 많다. 쇼머의 TLE 환자 세 명 중의 한 명꼴로 이런 분류에 속한다.

인간의 마음에서 기원한 것

쇼머 같은 몇몇 전문가는 발작인 상태와 발작이 아닌 상태는 차이가 있다는 가정에 확신을 가지고 있는 반면, 다른 사람들은 그 정도로 확신하지는 않는다. 그중 한 명은 질의 상담사이자 쇼머의 동료인 신경심리학자인 스피어스다. 1987년에 보스턴에서 대학원생과 의대생에게 TLE에 대한 강의를 하면서 스피어스는 대부분의 일반인들도 발작 같은 경험과, 발작에서는 아주 흔한 초자연적인 상태를 겪은 적이 있다는 점을 지적했다. 예를 들어 유체이탈이나, 공간과 시간에 대한 혼미, 실체가 없는 소리를 듣는 것은 대체로 흔한 경험이다. 스피어스에 따르면, 이러한 경험이 실제의 발작이 아니라면 이는 TLE가 생기는 영역과 동일한 곳에 생긴 비정상적인 전기적 활동이 있음을 반영하는 것이다. 스피어스는 강의를 듣는 청중에게 "이 중 얼마나 많은 사람이 기시감을 경험해보았습니까?"라고 물어보았다. 참석한 40여 명 중에 반 이상이 손을 들어 올렸다. 몬트리올

태생이며 서른여섯 살의 자신감이 넘치는 이 의사는 "환영합니다, 친애하는 동료 뇌전증 환자 여러분"이라고 말하며 금발 머리를 쓸어 올렸다. 기시감은 일반인에게 흔한 현상이다. 이와 유사하게, 뇌전증 환자가 아닌 수많은 일반 사람들도 누가 있는 듯한 느낌을 경험한다. 스피어스는 "집에 돌아왔어요. 그런 다음 TV가 켜진 방에서 있다가 갑작스레 누군가 당신을 지켜보고 있다는 괴상한 느낌을 가지게 됩니다"라고 하며 기대감에 찬 눈빛으로 청중을 둘러보았다. "우리 중 많은 사람이 그런 경험을 해보았습니다. 그게 바로 발작과 비슷한 모습인데, 실제 발작은 더 강렬하고 오래갈 뿐입니다." 스피어스가 실제로 경험한 또 다른 발작 상태는 높은 음정의 소리가 들린 것이다. "이제 우리는 모두 이러한 경험을 했습니다. 이것이 우리 모두 발작을 한다는 의미일까요?" 청중 몇몇이 고개를 흔들었다. 하지만 스피어스는 "아마도 맞을 것입니다. 아마도 우리는 모두 발작을 하고 있을 것입니다"라며 부정했다. "그렇지만 그게 전부 발작장애를 가지고 있다는 의미는 아닙니다." 뇌전증 혹은 발작장애는 한두 번 우연히 생기는 것이 아니라 반복되는 발작이다. 수많은 사람이 이렇게 가끔 생기는 발작 상태를 경험할 수 있지만, 발작을 가진 사람만이 이러한 경험을 날마다, 혹은 몇 주마다 규칙적으로 경험한다.

드물게 일어나긴 하지만 발작 상태는 설명할 필요가 있다. 일반 사람이 이따금 어떤 형상을 보거나, 색깔의 번쩍임을 보거나, 실체가 없는 목소리를 듣는다면, 그는 아마도 "나는 외계인을 보았어요", "나는 다른 세상에 다녀왔어요", 또는 "신이 나에게 말을 했어요"라며 그 현상에 관해 설명하려 할 것이다. 이와 비슷하게 질은 발작하는 동안에 본 아름다운 빛이나 색깔을 다른 세상에서 온 존재로 보았고, 글로리아는 발작 동안에 들었던 노크 소리와 목소리가 말하는 "너는 죽어야 해"라는 소리를 현실이라고 믿었다. 실제로 소수의 환자들은 의사가 처방해주는 항경련제의 복용을 거절한다. 그 이유는 약이 신비하고 비현실적인 경험을 빼앗아가기 때문이다. 하지만 질과 같은 대부분의 환자는 선택권을 준다면, 멋진 환각적 발작은 계속 가지고 싶어 하면서도 끔찍한 공황발작을 피하기 위해, 기쁘게 발작을 포기할 것이다.

맨해튼에 사는 한 베스트셀러 작가는 반복적인 유체이탈 체험을 묘사했는데 그의 의사는 이를 TLE의 증상으로 보았다. 1986년에 콜롬비아 대학의 정신과 교수이자 뉴욕주 정신과학 연구소의 연구 책임자인 도널드 클라인Donald Klein은 휘틀리 스트리버Whitley Strieber를 검사하고 지난 몇 달간의 변경된 의식 상태 기간에 대해 설명을 듣고는, 스트리버에게 TLE를 앓는 것 같다고 말해주었다. 생생한 냄새, 시각과 청각적인 환각, 강렬한 감정, 빠른 심장 박동, 미시감, 벌레가 몸을 기어 다니는 느낌, 떠오르거나 낙하하는 느낌, 빙빙 도는 느낌, 이인증, 부분적인 기억상실 같은 스트리버의 경험들 모두 측두변연계 영역의 안쪽과 주변의 기능을 반영하는 것이었다.

1985년 크리스마스가 지난 어느 날 밤, 스트리버와 아내 앤, 열 살 된 아들은 센트럴 뉴욕의 숲속에 외딴 통나무집에서 가족 휴가를 보내고 있었다. 스트리버가 최면 상태에서 회상한 바에 따르면, 그는 그날 밤 어느 순간에 어떤 실마리와 함께 깨어났다고 한다. 옆에서 앤은 방해받지 않고 잠을 잤지만, 스트리버는 무언가가 잘못됐다는 것을 느꼈다.

그는 수많은 사람들이 아랫방에서 뛰어다닐 때 들릴 법한 '쉭하는', 또는 '소용돌이치는' 이상한 소리를 들었다. "그 소리는 말이 안 되는 것이었어요." 스트리버는 침대에서 일어나 앉았다가 다시 뒤로 누웠다. 그러는 내내 스트리버는 자신의 행동을 자기가 조절하지 않는다는 느낌이 들었다. 침실 문이 움직이는 것처럼 보였다. 그는 다시 일어나 앉았고, '매우 뒤숭숭하군. 내 심장이 세게 뛰는데… 문이 어떻게 움직였을까?'라고 느꼈다. 바로 그 순간, 문 뒤에서 1미터 크기의 형상이 나타났다. 그것은 테가 넓은 모자를 쓰고 있었고 목부터 무릎까지 갑옷을 입고 있었다. 잠시 뒤, 그 형상이 '방 안으로 달려 들어오자', 비로소 스트리버는 '두 개의 어두운 눈구멍과 검게 아래로 내려간 입의 경계를' 알아볼 수 있었다. 그는 옴짝달싹 못하고 '알 수 없는 시간' 동안 '암흑'에 빠진 것 같은 경험을 했다.

그런 다음, 그 형상은 여러 개로 분신을 만든 것처럼 보였다. 스트리버는 길게 유체이탈을 경험했는데, 그 시간 동안 자기를 완벽하게 조종하는 여러 명의 외계인이 그를 침실에서 내보내는 것 같은 기분을 느꼈다. 그는 매번 이동할 때마다 공포에 빠졌다. "두려움은 그들이 나를 만질 때마다 일어났습니다. 그 손은 부드럽고 진정하게 만드는 듯했지만, 그들이 너무 많아서 벌레들의 행렬이 나를 지나가는 듯한 느낌이 들었어요." 외계인이 스트리버를 데려간 곳 중 하나는 '숲속의 움푹한 곳'이었는데, 거기서 그는 벌거벗고 앉아 추위에 떨었다. 왼편에는 '회갈색의 전신 수트'를 입은 작은 생물이 앉아 있었고, 오른편에는 '움직일 때 잠깐 번쩍이며 보이고 그 외에는 눈에 보이지 않는' 푸른색 로브를 입은 생명체가 앉아 있었다.

그러다가 갑자기 스트리버는 자신이 어느 장소를 향해 '오른쪽으로 나선형으로 비행하면서' 하늘에 있는 어떤 장소로 옮겨지는 것을 느꼈고, 그곳에서 숲을 내려다볼 수 있었다. 그는 자신이 작고 둥근 천장이 있는 방에 앉아 있는 것을 발견했는데, 몇 명의 작은 생명체가 그를 안고 있었고 다른 녀석들은 빠르게 방 주위를 돌고 있었다. 그는 "완전히 극심한 공포에 빠져버렸죠. 그 공포는 너무 강렬해서 내 인격을 통째로 증발시키는 것처럼 보였습니다"라고 설명했다. 그는 '완전히 낯선 이런 생명체의 손에서 속수무책'이라고 느꼈다. 동시에 그는 '꽤 아름다운… 그러나 거의 기억할 수 없는' 것을 감지했다. 그의 시각은 흐릿해졌고, 미시감처럼 주변이 불쾌하게 낯설게 보였다. "나는 자신에게서 내가 분리되는 정신 상태에 있었습니다. … 내가 원초적인 생물학적인 반응만 하도록 축소되었죠. 마치 내 전두엽이 나머지 내 몸의 체계에서 분리되는 것과 같았고, 남아 있는 부분은 원시적인 생명체일 뿐이었습니다. 사실상 원숭이였죠. … 내 마음은 감옥이 되었던 것입니다."

외계인 형상 중의 하나가 바늘이 들어 있는 작은 상자를 만들었는데 "내가 간신히 힐끔 보았을 때 그것은 반짝거리고 있었습니다". 스트리버는 "공포로 미칠 것 같았어요. 나는 그들에게 불평했습니다. '여긴 더럽다'고요. 그렇게 말한 것으로 기억합니다"라고 말했다. 동시에 엄청난 슬픔이 그를 덮쳤고, 스트리버는 곧 비명을 지르기 시작했다.

한 생명체가 '전자식' 음성으로 비명을 멈추도록 어떻게 도와줄지 물었고, 스트리버는 "그럼 내가 당신의 냄새를 맡게 해주세요"라고 자신이 반응한 것에 놀랐다. 그는 자기가 이런 제안을 했다는 사실에 부끄러움을 느꼈다. 하지만 옆의 또 다른 생명체가 그 요청을 들어주는 것처럼 보였고, 냄새를 맡도록 그의 손을 스트리버 쪽으로 내밀었다. 그 냄새는 "모든 기억에서 가장 확실한 면으로 남아 있는데", 그것이 너무 '현실' 같았기 때문이다. 그 냄새는 '유기적인 시큼한 맛'이 났으며 계피가 '과하게' 들어 있는 판지 같았다.

그 생명체들이 스트리버의 머리를 수술하는 동안 '쾅 하는 소리와 번쩍이는 빛'이 일어났다. 그는 흐느끼고 싶어졌으며 '조그마한 팔들의 요람 안으로' 가라앉고 싶어졌다. 그는 떨어지는 느낌이 들었고 이를 멈추려고 노력했다. 그다음 그는 다른 방으로 옮겨졌다. 스트리버는 "다른 방으로 옮겨진 것이 아니라, 단순히 지금의 내 주변을 다르게 보았을 수도 있어요"라고 말했다. 그는 작은 극장 안에 있는 수술대 위에 있었고, 작은 생명체들이 벤치에 앉아 둘러싸고는 그를 바라보고 있었다. 두 형체가 그의 두 다리를 잡아당겼고, 30센티미터가 넘는 바늘로 뒤덮인, 삼각형의 기계장치를 그의 직장直腸 안으로 집어넣었다. "그 장치는 본디 자체가 생명체인 것처럼 내 안을 헤엄치는 듯했죠." 그는 강간당하는 것처럼 느꼈다. "처음으로 나는 분노를 느꼈습니다." 그 장치를 빼고 나자, 한 작은 생명체가 스트리버의 오른팔을 절개했는데 아무 고통이 없었다.

다음 날 아침, 스트리버는 '눈에 띄게 불편한 느낌'을 감지했다.

그 후 여러 주 동안 그는 예민했으며 우울했다. 아내는 스트리버에게 생긴 '극적인 성격 변화'를 알아챘다. 그는 요구가 많아지고 많이 비난했다. 전에는 한 번도 보지 못한 모습이었다. 몇 달 후 그는 코 뒤쪽에 놓는 '비인두' 전극으로 EEG를 검사했다. 신경외과 의사인 하워드 블룸Howard Blume에 따르면 'EEG 이상을 감지하기에 별로 효과적이지 않은' 검사였다. 한 번의 검사에서는 아무 이상도 보이지 않았다. 게다가 스트리버는 검사하는 동안 아무 증상도 경험하지 않았는데, 그러면 이 질환의 징후를 발견할 가능성은 더 낮아진다. 그 뒤 스트리버가 1년 뒤에 시행한 일반적인 전극을 이용한 EEG도, CT 스캔도 모두 정상이었다. 그러나 MRI 뇌스캔에서는 왼쪽 측두두정 영역에 TLE를 일으킬 가능성이 있는 흉터를 의미하는 '강한 신호를 보이는 몇 개의 반점성 초점'이 보였다.

클라인이 진단 과정의 다음 단계는 병원에서 몇 주간 머물며 측두변연계의 방전을 발견할 수 있도록 심부 전극을 삽입하고 장기간 EEG를 하는 것이라고 알려주자, 스트리버는 반대했다. 그 무렵, 그는 이미 도스토옙스키의 소설을 포함해서 TLE에 대하여 꽤 많이 읽었고, 이 증상과 함께 살아갈 수 있겠다고 결정했다. TLE는 그가 그것을 가지고 있어도 지금까지는 그의 인생을 심하게 망가뜨리지 않았다. 그는 기억이 건너뛰는 것과 의식이 변경되는 일에도 적응할 수 있었다. 그리고 스트리버는 새로운 경험을 그의 작품에 포함하는 것까지도 할 수 있었다.

이미 성공한 소설가였던 스트리버는 《캣매직Catmagic》, 《허기 The Hunger》, 《울펀The Wolfen》을 포함한 공포 소설이 전문이었다. 그는 장르를 바꿔 '외계 생명체 방문과 납치에 대한 실화 해석'이라고 이름 붙인 작품을 쓰기 시작했다. 그 결과물인《교감: 진짜 이야기 Communion: A True Story》(1987)는 출판사가 선인세로 100만 달러를 지급했고, 출판되자 베스트셀러가 되었으며, 영화화되기도 했다. 몇몇 비평가들이 스트리버의 '실화'를 허구라고 일축했지만, 스트리버의 외계인 생명체는 그들이 진짜로 발작에 의해서 생겼다면 의학적인 면에서는 진실이다. 그 외계인들은 스트리버의 뇌 속의 비정상적인 전기적 활동이 정신적으로 표현된 것이라고 할 수도 있기 때문이다.

스피어스와 TLE 전문가들은 현대인이 신비주의, UFO, 외계인, 유체이탈, 초능력, 사후 세계, 환생 같은 초자연적인 현상에 열광하는 것은 일반인 사이에 존재하는 가볍지만 진단되지 않은 TLE 때문이 아닌가 의심한다. 스트리버의 첫 번째 책이 나온 뒤, 2,000명도 넘는 독자가 자기들도 아주 비슷한 경험을 했노라며 그 경험을 묘사하는 감사 편지를 보냈고, 이는 스트리버가 외계인에 관해 쓴 두 번째 책인《변신Transformation》(1988)을 출판하는 계기가 되었다. 출판 홍보 투어를 잠시 쉬는 틈에, 사근사근한 중년의 텍사스 토박이인 스트리버는 그린위치 마을의 아파트에 앉아서 이렇게 말했다. "어느 날은 50통이 넘는 편지를 받았습니다. 그리고 그들은 모두 같은 것 [내가 경험한 것]을 묘사하고 있었죠. 이 일은 아주 널리 퍼져 있습니다. 독자의 4분의 3 정도는 그것이 외계인이나 UFO라고 절대적으로 확신하고 있더군요. 글쎄요, UFO는 TV 같은 것 때문에 이 문화가 생각해낸 것이라고 할 수 있죠. 하지만 그것들은 UFO가 아닙니다, 그리고 그 방문자들이 진짜 육체적인 존재라는 증거가 없습니다. 그들이 진짜 무엇인지 도무지 모르겠어요. 내가 관심이 있는 것은 인식 능력으로 내가 행하는 무엇이지, 그들의 기원이 아닙니다."
실제로 "나는 나에게 일어난 일에 대해 설명하는 것을 싫어하거든요". 그럼에도 불구하고 스트리버는 "그것은 정말 중요합니다. 그리고 근본적으로 인간적인 경험입니다. 즉, 생각의 대부분을 구현하는 이성의 영향을 받지 않은, 그 마음의 단계에서 나온 인식이라고 할 수 있습니다. 그것은 기억의 한 종류이고 인식의 한 형식이며, 의식의 작동 원리이자, 마음이 설명을 붙여놓은 어떤 불가해한 것입니다. 아마도 사람들이 오래된 신과 신화, 천사와 부활, 오늘날의 UFO까지도 믿게 만드는 것과 똑같은 것입니다"라고 덧붙였다. 그리고 스트리버는 "그것은 아마도 인간의 마음에서 기원했을 것입니다"라고 결론지었다.

관절염은 볼 수 있어도 TLE는 볼 수 없어요

───────────

스트리버와 같은 시대를 산 보스턴 출신의 한 여성도 비슷한 경험을 했는데, 그녀는 TLE로 진단을 받기 전까지 자신이 악마에 사로잡힌 증거라고 해석했다. 합주단의 바이올린 주자이자 대학교수의 아내이며 세 아이의 엄마인 매리 가스Mary Garth는 20년이 넘도록 정기적으로 찾아오는 복잡한 시각적 환각과 성적인 느낌, 자신으로부터 단절되는 느낌 같은 오래 진행하는 자동증을 겪고 있었다. 이러한 상태가 뇌전증일 수 있다는 사실을 모른 채, 매리는 그 상태를 일기의 소재로 다뤘다.

그녀는 어떤 발작에 대해 "나는 육체적, 감정적으로 감각이 없고, 스트레스가 없는 로봇이 된 것처럼 느낀다. 내가 생명에 속한 것이 아니기 때문이다"라고 썼다. "이상하게도 불사의 존재가 된 것처럼 느껴진다. 나는 다른 차원에 속했는데, 그 차원은 뭐라 정의를 내릴 수 없었으므로 설명도 불가능하다." 다른 발작에서 그녀는 악마가 나타났다고 느꼈으며 극도의 분노를 느꼈다. 그녀는 주변의 물건을 붙잡아 사람이나 벽에 집어 던져서 집과 친구 집의 거실을 망가뜨렸다. 혼자 있을 때면 면도날과 칼, 깨진 유리로 팔과 다리, 등을 그었다. 그러면서도 고통은 전혀 느끼지 않았다. 몇 번은 이런 느낌으로 인해 매춘부처럼 옷을 입고는 보스턴 거리를 배회했고, '가장 추하고 더러운 남자'와 성관계를 했다. 한번은 보스턴 사람들이 조깅도 하고 마약 밀매자들도 자주 찾는 펜웨이 공원 풀밭에서 그녀가 부랑자와 성관계를 하고 있는 것을 경찰이 발견했다. 매리가 부랑자에게 그녀의 목에 칼을 대고 자신과 성관계를 하게끔 시킨 것이었다. 그녀는 이러한 행동을 일으키게 한 발작의 느낌에 대해 "나는 무시무시하고 유혹적인 힘에 의해 뒷마당으로 끌려간다"라고 일기에 썼다. "밤은 깜깜하다. 달은 이상하게도 사람을 사로잡는 느낌이다. 나무는 회색 지평선에 음침한 윤곽을 드리우고 있다. 산들바람은 내 벌거벗은 몸에 키스한다. 내가 사탄과 성적으로 접촉하고 있다고 느낀다. 나는 강렬하고 최면을 거는 듯한 사탄의 매혹을 경험한다. 하지만 거기에는 어떠한 고통도 없다." 그녀가 발작하는 동안 통증 감각이 사라진 것은 고흐가 귀 일부분을 잘라낼 수 있었던 것과 마찬가지 증상 때문이다.

매리의 발작은 10대 후반에 시작됐는데, 마흔 살이 될 때까지 진단되지 않았다. 그사이에 그녀는 다른 TLE 환자처럼 정신병으로 오진되었다. 스피어스는 "오늘날 대부분의 병원에서 극심한 공포를 느끼고 성모마리아가 피를 흘리는 환상을 보며 죽은 쥐 냄새가 난다고 호소하면서 응급실에 나타나면, 이는 모두 발작의 증상이지만 뇌전증으로 진단받지는 못할 것입니다. 조현병으로 분류되어 곧바로 정신과로 보내질 테니까요"라고 설명했다. 조현병은 아주 흔한 정신질환인데, 대략 인구 100명 중에 한 명꼴로 200~300만 명의 미국인이 앓고 있으며, 모든 종류의 뇌전증의 유병률을 합한 만큼이나 많다. 그 증상은 망상, 환각, 괴이하고 지리멸렬한 행동과 생각, 무관심, 무감동, 도피로 나타난다. 스피어스에 따르면 "조현병과 관계된 미친 듯한 행동의 일부는 뇌전증에 의한 것일 수 있다". 그가 회상하기로는 1950년대에 외과 의사들이 조현병 환자에게 뇌에 심부 전극을 삽입하고 검사하는 방법으로 "조현병 환자가 미친 행동을 할 때, 변연계에서 극파와 방전이 나타나는 것"을 발견한 적이 있다. 조현병에 완벽한 치료는 없지만 약으로 몇 가지 증상을 완화할 수 있고, 정신 지지 요법이 도움을 줄 수 있으며, 어떤 조현병 환자는 이유는 알 수 없지만 나중에 좋아지기도 한다.

발작 동안의 비정상적인 EEG는 TLE 환자라는 진단을 명확하게 내리게 한다. 하지만 조현병에는 TLE에 상응할 만큼 반박의 여지가 없는 진단법이 없다. 조현병은 한때 양육의 결과로 생긴 병이라고 여겨졌지만, 요즘은 생리적 원인, 바이러스, 유전적 원인이 있는 것으로 보인다. 뇌 스캔은 조현병 환자의 측두엽에 해부학적 이상이 있음을 보여주고, 부검을 해보면 대개 측두변연계 영역에서 조현병 환자 셋 중 하나는 심한 뇌 이상이 나타난다. 임신 다섯 달째에 독감에 걸린 엄마에게서 태어난 경우 조현병 유병률은 증가한다. 더 나아가 일반 인구와 비교했을 때 혈연 중에 조현병 환자인 친척이 있으면 이 질병은 더 자주 발생한다.

TLE는 흔히 조현병으로 잘못 진단될 뿐 아니라 정동장애mood disorders로도 오진된다. 정신과 의사인 존 쿤리John Kuehnle에 따르면, "만연한 TLE의 오진이 정신과 분야에 암시하는 바는 믿을 수 없을 만큼 엄청나다". 쿤리는 우울증이나 조울증, 조증 같은 정동장애가 있는 환자의 5%가 "실제로 TLE를 가지고 있다"라고 추정했다. 그는 조울병으로 진단받은 한 환자를 떠올렸는데, 그녀는 일반적인 치료법인 리튬을 처방받았으나 호전되지 않았다. 그녀의 종교성('그녀는 날마다 예수와 이야기했고 종교적인 글을 저술했다'), 정기적으로 일어나는 일시적인 기억상실, 기시감에 대해 주목하면서 쿤리는 이 환자에게 EEG 검사를 했다. 결국 거기에서 오른쪽 측두엽에 있는 뇌전증 초점을 발견했다. 그 후 쿤리가 TLE의 치료에 때로 효과가 있는 전기경련 요법과 항경련제인 테그레톨을 병행하여 처방하자 그녀의 상태는 호전되었다. 쿤리는 "만일 TLE를 가진 환자에게 올바른 질문을 던지지 않으면, 흔히 볼 수 있는 과종교적인 조울병처럼 보일 것입니다"라고 설명했다. 또한 이와 유사하게 "소위 조현병 환자라고 불리는 사람의 15~20%가 TLE 환자입니다. 전통적인 정신병 치료제에 전혀 반응하지 않아서 주립 병원의 뒤뜰에 갇혀 있는 '만성 잔류 조현병chronic residual schizophrenia 환자' 중 많은 사람이 이에 해당합니다"라고 덧붙였다. 스피어스에 따르면, 1980년대에 베스 이스라엘 병원에서 본 TLE 환자 중 4분의 1에서 3분의 1에 이르는 사람이 원래는 비뇌전증성 정신질환으로 진단받았다고 한다.

매리 가스는 올바르게 진단받기 전 몇 년 동안 여러 달씩 정신병원에서 보냈는데, 자주 독방에 갇혔고 항우울제와 정신병약을 복용했으며 주기적으로 전기경련 요법♦, 즉 '충격 요법shock treatment'으로 널리 알려진 ECT를 받았다. 그러다 30대 중반에 매사추세츠 종합병원에 입원한 동안 한 의사가 TLE를 의심했고, 스피어스와 베스 이스라엘 병원에 있는 동료들에게 전화를 걸어 매리를 의뢰했다. 스피어스가 매리에게 정신과 검사를 하는 동안 그녀에게 발작이 일어났다. "갑자기 매리에게서 정말 사악한 눈빛이 보였습니다"라고 스피어스는 그날을 회상했다. "그녀는 검사에 사용하던 카드를 내 얼굴에 집어 던졌습니다. 그리고 방을 가로질러 뛰어가 손가방을 집어들고 그것도 나에게 던졌죠." 스피어스는 소리쳐 사람을 불렀고, 곧 간호사들이 도착해서 그녀를 제지하자 매리는 잠잠해진 것처럼 보였다. 스피어스와 간호사들은 '이것이 그녀가 앓는 발작을 얼마나 잘 보여주는 사례인지 이야기하기 위해' 간호 스테이션으로 갔다. 그러는 동안 매리는 병원을 떠나기 위해 복도로 몰래 내려갔고, 그러다가 '성관계를 할 누군가를 발견'했다. 스피어스는 "항경련제인 테그레톨과 딜란틴으로 난생처음 치료했을 때 그녀는 정말로 약에 잘 반응했다. 그녀의 발작은 끝났고, 다시 음악을 하는 직업으로 되돌아갈 수 있었다"라고 기록했다.

TLE 발작은 매리의 경우처럼 증상이 너무 극심해서 정신질환으로 보일 때뿐 아니라, 은밀하고 미묘하거나 때로 정상적인 행동과

♦ 전기경련 요법electroconvulsive therapy은 흔히 환자의 머리에 70~120볼트의 전압을 사용한다. 측두-측두로 양측 뇌에 쓰는 방법과 전두-일측 후두로 한쪽 뇌에 사용하는 방법이 있다.

비슷한 경우에도 알아채기가 어렵다. TLE는 '숨겨진 병'이 될 수 있다. 글로리아는 "당신은 내 관절염을 볼 수 있어요. 내 손은 변형되어 있고 걷는 데도 어려움이 있죠. 그러나 TLE를 볼 수는 없습니다. 내가 언제 발작을 할지, 또는 지금도 발작하고 있는지 알 수 없습니다. 밖에서 사람들과 잘 놀고 있다가 갑자기 펑, 발작할 수도 있어요. 만일 내가 사람들에게 내게 뇌전증이 있다고 말하지 않으면, 그들은 아무것도 모를 것입니다"라고 설명했다.

의도하지 않은 인식

킨스번에 따르면, 진단 과정을 더 혼란스럽게 만드는 것은 뇌전증을 가지고 있지 않은 사람에게도 발작 같은 상태가 흔하다는 사실이다. 그래서 개인의 조절 능력을 잃어버리는 상황이 발작 상태의 뇌전증 환자에서만 나타난다는 쇼머의 생각과는 대조적으로 킨스번은 모든 사람이 자유의지 없이 행동하기도 하고 느낀다고 믿는다. 어느 날 킨스번은 "우리는 전혀 일어나지 않는 일을 계속해서 보고 듣습니다. 기대하고 있기 때문이죠"라고 이야기했다. 킨스번은 이런 경험을 '의도하지 않은 인식'이라고 부르면서 바로 그날 아침에도 의도하지 않은 생각을 했다고 말하며 미소를 지었다. "나는 일어날 때 누군가가 피우는 담배 냄새를 맡았습니다." 그러나 그가 일어나 주변을 돌아보았을 때 아무도 없었다. 그다음 킨스번은 그 냄새의 이유를 깨달았다. "자, 오늘은 화요일이지만, 일요일 아침에는 정원사가 옵니다. 그는 일찍, 조용히 와서 담배를 피우죠. 나는 그가 거기에 있다는 것을 아는데, 그가 피운 담배 연기가 내가 아직 잠든 침실로 올라오는 것을 냄새 맡을 수 있기 때문이에요. 오늘 아침 나는 늦게까지 잠을 잤고, 오늘이 일요일인 것 같았지요. 그런 맥락에서 나는 담배 냄새를 맡았다고 맹세할 수 있습니다. 나는 틀림없이 그 냄새를 맡았어요! 그 정원사가 범죄 혐의로 기소된다면, 그리고 그가 그곳에 있었냐는 질문에 증언해야 한다면 나는 그가 틀림없이 있었다고 말하겠지요. 내가 그의 담배 냄새를 맡았기 때문입니다! 거기에는 이런 일을 대단히 개연성 있는 경험으로 만드는 순간적인 맥락이 있어요. 나는 이 경험을 했다고 그저 *생각하지* 않아요. 경험을 했어요. 그게 근거가 없다는 것을 압니다. 이것은 환각과 같은 것이지요. 이는 멀쩡한 사람들의 환각이라는 분류에 속합니다. 그렇지만 발작과 같은 신체적 근거가 있는 경험보다 절대 덜 현실적이지 요. 기억은 항상 이런 일을 해요. 그리고 현장을 본 증인의 증언이 쓸데없는 이유가 바로 이것이지요."

이 신경과 의사의 경험은 마르셀 프루스트Marcel Proust의 《잃어버린 시간을 찾아서》의 한 장면을 떠올리게 한다. 이 소설에서 어른인 서술자는 홍차에 자그마한 마들렌을 찍어 먹다가 갑자기 생생한 유년기의 기억에 가슴이 철렁한다. 그 서술자의 이름도 마르셀로, 프루스트 자신이 모델인 것처럼 보인다. 신경과 의사인 윌리엄 고든 레녹스William Gordon Lennox는 걸작의 단락을 분석해서 저자가 진단되지 않은 TLE를 앓았다고 의심했다. "나는 마들렌 케이크 한입을 담근 홍차 한 숟가락을 떠서 내 입술로 가져갔다. 부스러기가 섞인 따뜻한 액체가 내 입천장에 닿자마자 전율이 나를 관통했고, 나는 멈추어 나에게 일어나고 있는 특별한 일에 열중했다. 강렬한 즐거움 한 줄기가 내 감각을 파고들었는데, 도대체 어디에서 오는 것인지 알 수 없는 무언가 외따로 있기도 하고 분리되기도 한 것이었다. 그리고 즉각 인생의 우여곡절은 나에게 무관심한 일이 되어버렸고, 인생에서 겪는 재앙은 무해해졌으며, 인생이 짧고 덧없는 것도 착각에 불과해 보였다. 이 새로운 감정은 나에게 효과가 있어서 사랑이 소중한 본질로, [또 어떤] 강력한 즐거움으로 나를 채웠다. … 그리고… 그 순간 정원에 있는 모든 꽃이… 그리고 마을의 선량한 주민들과 그들의 작은 주택들, 그리고 교구 교회와 콩브레Conbray 전체와 그 주변이 마음속에 모양을 갖추고 견고해져서 마을과 정원이 다 내 찻잔에서 튀어나와 존재했다." 이 단락은 고흐의 경험과 유사하다. 고흐도 동생에게 쓴 편지에서, 어렸을 때 살던 집이 근처에 있는 나무의 새 둥지까지 보일 정도로 상세하게 갑자기 마음속에 떠오른 일을 묘사했던 것이다.

마르셀의 기억은 불가사의하게 맥락도 없이, 그리고 의도하지도 않았는데 발작처럼 터져 나왔다. 그 유발점이 비정상적인 전기적 활동이 아니라 케이크의 맛이라는 점만 빼면 말이다. 마치 킨스번에게 있는 어떤 뉴런이 늦잠 잔 것을 정원사의 일요일 아침 담배와 연결시켰듯이, 프루스트의 서술자 안에 있는 어떤 뉴런이 미각을 콩브레 마을과 연결시켰던 것이다. 킨스번은 자신의 것과 프루스트의 '의도하지 않은 인식'을 펜필드가 수술대 위의 환자에게 자극하여 일으킨 발작에 비교했다. "누군가 당신의 후두엽에 전극을 가져다 댄다면, 번쩍이는 빛과 소용돌이치는 원을 보게 됩니다. 정상적으로는 입력 정보가 눈을 통해 전해졌을 경우에만 보이는 것입니다. 의도하지 않은 인식과 발작은 둘 다 평범한 방법에 의하지 않고 뉴런이 방전한 것이라고 할 수 있습니다. 그렇지만 의도하지 않은 인식은 기대에 바탕을 두고 언제든지 일어날 수 있습니다. 발작처럼 기대하지 않은 방전으로 경험이 생성될 때는 비정상적인 것이지요."

종교적인 상태 역시 기대에 따른 것이긴 하지만 발작과 유사할 수도 있다. 킨스번은 이렇게 말했다 "성모마리아의 환영을 보는 것은 아마 그 사람의 강렬한 기대나 소망에 따른 것일 수 있습니다. 만일 무언가를 기대하면 사람은 그것을 시각화하게 됩니다. 그 일이 만일 현실에서 일어난다면 보일 것 같은 이미지를 뇌가 만들어내는 것이죠. 만일 내가 성모마리아가 나타나길 기대한다면 거기에는 정형화된 방전이 일어납니다. 자, 지금이에요. 어느 순간이라도." 킨스번은 눈을 가늘게 뜨고 손을 흔들었다. 마치 성모마리아가 그 앞에 다가오는 것처럼. "그리고 나는 성모마리아가 오시기 전에 이미 그녀를 볼 수 있습니다." 그리고 "기대는 너무나 대단한 것이어서 상당히 어둡고 뿌연 상황에서도, 아마도 나는 그 형체가 다가오는 것을 볼 수 있을 것입니다. 만일 누군가가 그것을 그렇게 많이 원한다면, 그는 아마도 그것을 경험할 수 있을 것입니다. 강렬한 기대는 경험을 방출하거든요"라고 설명했다.

정상과 비정상 상태를 구분하는 경계선에 가까이 다가갈수록 그 영역은 더 움직인다. '정상'과 '비정상'이라는 것이 아무도 이해하지 못하는 것에 붙인 딱지에 불과한 것으로 보이기 시작한다. 킨스번은 "흥미로운 질문은, 들어오기로 되어 있는 입력 정보와 가끔 기대가 만들어내는 것 말고, 그 외에 무엇이 정형화된 뇌의 활동을 만들어낼 수 있느냐는 것입니다. 나는 거기에 대한 답이 없습니다. TLE에서 때로 병적인 방전은 꽤 복잡할 수 있습니다. 이 방전은 고도로 정형화된 양상의 활동을 단기간에 내보낼 수 있습니다. 무언가가 방전하도록 방아쇠를 당기는 것이죠. 가끔 기시감을 가질 때, 당신과 내 안에서 방아쇠를 당기는 무언가가 TLE와 같은지 아닌지 나는 잘 모릅니다. 나는 정확히 어느 지점에서 내가 맡은 냄새 같은 경우가 끝나고, 발작이라는 질환이 시작하는지 정의하는 데 큰 어려움이 있습니다"라고 관찰한 바를 말했다.

우리에게 알려진 수많은 발작은 종교적인 상태를 포함한다. 스피어스는 TLE를 가진 한 여성에 대해 말했는데, 그녀의 발작은 오른쪽 시야에 성모마리아상이 서 있는 환각이었다. "그 상은 손가락이 잘려져 나갔고 피를 흘리고 있으며 스스로 자해하라고 말합니다." 작가이자 방송인인 캐런 암스트롱Karen Amstrong은 전직 수녀인데, TLE가 발작하는 동안 하나님을 '파악했던' 그 경험에 대해 다음과 같이 묘사했다. "갑자기 모든 것이 한순간에 옵니다. 모든 것이 더해지고 즐거운 기분에 휩싸이다가 그것을 막 잡으려고 할 때 놓쳐버리고 발작에 기어들어가는 것이죠. … 과학시대 이전에 어떻게 뇌전증 환자나 유사한 측두엽 부근의 경험 같은 것이 하나님 자체로 생각될 수 있었는지 알기는 매우 쉬운 일입니다."

프랑스 농부의 딸이자 성인이 된 잔 다르크는 열세 살 때부터 빛의 번쩍임을 보고 성 마가리타, 성 미카엘, 성 카타리나의 목소리를 듣는 황홀경을 경험했으며 천사의 환영을 보았다고 한다. 신경과 의사인 리디아 베인Lydia Bayne에 따르면, 이 상태는 '우주의 비밀이 그녀에게 막 열릴 것 같은 형언할 수 없는 행복을 경험한 발작'이었고, 교회 종소리로 인해 촉발되었다. 잔 다르크가 경험한 목소리와 환영은 그녀를 군인이 되어 프랑스를 영국의 지배에서 구하기 위해 노력하게 만들었고, 1431년 순교로 이끌었다. 그때 잔 다르크는 열아홉 살이었다.

다른 신비로운 상태들도 신경학적 원인이 있을 수 있다. 신경과 의사인 맥도널드 크리츨리는 "실제의 시각과, 만질 수 없는 정신적이고 영적인 현현의 느낌을 구별하는 것은 매우 어렵다"라고 썼다. 이 어려움을 설명하기 위해 크리츨리는 성녀 테레사 데 헤수스가 자세히 묘사한 현상에 대해 언급했다. 이 현상은 TLE 발작의 환각 증상과 일치한다. 16세기 스페인의 성인이고 아빌라Avila의 테레사라고도 널리 알려진 그녀는 수녀원 종단을 설립하였고 자서전, 편지를 모은 책 세 권 등을 쓰며 광범위한 저작 활동을 했다. 어느 날 기도할 때의 경험에 대해, 테레사는 어느 날 기도를 하는데 "내 가까이 계신 그리스도를 보았습니다. 좀 더 정확하게 말하면 그를 느꼈습니다. 육신의 눈으로는 아무것도 보지 못했고, 영혼의 눈으로도 아무것도 보지 못했기 때문입니다". 고해신부가 나중에 그리스도가 어떤 모습으로 나타났느냐고 물어보았을 때 테레사는 "형태 없이 나타났다"라고 대답했다.

이와 유사하게 그리스도나 하나님의 환영을 보는 일은 기독교 성인에게서는 흔히 일어나는데, 그들 중 다수가 이러한 환영을 보기 위해 정신적으로 준비하는 습관을 발달시켰다. 로렌스 수사Brother

Lawrence of the Resurrection는 17세기의 수도사로, "내가 아는 한 사람은 40년 동안 지적으로 하나님의 임재臨齋를 연습했다. … 같은 동작을 반복하고 계속해서 마음으로 하나님을 부르는 방법으로 그는 그러한 습관을 발달시켰고, 곧 외부적인 구속에서 벗어날 수 있게 되었다. 그의 영혼은 모든 세속적인 것으로부터 분리되어 들려 올라갔다. … 이것이 바로 하나님의 실제 임재라고 부르는 것이다"라고 썼다. 이 연습은 뇌의 측두변연계 뉴런의 활성화 패턴을 정신적으로 조절하는 법을 발전시키는 것으로 여겨진다.

킨스번은 성모마리아의 환영이 전부 발작에 의한 것이라고 생각하지는 않았으나, 다른 신경과 의사들은 그렇게 믿고 있다. 캐나다 온타리오에 위치한 로렌시아 대학의 교수인 마이클 퍼신저Michael Persinger는 종교적인 감정의 신경정신학을 연구해왔는데, 영적인 경험은 뇌의 변경된 전기 활동에 의한 것이라는 의견을 내놓았다. 그것이 사실이라면 종교적인 경험이 TLE 발작의 한 종류가 될지도 모른다. 퍼신저에 따르면 종교적이고 신비주의적인 경험은 "측두엽 구조에 가해지는 자발적인… 자극에 대한 정상적인 결과이고", 일반적인 상태에서는 연관이 없던 뇌의 구조에 나란히 발화가 일어나는 것이다. 그 결과가 바로 연관 없던 상태가 연결되는 정신적인 경험이다. 누군가는 영아기 같은 이른 시기에 생긴 부모님에 대한 기억과 유체이탈 같은 경험을 '하나님 아버지'를 만난 것으로 해석할지도 모른다. 또는 '휙휙 움직이는 소리'나 사람 목소리 또는 '밝은 빛' 같은 청각적이고 시각적인 환각과 평안한 느낌을 경험한 후 뇌는 이를 영적인 메시지라고 해석할 수도 있다. 퍼신저가 보기에 종교적인 경험은 사람들이 '미세발작microseizures'이나 '측두엽 과도 현상temporal lobe transients'에 붙인 설명이다. 그는 종교적인 경험을 하는 동안 비정상적인 EEG를 보이는 비뇌전증 환자들의 사례를 인용했다. 한 여성은 다니던 오순절교회에서 방언을 했는데, 우연히 병원에서 EEG를 하는 동안에도 방언을 했고, 그 EEG는 '측두엽에 발생한… 극파 모양의 형태'를 보였던 것이다.

킨스번은 종교적인 상태와 발작 상태가 자주 동일하다는 사실에 대해서는 아직 확신하지 못하고 있다. "나는 [퍼신저의 이론을] 믿지 않습니다. 그러나 그가 자신의 관점을 책으로 출판할 권리는 있다고 생각합니다." 그는 머리를 치켜들며 "그 이론은 미친 소리처럼 들립니다. 하지만 나중에 진실이라고 밝혀질지도 모르죠"라고 덧붙였다.

많은 사람들이 세 가지 주요 일신교인 이슬람교, 유대교, 기독교의 큰 형향력을 가진 인물들이 발작을 가진 것으로 여기고 있다. 의학과 문학을 하는 학자들은 무함마드를 TLE의 가능성이 있는 한 증례로 보았다. 도스토옙스키는 "무함마드는 코란에서 그가 천국을 보았다고 우리에게 장담한다. 그는 거짓말을 하지 않았다. 그는 진정 천국에 있었다. 그도 나처럼 뇌전증이 엄습한 상태에서 그곳에 간 것이다"라고 썼다.

종교의 통로

무함마드

AD 570년경 메카에서 태어난 상인이자 낙타 몰이꾼 무함마드
는 일생의 대부분 동안 그에게 말을 건네는 천사의 환영을 보았다.
이러한 반복적인 환영은 주로 메카 근처의 산속 동굴에서 일어났는
데, 그도 다른 아랍인들처럼 수일 혹은 수 주간 혼자서 금식하고 명
상하기 위해 그곳으로 간 것이었다. 그의 나이 마흔 살에 연달아 이
상한 꿈을 꾼 뒤에 무함마드는 히라산에 있는 동굴로 들어갔다. 그
꿈은 잠자는 동안 밝은 빛이 터져나가는 것이었는데, 아내는 이로
인해 남편이 예전보다 더 부끄러움을 많이 타고 혼자 있기를 좋아하
게 되었다고 느꼈다.

코란에 따르면, 어느 날 밤 묵상을 마친 후 동굴의 입구에 서 있
을 때 그의 마음이 갑자기 요동쳤다. 무함마드는 자신이 엄청난 외
적인 힘에 '사로잡힌' 느낌이 들었으며 무릎이 꿇려졌다. 무언가가

다가오는 것이 느껴졌으며, 곧 꿈에서 본 것과 같은 환영에 사로잡혔다. 그러나 정확하게 그것을 볼 수는 없었다. 그는 어떤 '존재'가 있다는 것을 느꼈으며 무함마드는 이를 알라Allah 또는 하나님이라고 느꼈다.

그 존재는 무함마드에게 눈앞에 나타난 아랍 문서를 읽으라고 명령했다. 그는 "저는 읽을 줄 모릅니다"라고 항변했다. 다시 그 존재가 아랍어로 말을 했다. "읽어라!" 무함마드는 가슴이 눌려서 숨을 쉴 수 없을 것처럼 압박감을 느꼈고 질식할 것만 같았다. 자신이 곧 죽을 것 같다고 느꼈다.

"읽어라!" 그 존재는 또다시 명령했다. "세상을 창조하시고 핏덩이에서 인간을 창조한 하나님의 이름으로, 읽어라. 펜을 사용해 가르치시고, 인간이 모르는 것을 가르치시는 자비로운 하나님의 이름으로." 그리고 마치 이러한 글이 가슴에 새겨진 듯한 느낌을 받은 무함마드를 그 자리에 남겨두고 그 존재는 사라졌다.

무언가에 홀린 사람처럼 그는 동굴을 벗어나 산으로 달려 올라가 절벽에서 뛰어내리려고 했다. 무함마드가 산에 올라가고 있을 때 환영이 다시 나타났다. 눈부신 천사의 형상이 그 앞에 나타났고, 그 광경이 너무 경이로워서 그는 눈을 돌려 직접 보는 것을 피하고 싶다는 충동을 느꼈다. 그러나 어느 방향으로 고개를 돌려도 그 밝은 형상은 무함마드 앞에 있었다.

"오, 무함마드여!" 그 환영이 말했다. "너는 알라의 사자使者이고 나는 그의 천사 가브리엘이니라." 그리고 그 형상은 사라졌다.

겁에 질려 무함마드는 집까지 5킬로미터를 달려가 몸을 웅크리고 덜덜 떨면서 아내에게 자신을 가려달라고 애원했고, 그녀는 그렇게 해주었다.

공포가 지나간 뒤, 무함마드는 자신이 아랍인에게 하나님의 말씀을 가르치도록 예언자로서 부름을 받았다는 것을 이해했다. 그 후 몇 년 동안 그는 주변의 산을 돌아다니며 기도하다가 가브리엘이 나타날 때마다 그의 목소리에 귀를 기울였다. "때로는 그 음성이 종소리의 반향처럼 들렸는데, 나는 그것이 가장 힘들었다. 내가 메시지를 이해하면 그 음성은 나를 두고 떠나갔다. 어떤 때는 천사가 한 남자의 형상으로 나에게 말을 했고, 그러면 나는 그가 하는 말을 알아들을 수 있었다." 또 다른 때에 무함마드는 이름을 부르는 목소리를 들었는데, 그게 어디에서 나는 소리인지 찾기 위해 고개를 돌리면 아무도 없었다. 무함마드는 공황에 빠지곤 했고 가슴이 두근거렸으며 얼굴에 땀이 흐르곤 했다. 때때로 그는 신체적인 통증을 느꼈으며 땅에 쓰러지거나, 유체이탈을 경험하기도 했다. 그런 경험 중에 하나는 가브리엘이 그를 거대한 백마에 태우고 하늘을 날아 예루살렘으로 날아간 것이었다. 무함마드는 그곳에서 아브라함과 모세, 예수를 만나 우유를 조금 마셨고 천국에 있는 하나님의 보좌를 향해 야곱의 사닥다리를 타고 올라갔다.

이런 환영을 겪은 후, 무함마드는 이 내용을 다른 사람과 나누어야 한다고 느꼈다. 아내와 자녀에게 자신이 경험한 것의 현실성을 납득시키자, 무함마드는 친구들에게도 전하기 시작했고 친구들은 이 내용을 널리 퍼트렸다. 그의 계시는 처음에는 구전으로 퍼졌으나, 곧 이슬람교의 신성한 책인 코란으로 필사되어 집대성되

었다.[◆]

무함마드는 또한 회의론도 불러일으켰다. 기독교인과 유대인, 우상을 숭배하는 아랍인들은 그를 조롱하고 미친 사람이라고 불렀다. 622년에는 그를 죽이려는 음모로 적대감이 표출되었고, 그는 적시에 이를 알고 피할 수 있었다. 밤을 이용해 그는 메카에서 도망쳐 북쪽의 메디나로 옮겼고, 그곳에서 그를 중심으로 이슬람 공동체가 굳게 세워졌다. 그의 군대는 메카에서 온 군대를 물리쳤고 그의 힘은 커졌다. 그가 살아 있는 동안 선교사들은 스페인과 에티오피아까지 그의 믿음을 전파하였다.

시각적, 청각적, 감정적 요소를 가진 무함마드의 계시 외에도, 그에게 발작이 있었을 것이라고 여겨지는 경험이 있다. 전설에 따르면 그가 태어났을 때 그의 뇌 주위로 과도한 액체가 흘렀고, 또 어렸을 때 경련이 있었다고 한다. 다섯 살일 때 무함마드는 양육자[◆◆]에게 "하얀 옷을 입은 두 남자가 다가와 나를 쓰러트리고 내 배를 열어서 뭔지 모르는 것을 찾아 뒤졌어요"라고 이야기했다. 이것은 어린아이가 발작을 해석한 것이다. 그 발작에서 아이는 빛의 번쩍임을 보고, 쓰러졌으며, 복통을 느낀 것이다.

어떤 사람들은 무함마드와 같은 종교적인 상태의 바탕에 신경

[◆] 실제로는 아내가 무함마드의 경험을 듣고 그게 계시라고 확신시켜주었다. 그의 계시는 무함마드의 사후에 코란이 되었다.

[◆◆] 무함마드는 유복자로 태어나 여섯 살에 어머니마저 잃고 고아가 되었다. 아버지가 없었기 때문에 삼촌 아부 탈리브Abu Talib 슬하에서 자랐으며, 삼촌이 죽자 할아버지인 압둘 무탈리브Abd al-Muttalib가 양육했다.

학적 손상이 있을 가능성이 그들에 대한 신빙성을 떨어뜨리고 영적인 힘을 깎아내린다고 생각한다. 또 다른 사람들은 이러한 가능성이 무함마드의 계시를 도스토옙스키의 소설이나 고흐의 그림만큼이나 진실을 잘 표현해준다고 여긴다. 더 나아가 몇몇 사람은 뇌전증 진단이 무함마드의 진실성을 더욱 강화해주는 것이며 그가 미쳤다는 생각을 반박할 수 있는 증거라고 생각한다. 예를 들면, 어떤 19세기 주석가들은 과학적 증거를 대야 한다는 시대적 요구에 맞춰, 뇌전증 진단을 무함마드가 말한 내용의 증거로 여겼다. 천사의 목소리나 하나님은 과학적으로 증명할 수 없는 반면, 발작에서 듣는 목소리는 증명이 가능했기 때문이다.

모세

BC 1300년경 시나이반도의 산비탈에서 장인의 가축을 돌보던 모세에게 "나는 너의 조상 아브라함과 이삭과 그리고 야곱의 하나님이다"라는 목소리가 들렸다. 그 목소리는 모세에게 불타는 덤불 형상으로 나타난 천사에게서 나오는 것 같았다. 덤불은 불길에 휩싸인 듯했지만 형태가 바뀌지는 않았다. 가브리엘과 함께 있던 무함마드처럼 모세도 자기가 본 것에 겁을 먹고 얼굴을 가렸다.

구약성경에 기록되어 있는 이 기나긴 대화에서 하나님은 모세에게 유대인을 구출하고 그들을 약속의 땅으로 데려가기 위해 그가 태어난 이집트로 돌아가라고 명령한다. 두려웠지만 혼란스러워진 그 양치기는 명령에 따른다. 아내와 자녀를 데리고 출발할 때 그는 어떻게 해서 파라오의 마음을 누그러뜨릴지 알려주는 하나님의 목소리를 듣는다. 유대인을 시나이로 이끌고 간 지 수년 후, 모세는 산에서 그 목소리를 다시 들었다. 이러한 반복적인 경험은 데이비드 베어에게 모세가 TLE를 앓고 있었다고 여기게 했다.

무함마드처럼 모세도 신의 대변인 역할을 맡았고, 그가 보고 들은 것의 진실을 백성에게 납득시키는 데 어려움을 겪었다. 시나이에서 유대인이 공동체를 형성하자 모세는 그들에게 천둥과 번개와 연기 또는 나팔소리와 함께 '두꺼운 구름 속에서' 나타난 하나님에 관해 이야기했다. 모세는 그들에게 그 산을 보여주고 그곳에서 새로운 하나님을 경배하라고 권했다. 산에서 40일간 기도와 금식을 하는 동안 모세는 그에게 십계명을 전달하는 목소리를 들었다. 그가 이 메시지를 자기 백성에게 알렸지만 그들은 새로운 하나님에 대해 확신이 없었다. 어느 날 모세는 산에서 내려와서 유대인들이 축제를 벌이고 술에 취해 과거의 우상을 경배하고 있는 것을 보았다. 모세는 분노에 빠져 자신이 십계명을 새겨놓은◆ 석판을 집어던져 유대인이 하나님과 맺은 계약을 깨뜨렸다. 나중에 그는 그 계약을 갱신했고, 산으로 돌아가 새로운 석판에 다시 십계명을 적어 넣은 다음 잘못을 깨달은 추종자들에게 돌아왔다. 모세는 나이가 들어 약속의 땅이 바라보이는 시나이반도 동쪽 산꼭대기에서 세상을 떠났다. 그 약속의 땅은 모세를 변화시킨 경험을 통해 그의 백성이 부르심을 받은 곳이었다.

◆   성경에는 하나님이 직접 새겼다고 한다. (출애굽기 31장 18절)

성 바울

그로부터 13세기가 지난 뒤, 같은 지역에서 한 젊은이가 말을 타고 다마스쿠스Damascus로 가고 있었다. 그는 로마 시민권을 가진 유대교 바리새인이었고 예루살렘에서 선두적인 유대교 랍비 문하에서 모세의 율법을 공부했다. 그리고 그는 임무를 수행하는 중이었다. 그의 목적은 4년 전 예루살렘에서 십자가에 못 박힌 유대인 선생이었던 예수의 추종자들을 체포하고 재판하는 것이었다. 이 젊은이는 초창기의 기독교인과 그들의 새로운 믿음을 파괴하고자 했던 많은 이들 중 한 명이었다.

다마스쿠스에 가까이 왔을 때, 그는 주위에 밝은 빛이 번쩍이는 것을 보았고 땅에 쓰러졌다. 그는 어떤 목소리가 외치는 것을 들었다. "사울아, 사울아, 네가 어찌하여 나를 핍박하느냐?"

"당신은 누구십니까?"라고 그는 큰소리로 물었다.

"나는 예수다." 그 목소리는 말했다. "도시로 들어가라. 거기에서 네가 해야 할 일을 들을 것이니라."

일어났을 때, 사울은 자신의 눈이 멀었다는 것을 알게 되었다. 한 동료가 손을 잡고 그를 이끌어 다마스쿠스로 들어왔다. 3일 동안 그는 먹지도 마시지도 못했으나 그 후에는 시력이 돌아왔다("그의 눈에서 비늘이 떨어진 것처럼 보였다"). 식욕은 돌아왔고 그는 이 갑작스럽고 운명적인 사건의 의미를 깨닫기 시작했다. 변화된 이 남자는 세례를 받았고 그 이름을 로마식인 바울로 바꾸고 그리스도의 사도가 되었다. 그의 새로운 임무는 이제 그리스도의 복음을 유대인을 넘어 이방 세계까지 전파하는 것이었다. 바울은 다마스쿠스의 유대인 회당에서 예수가 메시아라고 선언했고, 남은 일생을 지중해 지역과 중동을 여행하며 기독교를 설교하며 보냈다. 모세나 무함마드처럼 바울의 개인적인 운명에 대한 의식은 매우 강렬했다.

성 바울의 발작과 비슷한 경험은 주요 종교적 인물과 비교했을 때 기록이 가장 풍부하게 남아 있다. 그 자신이 갈라디아인들에게, 빌립보인들에게, 또 다른 이들에게 쓴 수많은 편지는 신약성경의 상당 부분을 구성한다. 바울의 개종 사건을 포함한 인생 이야기는 사도행전에도 나오는데, 이 성경은 의사이자 복음서 저자인 누가가 쓴 것이다. 누가는 교양 있는 그리스인으로서 바울과 함께 여행했다. 뇌전증이 뇌에서 기원한다는 사실을 누가가 알고 있었을 리 없지만, 그는 예수가 대발작을 하는 소년을 치료하는 것을 언급하기도 하는 등 이 질병에 대해 잘 알고 있었다. 누가와 바울은 바울이 알려지지 않은 '질병' 혹은 '신체적 약함'으로 고생하고 있다는 것에 동의했다. 바울은 이러한 자신의 병을 '육체의 가시'라고 불렀다. 성경 주석가들은 이 질병이 편두통이나 뇌전증이었을 수 있다고 추측한다. 편두통은 뇌로 가는 혈관이 확장되고 수축하면서 발생하는 것으로 생각되고♦ 구토, 무감각, 그리고 일시적인 언어장애 등 몇 가지 증상을 TLE와 공유한다. 편두통은 일반인보다 뇌전증 환자에게서 더 자주 발생하며, 가끔은 항경련제 치료에 잘 반응하기도 한다. 의사인 알베르트 슈바이처에 따르면 "가장 자연스러운 가설은 바울에게 어

♦ 본문은 편두통의 원인에 관한 '혈관 운동신경 이론'을 말한다. 교감신경의 과잉과 뒤이은 탈진으로 인해 혈관이 수축한 후 팽창하며 편두통을 유발한다는 이론이다.

떤 종류의 뇌전증형(뇌전증모양)의 엄습이 일어났다는 것"이라고 한다. 바울은 말라리아에 걸린 적이 있다고 말했는데, 뇌전증은 뇌에 손상을 줄 수 있는 고열을 일으키는 말라리아의 결과로 발생할 수도 있다.

영국인 신경과 의사인 데이비드 랜스보로David Landsborough는 바울의 개종 경험이 TLE를 암시한다고 보았다. 그는 바울의 TLE 발작이 때로 2차적인 대발작으로 발달했다는 것을 '실질적인' 증거로 들었다. 랜스보로는 갑작스러운 빛의 번쩍임, 쓰러짐, 바울이 들은 목소리, 일시적인 시력 상실과 식욕 상실, 갑작스러운 회복은 모두 발작과 일치한다고 여겼다. 시력 상실은 발작의 드문 후유증 중 하나다. 또 랜스보로에게 바울과 예수의 대화는 발작 전에 발생하는, '강렬하고 생생한 정신성 전조psychic aura에 해당'하는 것으로 여겨졌다. 이는 "앞서 며칠 동안 가졌던 바울의 생각과 점점 커지는 영적인 신념에 의해 생긴 것으로 보인다. 뇌전증에서 느끼는 경험은 전에 일어났던 사건, 특히 감정적인 사건에 의해 정형화될 수 있다".

랜스보로는 바울의 생애에 있었던 또 다른 주요한 일화도 발작으로 해석했다. 이는 고린도인에게 보내는 편지에 언급된 것이다. 그 자신에 대해 3인칭 시점으로 적으면서 바울은 다른 세계 같은 무아지경을 묘사했다. 이것은 '환상과 계시', '몸 안에서인지 몸 밖에서인지 나는 모르지만 셋째 하늘에 들려 올라감', '천국에 들려 올라감', 그리고 그곳에서 그가 '인간의 입술로는 따라 할 수 없는 비밀의 말씀'을 들었다는 내용으로 구성되어 있다. 랜스보로는 이러한 바울의 무아지경이 황홀경 발작의 양상인 비현실적인 느낌 또는 이인증, 그리고 청각과 시각적인 환상이라는 것을 발견했다. 바울은 간혹 기도할 때 다른 환상도 보았는데, 어떤 사람이 도움을 갈구하는 것과 예수를 두 번 본 것이 이에 해당한다. 바울은 그의 질병을 묵살하는 대신 이것을 사명의 중심으로 삼았다. 고린도인에게 보낸 그의 고난과 황홀경에 대한 설명은 이렇게 끝맺는다. "나의 여러 약한 것에 대해 자랑하리니 이는 그리스도의 능력이 내게 머무는 것이라. … 그러므로 내가 그리스도를 위하여 약한 것들과… 곤란을 기뻐하노니."

랜스보로는 뇌전증 진단이 바울의 종교적인 중요성에 영향을 미치지는 않는다고 믿는다. 그는 "자연 발생적인 사건들은 개개인의 판단에 영향을 미칠 수 있다. 첫 번째 뇌전증의 엄습 같은 엄청난 자연 발생적인 사건은 바울에게 가장 중요한 점에 영향을 미쳤을지도 모른다. 그러나 그의 인생에서 이러한 사건이 빈번히 일어나는 것은 바울의 영적인 변화의 진정성을 떨어뜨리지는 않았다. 그 이후로 그는 절대 흔들리지 않았다"라고 썼다. 심지어 많은 사람이 그를 죽이라고 소란을 피워도 바울이 신앙을 고수했다는 점은 의심할 여지가 없다. 바울은 50세 무렵에 로마인에 의해 예루살렘에서 구금되었고, 카이사레아에서 2년간 감옥에 갇힌 다음, 로마에 배로 실려 가 가택 연금된 채로 적어도 2년을 더 지내다 AD 67년에 참수되었다.

랜스보로가 성 바울이 TLE를 가졌던 것으로 묘사하기 한참 전에 심리학자인 윌리엄 제임스는 논란이 되는 성인이 비정상적인 정신 상태와 연관되었다 해서 종교적 상태가 훼손되는 것은 전혀 아니라고 언급했다. 제임스는 "심지어 다른 형태의 천재들보다 종교

지도자들은 더 자주, 평범하지 않은 심령의 방문을 받기 쉽다. 예외 없이 그들은 감정적으로 예민하게 고양된 사람들이며… 고정된 생각에 집착하기 쉽다. 그리고 자주 무아지경에 빠지고 음성을 들으며 환상을 보고 온갖 종류의 특이한 경험을 한다. 이러한 것은 일반적으로 병적으로 분류될 수도 있다. 더 나아가, 이러한 병적인 양상은… 무함마드의 경우처럼 종교적인 권위와 영향력을 부여하는 데 도움이 되었다"라고 분석했다. 윌리엄은 "종교적 정신 상태가 유기적인 원인에서 생겼다고 치부하는 것은… 그 상태의 고귀한 영적인 가치에 대한 반박으로서는 상당히 비논리적이고 너무 자의적이다. 그 말은 우리의 생각과 감정도, 심지어 과학의 원칙조차도, 또한 불신마저도 진리의 계시만 한 가치를 가질 수 없다는 뜻을 내포하기 때문이다. 또 이러한 것들은 모두 예외 없이, 그 당시 소유자의 몸에서 흘러나온 것이기 때문이다. … 성 바울은 확실히 한 번 뇌전증형(뇌전증모양)을 겪은 적이 있다. 혹은 진짜 뇌전증성 발작을 겪었을 수도 있다. 그러나 어떻게 그들에게 정신적 병력이 있었다는 사실이… 그들의 영적 중요성을 결정할 수 있을까? … 마음의 상태는 고취되든 가라앉든, 건강하든 병적이든, 그 조건으로 유기적 절차를 가지지 않은 사람은 아무도 없다"라고 썼다.

예술의 통로

———————

플로베르

발작이 때로 종교의 통로가 되듯, 때로는 예술의 통로가 된다. 도스토옙스키는 적어도 소설 속 인물 네 명에게 뇌전증을 주었지만, TLE를 가진 작가들은 대부분 자신의 발작을 글쓰기 작업에서 위장한다. 발작의 경험을 인물이나 줄거리의 감정을 강화하기 위해 차용하는 것이다. 한 예로 스물두 살 때부터 죽을 때까지 TLE 발작을 앓았던 프랑스의 작가 귀스타브 플로베르를 꼽을 수 있다. 플로베르의 전형적인 발작은 임박한 파멸의 느낌으로 시작하고, 곧 마치 다른 차원으로 옮겨진 것 같은 기분 때문에 불안정한 느낌이 점점 커지게된다. 그는 신음했고 옛 기억들이 몰려왔으며, 불이 나는 환영을 보았고, 입에 거품을 물었으며, 오른팔은 자동적으로 움직였고, 10분가량 무아지경에 빠져 있다가, 토했다.

플로베르는 이러한 발작의 모습을 다양한 소설 속 인물에게 주 있는데 그중 누구도 뇌전증 환자라고 설명하지는 않았다. 소설《보바리 부인》에 나오는 여자 주인공은 남편과 사이가 좋지 않았고 늘 늘어가는 빚을 갚을 수가 없었다. 그녀는 연인에게 버림받아서 집 근처의 들판을 가로질러 오는 동안 '혼미' 상태에 빠지게 된다. 땅이 발아래에서 멀어지는 것처럼 보였다. 이상한 기억들이 마음에 마구잡이로 떠올랐다. 그녀는 미쳐가는 것 같아 두려웠다. "갑자기 총알이 부딪쳤을 때 불꽃이 일어나듯이 공중에서 불꽃의 공들이 터지는 것 같았다. 그리고 불꽃이 소용돌이치다가… 그것들이 수없이 많아지고 가까이 접근해서, 그녀를 통과해 지나갔다. … 그녀는 마치 심장이 터져 나갈 것처럼 숨을 헐떡였다." '영웅적인 황홀경'에 빠져 그녀는 약국으로 달려갔고 비소를 허겁지겁 집어먹었다. 며칠 후 그녀는 죽었다.

이와 비슷하게, 플로베르의 소설《성 앙투안의 유혹》의 제목이 된 인물은 나일강 근처 사막의 오두막에 사는 은둔 수도사로, 그도 환청과 환영을 본다. 그는 '주변에 둥둥 떠도는… 어떤 흉물스러운 것'의 출현을 느낀다. 스트리버의 유체이탈 체험과 비슷한 무아지경에 빠져 그는 공간과 시간을 넘어 날아간다. 형상이 그의 눈앞에 번쩍이고 악마의 날카로운 비명을 듣다가, 그는 실신했다. "말로 할 수 없는 공포가 그를 사로잡았고, 윗배가 타오르듯 쥐어짜는 느낌 말고는 살아 있다는 감각을 전혀 느낄 수가 없었다. 그러나 머릿속의 혼란에도 불구하고 그는 자기 자신을 세상으로부터 분리하는 엄청난 적막을 알아챘다." 그는 말을 할 수 없었고 "매트에 고꾸라져 엎어졌다",

심지어 플로베르의 단편소설인《순박한 마음》역시 이타적인 하녀 펠리시테의 뇌전증을 의심할 만한 내용을 담고 있다. 폐렴으로 죽어가면서 펠리시테는 황홀경을 보게 되는데 그녀의 박제로 만든 앵무새 룰루가 성령이 된 것처럼 보였다. "그녀는 천국 문이 열리는 가운데, 거대한 앵무새가 그녀의 머리 위에서 맴도는 것을 본다고 생각했다." 플로베르는 펠리시테에 자신을 동일시했다고 인정했었다. 그가《순박한 마음》을 집필할 당시 소설 속 인물이 사랑하는 앵무새 룰루를 벽에 걸어놓았듯이 플로베르도 작업 테이블에 루앙Rouen 박물관에서 빌려 온 아마존 앵무새의 박제를 올려놓고 있었다. 그리고 그의 이야기에서 펠리시테는 생그라시앵Saint-Gratien 근처의 옹플뢰르Honfleur 거리에서 우편 마차에 치이는데, 바로 그 장소에서 1844년 1월에 이 작가도 그의 첫 번째 발작을 겪었던 것이다.

스물두 살의 플로베르와 그의 형은 말 한 마리가 모는 마차를 타고 옹플뢰르로 가는 길을 달리고 있었다. 생그라시앵 숲 근처에 다다랐을 때 고삐를 잡고 있던 플로베르는 발작으로 갑자기 마차 의자에서 뒤로 넘어졌다. 그는 이 사건을 '영혼으로부터 신체를 악랄하게 잡아채는' 발작이라고 이름 붙였다. 불빛이 그의 눈앞에 번쩍였다. 불꽃이 그를 집어삼킬 것처럼 보였다. 마음에서는 고통스러운 기억이 풀려나왔다. 의사인 그의 형은 그를 근처의 집으로 데리고 가서 사혈瀉血을 했다. 피를 뽑는 것은 그 당시 뇌전증을 포함한 여러 가지 질병의 유일한 치료법이었다. 플로베르가 다시 의식을 되찾았을 때, 형은 그를 루앙에 있는 집으로 데려갔고 거기에서 외과 의사인 아버지가 이것을 '뇌전증모양'이라고 진단했다. 아버지는 이 진단을 당시의 많은 의사들처럼 '뇌전증'보다는 덜 부끄러운 것이라 여겼다. 아버지는 귀스타브의 짧은 의식 상실, 시각과 감각적인 환각, 그리고 생생한 기억의 재생을 바탕으로 진단을 내린 것이었다. 한 세기가 지난 후, 의사들은 플로베르의 복잡한 발작 증상은 유년기나 출생 시에 있었던 뇌 손상 때문에 그의 왼편 측두엽의 뒤쪽에서 기원했을 것으로 추측했다. 플로베르는 어렸을 때도 발작 같은 경험을 했는데, 의자에 혼자 앉아 여러 시간 동안 한 공간을 응시하며 머리 댕기를 가지고 놀기도 하고 혀를 깨물기도 했다. 그러다가 바닥에 의식을 잃고 쓰러지기도 했다.

모파상

기 드 모파상Guy de Maupassant은 플로베르의 수습생이었는데, 아이가 없던 이 작가에게 아들과 같았다. 모파상도 개인적인 경험에 기초해서 발작을 문학적으로 묘사한 또 다른 작품을 만들었다. 모파상의 병력에 대해서는 알려진 바가 거의 없지만 젊었을 때 매독에 전염된 적이 있었고, 이것이 뇌를 손상시켜서 환각을 일으켰으며 신체적인 고통과 감정적인 고통을 주다가 1893년 마흔세 살의 나이에 죽음으로 몰고 갔다는 것이 알려져 있다. 신경과 의사인 윌리엄 고든 레녹스와 다른 의사들은 모파상의 단편소설인 《오를라》를 TLE의 증거로 간주한다. 소설에서 1인칭 서술자는 무언가에 사로잡히는 체험에 관해 설명한다.

서술자는 열이 나고 우울해하며 두려워하는 것과 '모호한 괴로움'에 사로잡히는 것으로 이야기를 시작한다. 그는 몸과 마음을 모두 괴롭히는 '신경의 공격'으로 고생한다. "나는 위험을 경고하는 이 멈추지 않는 끔찍한 느낌, 곧 닥쳐올 불행 또는 임박한 죽음에 대한 염려를 가지고 있다. … 이것은 의심할 여지 없이 아직 알려지지 않은 어떤 질병의 침투를 의미한다." 그의 의사는 뇌전증에 대한 가장 초기의 약물 치료법 중 하나인 브롬화칼륨을 처방했는데, 그에게는 전혀 도움이 되지 않았다. 그 서술자는 편집증이 생긴다. 공포에 휩싸인 그는 반복해서 자물쇠를 확인하고 침대 밑에서 침입자를 수색한다. 그는 잠자는 데 어려움을 겪고, 잠들었을 때는 끔찍한 '발작'으로 깨어난다. 그리고 가까이에 무언가가 있다고 느낀다. "그것은 나에게 가까이 다가와서, 나를 보고, 나를 만지고… 내 가슴 위에 무릎으로 올라탄 다음 손 사이로 내 목을 잡고 쥐어짜서… 나를 질식시키려고 한다." 정원에서는 장미 줄기가 덤불에서 부러져 공중으로 떠오르는 것처럼 보인다. 이제 그는 자신이 미쳐가는 것을 두려워한다. 그는 "내 뇌에서 알 수 없는 장애가 발생했을 것이다"라고 결론 내린다. "내 뇌에 있는 어떤 감지할 수 없는 도구의 열쇠 중 하나가 작동을 거부했을 가능성이 있지 않을까?" "내 안에서 어떤 망상의 비현실성을 기록하는 부분이 바로 지금 일을 중단한 것이라면 어떻게 하지?" 그는 자신의 마음이, 그가 '오를라' 또는 '나의 친숙한 것'이라고 부르는 '신비한 의지력'에 의해 지배당했고 그 노예가 되었다고 확신하게 된다. 그는 오를라를 불태워 죽이기로 결심한다. 마지막에, 그는 오를라가 아직도 자기 안에 마음속 질병처럼 살아 있음을 깨닫고는 자살하기로 결심한다.

필립 딕

TLE 발작은 또한 20세기 SF 문학의 선구자이자 41권의 공상과학 소설을 출판한 필립 K. 딕Philip K. Dick의 책에서처럼 소설 속 사건의 소재가 되기도 한다. 전기傳記 작가인 그레그 릭먼Gregg Rickman은 TLE를 '딕이 느낀 경험의 미스터리에 대한 추가적인 연구를 위한 약속의 땅'이라고 불렀다. 딕은 열다섯 살 때부터 재발성 질환으로 고통받았지만 한 번도 진단을 받은 적이 없었고, 공황, 공포, 대시증, 미시증, 이인증 등의 증상을 겪었다. 또한 청각적 및 시각적 환각도 있었는데 그는 이 환각을 하나님에게서 온 계시로 해석했다. 이 질병은 그에게 우울증과 여러 번의 자살 시도를 불러일으켰으며, 늦은 나이에 생긴 종교적 열망을 예고하는 것이었을 수도 있다. 이 증상의 대부분은 딕의 책에 그대로 사용되었다. 딕의 1981년 컬트 소설인《발리스》의 인물은 '정보가 풍부한 색깔의 밝은 광선 빔'이 연이어 뇌에 발사될 때 신의 존재를 경험하게 된다. 빔은 '그의 두개골을 바로 관통해 눈을 멀게 했으며', 그를 '멍하게' 만들고 '언어를 초월해서 지식을 그에게 전달해주었다'. 또 사람의 경험과 완전한 정체성까지도 인간의 의식에 전자적으로 넣었다 빼내는 미래 이야기인《도매가로 기억을 팝니다》*는 영화 〈토탈 리콜〉의 소재가 된다. 영화 〈블레이드 러너〉의 원작 소설인《안드로이드는 전기 양의 꿈을 꾸는가?》**에서는 '펜필드 기분 기관'이 나온다. 이 환상적

---

* 원제는 'We Can Remember It for You Wholesale'이다.
** 원제는 'Do Androids Dream of Electric Sheep?'이다.

인 기계는 의심할 여지 없이 TLE 환자의 뇌를 자극했던 외과 의사의 이름을 따온 것이다. 이 기계를 이용해서 소설 속 등장인물은 마음의 상태를 변화시킬 수 있는데 이것으로 황홀경을 겪기도 하고, '수많은 가능성이… 미래에 열릴 것이라는 인식', 그리고 절망 따위를 겪게 된다.

워커 퍼시

TLE는 20세기 미국 작가 워커 퍼시Walker Percy의 작품에도 등장하는데, 베어는 워커가 이 질환을 가지고 있다고 생각한다. 퍼시는 1940년대 초 콜롬비아 대학에서 정신과 의사로 수련을 받은 후 로마 가톨릭교로 개종하고, 글을 쓰기 위해 의학을 포기한다. 여섯 편의 소설에서 그는 정신과 철학에 대한 자기 생각을 자기가 사는 뉴올리언스 인물들의 삶으로 '번역'하려고 시도했다. 퍼시의 주인공들은 일반적으로 다른 사람들이 이상하다고 여기는 우울한 외톨이들이다. 그의 소설 《타나토스 증후군The Thanatos Syndrome》에는 한 가톨릭 신부가 '꿈이 아닌데 모든 면에서 실제 경험의 완전한 되돌림'이라고 설명하는 발작 같은 '주문'이 나온다. 신부는 "마치 내가 다시 경험하는 것 같고, … 모든 세부 사항, 시각, 소리, 심지어 냄새까지 포착한" 것이라고 설명한다. 신부는 그의 정신과 의사에게 "꿈도 아니고 백일몽도 아닌데 꿈보다 천 배나 더 생생하고, 대낮에 깨어 있을 때 일어나는… 그런 무언가가 있을 수 있습니까?"라고 의사에게 질문한다.

"예, 그것은 종종 특별한 환각을 동반하는 측두엽뇌전증일 수 있습니다."

베어에 따르면, 또 다른 퍼시의 소설인《재림The Second Coming》의 중심인물은 '측두엽 발작'뿐만 아니라 게슈윈드 증후군의 가장假裝된 형태를 보인다. 흔히 골프 코스에서 발생하는 이 인물의 반복적인 발작은 시각적 환각, 희한한 냄새, 강력한 기억 및 기억이 끊기는 것을 포함한다. 그는 또한 감정의 전반적인 심화, 즉 확연한 성적 관심의 변화, 신비주의에 대한 집착, 장기간의 우울증, 철학적인 성질을 가진 '부적절한 갈망'을 경험한다. 소설에서 그 인물의 담당 의사는 이를 발작이라고 진단하고 '하우스만 증후군'이라고 이름을 붙인다. 베어는 소설을 읽으면서 이 인물이 '느리게 진행하는 반복적인 뇌전증 환자'라고 지적하며 이러한 세부 사항이 퍼시의 삶에서 비롯된 것인지 매우 궁금해했다. 베어는 1990년에 이미 사망한 퍼시와 TLE에 대해 논의할 수는 없었지만, 언젠가 보스턴에서 개업한 의사인 퍼시의 조카를 만날 기회가 있었다. "퍼시의 조카와 만난 적이 있습니다. 그리고 나는 궁금해서 물어보지 않을 수가 없었어요. 그래서 물어봤습니다. '나는 당신의 삼촌에 대해 매우 궁금합니다. 나는 그의 책을 읽었고 그것은 뇌전증에 관한 이야기입니다. 삼촌이 발작을 가지고 있었나요?' 그러자, '맞는 것 같아요'라고 그의 조카가 말했습니다!"

테니슨

빅토리아 시대의 시인이자 극작가인 알프레드 테니슨Alfred Lord Tennyson도 TLE로 의심되는 발작을 예술로 변모시켰지만 자신이 발작장애가 아니라고 안심한 후였다. 청년 시절 테니슨은 의사로부터 뇌전증이 있다는 말을 들었는데, 의사는 테니슨이 어린 시절에 세번 경련한 것과 몇 년 동안 정기적으로 경험한 '깨어 있을 때의 황홀경', 그리고 가족력에 근거하여 진단을 내렸다. 발작은 정상보다 뇌전증 환자의 가까운 친척 사이에서 발생할 가능성이 높은데, 테니슨 가족의 뇌전증 환자에는 아버지, 삼촌, 형제 여러 명, 사촌, 그리고 추정하기로 친할아버지가 포함된다. 그 시대의 영국 의사들은 자위를 뇌전증의 원인으로 여겼고 존경받는 가족에게는 이를 보고하는 것을 꺼렸으므로 실제 테니슨 가족에게서 뇌전증 발생률은 아마도 더 높았을 것이다. 그의 가족은 또한 정신과적인 문제가 있었다. 테니슨의 아버지는 알코올 중독자였다. 두 형제는 미쳐 있었다. 세 번째 형제는 아편에 중독되었고, 네 번째는 알코올 중독이었다. 10형제의 나머지 형제자매는 몸이 쇠약했다. 테니슨은 유아기인 1809년에 경련성 발작을 세 번 겪었고 발작 후에는 죽은 것처럼 보였다고한다. 어린 시절의 반복되는 발작은 성인 뇌전증, 특히 TLE로 이어질 수 있다. 한 연구에서는 TLE 사례의 3분의 1에서 다섯 살 이전에 심한 경련이 있었던 것을 추적할 수 있었다고 한다.

테니슨의 '깨어 있을 때의 황홀경'은 청소년기에 시작되었다. 이러한 신비한 환상을 묘사하면서 그는 이렇게 썼다. "일시에 개인의 의식의 단단함을 벗어나, 개인 자체가 녹아서 무한한 존재로 변해 사라지는 것처럼 보였다. 그리고 이것은 혼란스러운 상태가 아니었고 분명한 것 중 가장 분명한 것, 확실한 것 중 가장 확실한 것, 이상한 것 중 가장 이상한 것이었으며, 말을 초월하는 것이었다." 어떤 황홀경에서는 "크고 갑작스러운 슬픔이 나를 덮치는 듯했고 나는… 별 아래에서 방황하는 것 같았다". 런던에서는 한때 그에게 '지난 100년간의 모든 주민이 수평으로 누워 있는' 환상이 나타났다. 그는 "그것은 정확히는 황홀경은 아니고 주변은 모두 죽고 나만 혼자 살아 있는 세계였다"라고 썼다. 테니슨은 마음이 몸에서 떨어져 나가고 몸이 더 이상 자신의 것이 아닌 것처럼 느꼈다. 테니슨은 "이 상태는 성 바울이 '몸 안에 있었는지 나는 말할 수 없고, 몸 밖에 있는지 나는 말할 수가 없다'라고 묘사한 모습일지도 모른다"라며 비교했다.

뇌전증 진단과 자위행위의 연관성에 부끄러워진 테니슨은 발작을 비밀로 했다. 서른아홉 살에 테니슨은 새로운 의사와 상담을 했는데, 그 의사는 그의 '발작'이 유전된 뇌전증이 아니라 통증과 발열, 오한을 유발하는 관절염 질환인 통풍의 증상이라고 말해주었다.♦ 이 진단은 테니슨을 뇌전증이라는 굴욕에서 해방시켜주었고, 황홀경을 무해하고 심지어 빛을 발하는 것으로 바라보게 되었다. 그 결과, 테니슨은 중년의 나이에 많은 주요 시에서 발작과 황홀경에 대해 자유롭게 쓸 수 있었다. 예를 들어, 《고대의 현자The Ancient Sage》에서 그는 자기 이름을 되풀이하는 방법으로 유발한 발작 상태인 이

♦ 　의사가 안심시켜주려고 그렇게 말했는지는 정확하지 않다.

인증에 관해 설명하기도 했다.

> 몇 번인가 나 자신을 빙빙 돌며
> 내가 홀로 앉아 있을 때,
> 나 자신의 상징인 그 단어♦가
> 자아의 필멸의 한계에서 풀려났고
> 구름이 하늘로 녹아내리듯이
> 그것도 이름 없는 것이 되었네.
> 내가 나의 팔다리를 만지자,
> 팔다리는 이상했고
> 의심할 여지 없이 내 것이 아니었네.
> 하지만 완전한 선명함으로
> 내 자아를 잃어버렸지.
> 우리의 것과 일치하는 이런 큰 삶의 이득은
> 그림자 세상의 그림자 자체인 말의 그림자로는
> 덮을 수 없는, 그런 빛을 발하는 태양이라네.

숨겨지거나 진단되거나, 인정되거나 알려지지 않은 TLE 발작에서 발생하는 정신 상태는 단순한 신경학적 증상 이상이라고 할 수 있다. 테니슨, 성 바울, 고흐와 같은 사람들에게 이런 상태는 종교와 예술에 대한 영감을 제공했을 수 있다. 발작의 생리적 원인을 알

♦ 테니슨의 이름.

든 모르든, TLE 환자는 자신의 증상을 시나 이야기, 신화에 포함시킨다. 그리고 이 질환은 종교적 경험이나 창조적인 작업의 소재를 제공하는 것보다 더 중요한 작용을 하게 된다. TLE는 성격 변화와 관계가 있어서, 발작이 일어나지 않을 때도 성격에 영향을 미친다. TLE는 사람들을 종교와 예술로 끌어들이는 바로 그 특성을 강화하는 것이다.

5

◆

성격

11시 10분을 그려보세요

임시변통으로 만든 재떨이와 제멋대로 뻗어 나간 선인장, 그리고 온갖 부엉이의 이미지들이 가득한 보스턴에 있는 재향군인 병원 사무실에서 에디스 캐플런Edith Kaplan은 서류 더미를 헤치고, 서랍을 끄집어 당기고, 파일을 뒤졌다. 임상 연구가인 캐플런은 뇌 손상 환자 중의 한 명이 그린 그림을 찾는 중이었다. "내 사무실에서 뭘 찾는 것은 불가능하다니까요!"라며 그녀는 울상을 지었다. 예순네 살의 나이에 키가 작고 다부진 체격의 그녀는 서류에 뒤덮인 책상으로 돌아와 "여기 있군요!"라고 외치며 어느 환자가 그린 시계 모양이 있는 흰 종이를 들어 올렸다. 그 그림 속의 시계는 원형이 아니라 팔각형이었다. 정확한 이중 경계선 안에는 시간을 나타내는 열두 개의 깔끔한 숫자와 초를 나타내는 60개의 완벽한 구간이 배열되어 있었다. 시계의 바늘은 세 개였는데 이는 대부분의 사람이 그리는 것보다 하나가 더 많았다. 시계는 11시 10분 32초를 나타내고 있었다.

"훌륭하지 않나요?" 캐플런은 "이것이 바로 측두엽뇌전증 시계랍니다!"라며 감탄했다.

시계 숫자판을 그리는 것은 신경과 의사가 환자에게 시행하는 가장 일반적인 뇌기능 검사 중 하나다. 이 검사는 추상적 사고, 언어 이해력, 기억력, 성격에 대한 정보까지도 제공하며, 행동과 뇌 사이의 연관성을 연구하는 신경심리학이 전문 분야인 캐플런이 알고 있는 어떤 테스트보다 뇌 손상의 본질을 더 많이 알려준다. 캐플런은 "만일 나에게 환자와 있을 시간이 2분밖에 없다면, 그에게 시계를 그리게 하고, 모든 숫자를 입력하게 한 다음, 11시 10분으로 시곗바늘을 설정해달라고 부탁할 것입니다"라고 말했다. 환자가 작업하는 동안 그녀는 그 과정을 관찰하고, 분석하고 기록한다. 환자가 페이지의 오른쪽 또는 왼쪽 중 어디에서 시작하는가? 원을 먼저 그리는가, 아니면 숫자를 먼저 그리는가? 어디에 시곗바늘을 그리는가? 무어라도 빠뜨리는 것이 있는가? 환자가 오류를 보인다면 그는 그것을 알아차리는 것처럼 보이는가? 불필요한 것이 추가되었는가? 이러한 관찰하에 그림이 다 그려지면 캐플런은 환자의 뇌에서 어느 부분이 손상되었는지 추론하고 진단을 내린다.

뇌 손상이 없는 사람인 '정상적인 대상'은 자연스럽게 정상적인 시계를 그린다. 열두 개의 숫자가 균일하게 배치된 원이 있고, 시곗바늘은 11과 2에 위치한다. 그러나 대부분의 뇌 손상 환자는 오류가 있거나 중요한 부분이 빠진 시계를 그리게 된다. 이러한 실수는 환자의 뇌 손상의 종류와 위치에 따라 달라지므로, 이러한 시계의 모양은 뇌 내부에 어떤 문제가 있는지 알려준다고 할 수 있다.

한쪽 대뇌반구가 손상되면 예측 가능한 오류가 발생하게 된다. 오른쪽 대뇌반구 손상 환자가 그린 시계는 일반적으로 윤곽에 오류가 생기는 반면, 왼쪽 대뇌반구 손상은 일반적으로 세부적인 오류를 생성한다. 이것은 공간 전체를 이해하는 데 오른쪽 대뇌반구가 관여하고 부분, 목록, 숫자, 단어에 대한 제어는 왼쪽 대뇌반구가 담당한다는 사실을 보여주는 추가적인 증거다. 캐플런이 명명한 '오른쪽 대뇌반구 손상 시계'에서 시계를 구성하는 원은 일반적으로 왜곡되거나 불완전하며 시곗바늘과 같은 '비언어적' 기능은 종종 생략된다. 숫자 같은 '언어적'인 요소는 이 환자의 손상되지 않은 왼쪽 대뇌반구에 의해 생성되므로 일반적으로 그림에 포함되지만, 공간 지각능력의 상실로 인해 종종 흩어져 있는 모습이 된다. 오른쪽 대뇌반구에 손상이 생긴 환자 중 일부는 공간의 왼쪽에 대해 중추적으로 눈이 멀기 때문에◆ 페이지의 왼쪽 전체를 비어 있게 그리기도 한다.

이처럼 오른쪽 대뇌반구의 문제가 그림의 전체 모양을 망가트리는 데 비해, 왼쪽 대뇌반구에 문제가 생기면 그림의 세부 사항을 손상시킨다. 왼쪽 대뇌반구가 손상된 환자가 그린 시계는 대부분 시간을 가리키는 숫자가 너무 적거나 아예 없는 그림이 된다. 또 왼쪽 대뇌반구 손상이 있는 일부 환자는 같은 지점에 같은 숫자를 반복해서 쓰는 '덮어 쓰기overwrite'를 하기도 한다. 그 이유는 아마도 언어 행동을 관장하는 왼쪽 전두엽에 손상이 생겨서 그럴 것이다. 건강

◆ '중추적 실명'이란 뜻인데 이는 뇌의 문제로 인한 실명을 말한다. 안구의 문제로 생기는 '말초적 실명'에 대한 상대적 구분이다.

한 사람에게는 한 작업을 마치고 다른 작업으로 옮기게 해주는 곳이다. 참고로 언어와 기억을 제어하는 왼쪽 측두두정 영역에 뇌졸중이 생긴 환자들은 지시 자체를 이해할 수 없기 때문에 아무것도 그리지 않을 것이다.

뇌졸중의 결과인 일측성 뇌 손상 환자와 마찬가지로, 다른 신경학적 문제가 있는 환자도 생략하거나 잘못된 것이 보이는 시계를 그리게 된다. 예를 들어 사람의 기본적인 움직임을 제어하는 뇌의 하부 영역에 생긴 질환인 파킨슨병 환자는 그림을 그릴 때 축소되어 휘갈겨 쓴 숫자를 가진 조그마한 시계를 그린다. 또 전두엽이 손상된 알츠하이머병과 기타 치매 환자가 그린 시계에는 추상적인 사고가 방해받은 것을 알려주는 기이한 효과가 나타난다. '11시 10분'을 그려 달라는 요청을 받은 환자들은 특징적으로 10시와 11시에 바늘을 한 개씩 놓는다. 분침을 2에 맞추기 위해서는 숫자 10*을 '10분'으로 변환하는 사고가 필요한데 이 부분이 안 되는 것이다. 캐플런은 이 오류가 전두엽 손상에 기인해서 생기는 것으로서 노화에 따라 정상인에게도 점진적으로 발생하며, 알츠하이머병 환자에서는 더 빠르게 발생한다고 설명한다. 그녀는 이 오류를 '전두엽 당김frontal pull'이라고 부른다. 환자가 '임무의 지각적 모습', 즉 여기서는 문자 그대로 구체적인 10에 당겨져서 '자극 결합 반응stimulus-bound response'을 일으키기 때문이다. 이 반응에서 숫자 10은 환자에게 그 자체로 강력

♦   영어로 '11시 10분'은 'ten after eleven'이어서 숫자만 있고 우리말처럼 '시'나 '분'이란 말은 들어가지 않는다.

한 설득력이 있다. '11시 10분'의 그림에서 보이는 전두엽 당김 표지의 유무는 알츠하이머병의 조기 진단에 도움이 되므로 캐플런은 신경과 의사들이 환자들에게 더 자주 사용하는 '8시 20분' 검사보다 이 검사를 더 선호한다. '8시 20분' 검사는 전두엽 손상을 감지하는 데 그다지 효과적이지 않다. 20이라는 단어를 시계의 숫자 4로 변환해야 할 때, 시계 숫자판에는 숫자 20이 보이지 않아서 분침을 20에 놓고 싶어 하는 환자의 이 자극 결합 오류를 발견할 수 없기 때문이다. (그러나 '11시 10분'과 '8시 20분'은 모두 환자가 시계의 좌우에 하나씩 시곗바늘을 배치해야 하므로 양쪽 대뇌반구의 손상을 감지하는 데는 같은 효과가 있다.) 전두엽 손상을 입은 환자 중 많은 사람이 시계에 일반적으로 보이는 숫자 열두 개를 넘어서 숫자 13, 14, 15 등을 추가하는 경우가 있다. 캐플런은 이 '보속증'♦♦은 숫자의 순서 자체에 끌리는 환자의 경향이 자신이 시계를 그리고 있다는 것을 기억하는 능력을 넘어서기 때문에 생긴다고 분석했다.

TLE 환자는 알츠하이머병, 파킨슨병, 뇌졸중 환자와는 달리 왜곡이 없으며 아무것도 빼놓지 않고 시계를 그린다. 사실 그들이 그린 '11시 10분' 그림은 정확한 정도를 넘어선다. 이는 캐플런이 말하는 '세부 사항에 대한 과도하고 과장된 관심'을 보여주기 때문이다. 그녀가 책상에서 발견한 또 다른 TLE 시계는 첫 번째 시계만큼 정확

♦♦ 보속증perseveration은 고집증 또는 이상언행반복증이라고도 한다. 원인 자극이 멈추
    었는데도 같은 단어나 구, 제스처를 반복하는 경향을 말한다. 외상에 의한 뇌 손상(특
    히 전두엽) 환자에게서 특징적이고 자폐증, ADHD 등에서도 나타날 수 있다.

했다. 중앙에는 상표 이름인 '웨스트클락스'가 보였고 바닥에는 태엽 감개 핀이 돌출한 모습으로 그려져 있었다. 일부 TLE 환자는 보통의 시계를 그리기도 하지만, 대부분의 TLE 환자가 그리는 시계는 일반 피험자나 다른 장애가 있는 환자의 그림과 달리 비정상적으로 상세하다. 캐플런은 책상 위에 있는 두 시계 그림을 가리키며 "이런 특이한 시계를 보면 그 사람이 TLE를 가지고 있다는 것을 바로 알게 됩니다"라고 덧붙였다.

TLE 시계는 뇌의 활동과 성격 특성 사이의 직접적인 관계를 명쾌하게 보여주기 때문에 캐플런이 '훌륭하다'라고 말했던 것이다. 뇌의 변화는 TLE 환자가 그리는 시계의 종류를 결정한다. 정서적 뇌에 있는 뇌전증성 흉터는 감정 조절 조직을 과도하게 자극하여 환자가 감정을 더 깊이 느끼게 만든다. 그로 인해 환자는 발작 사이 기간에도 세부 사항에 대해 높은 관심을 가지게 되고, 게슈윈드가 TLE 환자에서 발견한 과다묘사증, 과종교증, 고착성을 닮은 모습을 보이는 것이다.

캐플런은 주요 관심사가 언어와 운동 장애였으므로 성격과 TLE 사이의 연관성에 대한 게슈윈드의 발견에 대한 객관적인 증거를 자신의 연구에서 특별히 찾고 있지는 않았다. 하지만 그녀는 TLE 시계에서 우연히 그 증거를 발견하게 되어 무척 기뻤다. 1940년대에 그녀가 브루클린 대학에서 심리학을 공부하고 게슈윈드는 하버드 의예과 학생이었을 때부터 서로 알고 있었다. 1950년대 후반부터 1960년대 초에는 보스턴의 재향군인 병원에서 함께 일하기도 했다. 재향군인 병원은 제2차 세계대전 이후 뇌에 심각한 손상을 입은 군인들이 전투에서 돌아온 이래 수많은 뇌 연구자들이 몰려들었다. 이 병원의 환자는 흡연자, 음주자, 과체중의 비율이 높았다. 이러한 조건이 심각한 뇌 손상과 결합하면 흔히 볼 수 있는 알츠하이머병뿐만 아니라 가장 흔한 두 가지 신경과 질환인 뇌졸중과 뇌전증과 같은 신경과의 '주 수입원이 되는 만성 질환'을 생성하는 경향이 있었다. 1962년에 게슈윈드와 캐플런은 두 대뇌반구를 연결하는 섬유 다발이 손상되어 각각의 대뇌반구가 독자적으로 작동할 때 발생하는 '분할뇌 효과split-brain effect'에 대한 획기적인 논문을 함께 썼다. 게슈윈드와 캐플런은 행동과 뇌에 관해 대화하면서 TLE를 가진 사람들의 특징적인 성격에 대해 자주 논의했었다.

　게슈윈드가 예상했던 대로 캐플런의 TLE 시계는 결함과 재능을 망라한, 성격과 생리학 사이의 연결 고리의 증거가 된다. 뇌졸중, 알츠하이머병, 파킨슨병 환자가 그리는 명백하게 무질서한 시계와 달리, TLE 시계는 고도의 기술을 보여주기 때문이다. 많은 장애가 무시나 왜곡 같은 뇌 손상과 기능 손실 사이의 연관성을 보여주는 데 비해, TLE는 뇌의 물리적 변화가 기능적 이점과도 관련이 있음을 보여준다는 점에서 독특하다고 할 수 있다.

뇌전증과 천재의 관계

TLE를 가지고 있었던 것으로 생각되는 유명한 사람들의 전기는 게슈윈드 증후군 특성의 이점에 대한 수많은 사례를 포함하고 있다. 고흐, 루이스 캐럴, 도스토옙스키의 과다묘사증은 문서로 잘 기록되어 있다. 어린 시절부터 방대한 글을 썼던 테니슨은《고인을 추모하며In Memoriam》라는 시에서 과다묘사증의 매력을 다음과 같이 설명했다.

> 불안한 마음과 뇌를 위해
> 조율된 언어의 사용이 놓여 있네.
> 서글픈 기계적인 연습일 뿐,
> 고통을 마비시키는 둔한 마취약처럼.

전기 작가인 로런스 수틴Lawence Sutin에 따르면 필립 K. 딕은 열세 살에 첫 단편소설 《백열에서At White Heat》를 출간했고, 많은 책 외에도 수천 쪽의 일기를 손으로 썼다.

장황함으로 잘 알려진 플로베르도 열 살 때부터 수필과 소설을 썼고 평생 일기를 계속해서 썼다. 전기 작가 허버트 로트먼Herbert Lottman은 "하루가 끝날 무렵까지 그는 진행 중인 소설 몇 줄을 다루느라 고군분투했습니다. 그러고도 상당한 양의 편지도 쓸 수 있었죠"라고 말했다. 엄청난 양의 출판된 소설 외에도 플로베르는 많은 초안, 출판되지 않은 저술, 긴 편지들을 남겼다. TLE는 생애 대부분 그를 괴롭혔지만, 동시에 플로베르가 변호사가 되기를 바라는 가족의 기대에 대한 변명거리가 되어주었다. 플로베르는 "내 병은 내가 원하는 대로 시간을 보내는 이점을 가져다주었다"라고 고백했다. 글쓰기는 세상과 등진 플로베르가 하고 싶었던 전부였다.

쇠렌 키르케고르Soren Kierkegaard는 자신의 글쓰기 강박에 대해 "한꺼번에 열 개의 날개 달린 펜으로도 충분하지 않을 것입니다!"라고 말하기도 했다. 이 덴마크의 철학자는 많은 설교문을 출판하고 반복적인 전도지를 출판했으며 어렸을 때부터 날마다 일기를 썼다. 정신과 의사인 하이디Heidi와 L. 보르크 한센L. Bork Hansen은 키르케고르의 일과 삶에서 TLE의 증거를 찾았다. 1855년 그가 마흔두 살의 나이로 사망한 직후, 시베른Sibbern이라는 심리학자는 이 철학자의 다리에 가끔 발생했던 마비 경험이 '의심할 여지 없이 뇌전증으로 인한 것'이라고 썼다. 키르케고르를 정기적으로 만난 한 남자는 "그는 질병 때문에 극심한 발작을 자주 겪었습니다. 그러는 동안 바닥에 쓰러지기도 했지만 손을 움켜쥐고 근육에 힘을 가해, 고통과 싸우면서도 중단된 대화를 계속 이어나갔습니다. 그는 '이 일을 아무에게도 발설하지 마세요. 내가 무엇을 견디고 있는지 사람들에게 말할 필요는 없으니까요'라고 부탁하곤 했습니다"라고 전했다.

키르케고르가 이러한 증상이 뇌전증을 암시한다는 사실을 알고 있었는지 여부와 관계없이, 그는 이것을 치밀하게 비밀로 유지했다. 그는 "내가 죽은 후에는, 누구도 무엇이 나의 인생을 진정으로 채웠는지에 대한 사소한 정보를 내 글에서 찾을 수 없을 것이다(이것이 내 위안거리다)"라고 썼다. 그러나 한센이 키르케고르의 베일로 가린 자서전으로 여기는 이야기인《반복Repetition》에는 도스토옙스키의《백치》에 묘사된 발작과 유사한, 공포로 옮겨 가는 황홀경 상태에 대한 구절이 포함되어 있다. 키르케고르는 "정확히 1시에 나는 아무리 따져보아도, 시적인 체온계로 재보아도 좋은 상태라고는 볼 수 없는, 가장 높은 지점에, 어지러움의 최대치라고 추정되는 곳에 있었다. 몸은 지상의 무거움을 모두 잃어버렸는데 그것은 마치 내 몸이 없어진 느낌이었다. 바로 그 순간에 나는 절망의 심연으로 쓰러졌다"라고 기록했다. 키르케고르는 일기에서 자기가 '질병'을 앓고 있는데 '심령적인 것과 신체적인 것이 변증법적으로 서로 접촉하는' 것이라고 고백했다. 성 바울을 떠올리며 키르케고르는 이 질병을 '육체의 가시'라고 불렀지만, 그 고통은 작품 생산성에 없어서는 안 될 것이라고 말했다. "만약 나의 고통, 나의 연약함이 내 지적 작업의 조건이 아니라면, 나는 당연히 평범한 의학적 접근으로 그것을 다루려고 시도할 것이다. … 그러나 여기에 비밀이 있다. 즉, 내 삶의 중요성은 내 고통과 직접적으로 일치한다는 점이다." TLE를 가진 작가 대부분은 발작이 잠잠한 시기에 가장 생산적인데, 키르케고르는 발작이 자주 발생할 때에도 작업을 훌륭히 수행한 몇 명 중 한 명일 것이다. 그러한 환자 중에 어느 시인은 보스턴의 베스 이스라엘 병원에서 항경련제로 TLE의 치료를 받으며 "내 발작이 [약으로] 통제되면 뮤즈는 나를 떠납니다"라고 설명하기도 했다.

내부에서 뇌전증 활동이 일어나는 대뇌반구는 그 결과로 발생하는 과다묘사증의 본질과 관련이 있다. 일반적으로 왼쪽 대뇌반구에 뇌전증 활동이 있는 환자는 글을 쓰고, 오른쪽 대뇌반구에 뇌전증 활동이 있는 환자는 그림과 조각과 같은 조형 예술에 참여한다. 캐플런은 그 이유가 왼쪽 흉터는 언어에 관한 왼쪽 대뇌반구의 기능을 과도하게 자극하고, 오른쪽 흉터는 오른쪽 대뇌반구가 이끄는 시각적-공간적 기술을 향상하기 때문이라고 말했다. 이러한 결과는 뇌졸중으로 인해 한쪽 뇌의 손상을 입은 환자가 그린 '11시 10분' 그림의 오류와 일치한다.

의사들이 과다묘사증으로 설명하는 대다수 환자의 직업은 작가였지만, 베어는 오른쪽 대뇌반구 뇌전증 활동과 그에 따른 '시각적-공간적 과다묘사증'을 가진 환자 네 명을 연구했다. 한 명은 성공적인 도예가였고, 다른 한 명은 직업 화가였으며, 세 번째는 아마추어 시인이자 일러스트레이터, 네 번째는 퀼트 공예가였다. 이 네 명의 환자 모두 게슈윈드 증후군의 다른 측면을 보였다. 먼저 도예가는 "성적으로 금욕적이고, 심오하게 종교적이며, 때로 공격적이었다"라고 베어는 말했다. 그녀는 자신이 만든 모든 도자기에 성경 인용문을 새겼다. 도자기 판매 대리인은 영적인 메시지가 없다면 도

자기가 더 잘 팔리리라 생각했지만, 계속 실망하곤 했다. 베어는 두 번째 환자인 화가의 작품을 그녀의 '철학적이고 영적인 탐구'를 반영한 것으로 보았는데, 비평가들은 그것을 고흐의 후기 작품과 비교하기도 했다. 세 번째로, 전직 수녀였던 이 시인은 "성적 취향, 폭발적인 기질 등과 관련해서 여러 번 갈등을 일으켰고, … 그녀의 시가 점점 더 도덕적이고 종교적인 주제로 바뀌면서 그녀는 밝은 색의 극도로 상세한 그림에 격언을 섞어 넣기 시작했다". 그리고 마지막으로 퀼트 공예가는 "종교가 인류의 가장 훌륭한 업적인지, 아니면 사회적 억압의 잔인한 도구인지에 대한 질문에 도스토옙스키를 연상시키는 방식으로 몰두했다".

이 예술가들에 대한 논문에서 베어는 측두변연계 영역의 뇌전증 활동이 뇌의 의사결정 부위인 전두엽에 '여러 자극이나 사건이 아주 중요하다고, 관심을 집중시킬 가치가 있고, 진귀하며, 경이롭고, 에로틱하며, 설명을 요구한다고' '말할' 때 시각적-공간적 과다묘사증이 발생한다는 이론을 만들었다. 베어는 "이러한 경험의 축적은… 전전두엽 회로를 자극해서 예술적 창작물로 귀착되는 진지한 도덕적 또는 종교적 질문을 시작하게 할 수 있다"라고 썼다. 캐플런이 신중하게 TLE는 '생산성'을 향상한다고 말했지만, 베어는 한 걸음 더 나아가 TLE의 결과로 나온 작품을 '창조적'이라고 불렀다. 그는 고흐, 도스토옙스키, 무함마드, 성 바울, 모세를 인용하면서 "뛰어난 개인 안에서 측두엽 발작의 초점은 진리 또는 아름다움이라고 부르는 실체에 대한 특별한 탐색을 촉발시킬 수 있다"라고 말했다.

의사와 환자를 막론하고 많은 사람들은 비정상적으로 발화하는 뉴런이 긍정적이든 부정적이든 간에 행동과 감정을 바꿀 수 있다는 개념에 저항한다. 스피어스는 "어느 누가 위대한 문학작품이 질병에 기반을 두고 있다고 생각하고 싶어 하겠어요?"라고 물었다. 그러나 뇌전증과 영재성 사이의 연관성은 오래전부터 잘 알려져 있었다. 19세기 의사인 체사레 롬브로소Cesare Lombroso는 "천재는 뇌전증과 비슷한 종류의 유전적인 변질로 생긴 증상이다"라고 썼다. 오늘날 누구도 천재를 '증상'이라고 부르지는 않겠지만, 과다묘사증은 뇌전증성 뇌의 산물로 알려져 있다.

과다묘사증은 누구에게나 글을 쓰거나 그림을 그리도록 감정을 강화하는 것과 관련되었을 수 있다. 키르케고르는 자신의 장애를 다음과 같이 부르며 이를 암시했다. "이것은 모든 것을 해석하는 내 가장 깊은 존재에 대한 명문銘文이며, 세상은 이것을 하찮은 것이라고 부르지만 간혹 나에게는 엄청나게 중요한 사건으로 바뀌는 것이고, 또 내가 만일 그것을 해석하는 비밀 노트를 제거한다면 내가 하찮게 여기는 사건으로 그냥 변하게 되는 것." 이와 비슷하게, 과다묘사증은 예술을 창조하려는 욕구의 바탕이 되는 신경학적 과정을 모방하는 것일지도 모른다. 확실히 예술(그리고 아마도 종교)의 한 가지 목적은 사라져버린 의미 있는 경험의 구조와 세부 사항을 단어와 이미지로 재구성하여, 과거를 다시 만드는 식으로 아름답거나 진실이라고 느꼈던 무언가의 상실을 막는 것이다. 알베르 카뮈Albert Camus는 예술가의 작품이란 "처음으로 마음에 접근한 두세 가지의 단순하고 위대한 이미지를 예술이라는 우회로를 통해 회복하는 긴 여정에 불과하다"라고 말하지 않았던가. 게다가 감정과 기억의 전반적인 강화는 확실히 이러한 추진력을 만들어낼 수 있다.

뇌전증 환자가 아닌 작가, 예술가 또는 종교 지도자의 지속적인 신경 활동과 TLE와 게슈윈드 증후군 환자의 신경 활동 사이의 유사점은 아직 명확하지 않다. 베스 이스라엘 병원에 있는 일반 환자에 대한 연구에서 의사들은 "질환에 가장 잘 적응하고 상태가 좋은 일부 TLE 환자를 포함하여, 우리가 추적 관찰했던 많은 TLE 환자에서 과도하게 글을 쓰는 경향이나 강박성이 분명하게 보인다. 이 환자들은 창의적인 글쓰기 과정을 수강하기도 하고, 시 쓰기 동호회에 들어가거나 단편소설을 쓴다. 그들이 생산하는 작품 중 일부는 강박적이고 관념적이고 또 도덕적이지만, 일부는 신랄하고 통찰력이 있으며 잘 쓰인 글이다. 이 환자들은 글쓰기를 즐기는 수천 명의 뇌전증이 없는 사람들과 다를 바가 없다고 주장할 수 있을 것이다. 그러나 TLE와 연관 지어 보는 것은 주로 글쓰기로 내몰리게 된 점, 지나치게 많은 양, 계속 되풀이되는 도덕적이거나 철학적인 내용이다"라고 설명했다. 의사들은 환자가 TLE가 심해진 직후 과다묘사증이 나타날 때 본래의 성격과는 상관없이 나타나는 것을 알아채기도 한다. 예를 들면, 지적인 일에 관심이 없었던 체육 교사가 갑자기 무언가 중요한 글을 써야 한다고 집착하기도 했고, 또 40대의 '반문맹'인 노동자는 갑자기 날마다 신학적인 명상을 녹음하기 시작했다. 이에 대해 게슈윈드는 "재능이 없는 사람의 손으로는, 그가 자신의 뇌전증 경험을 인쇄해 옮기더라도 문학적 위대함을 이룩하는 데는 결국 실패합니다"라고 말했다.

극단으로 가는 열정의 소용돌이

과다묘사증과 과종교증은 종종 훌륭한 예술품을 생산하는지 여부와 관계없이 존경할 만한 것으로 여겨지지만, 게슈윈드 증후군의 다른 특성은 그렇지 않다. 많은 사람에게는 공격성 증가, 성적 취향의 변화, 심지어 고착성조차 사회적으로 받아들여지기 힘들다. 찰리 히긴스는 "수도꼭지를 잠글 줄 모르는 사람이 항상 골칫거리인 법입니다"라고 비유했다. 그러나 이러한 좋지 않은 특성도 TLE를 가진 유명한 사람들에게서 발견된다. 모세, 플로베르, 성 바울은 도스토옙스키처럼 분노로 유명했다. 모세는 처음에 분노에 빠져 사람을 죽이고는 당국에 붙잡히지 않기 위해 이집트를 떠나 시나이로 향했다. 나중에는 하나님의 계명을 새긴 판을 집어던져 부수었다. 플로베르는 '잔인했다'고 그의 어머니는 말했다. 세관 관리가 그를 폭행 혐의로 체포할 뻔한 적도 있었다. 역사가 C. H. 류Rieu에 따르면, 성 바울은 '가차 없는 반대자'였고, 내면에 증오와 우울함이 다정함

과 사랑과 합쳐진 '열정의 소용돌이'였으며, '양쪽 모두 극단으로 가는' 사람이었다. 개종하기 전에 바울은 기독교인을 철저히 박해하는 것으로 악명이 높았다. 복음서 작가인 누가는 바울의 고착성을 포착했다. AD 58년 어느 날 저녁 고린도에 있는 회중에 작별 인사를 하면서 바울이 여러 시간 동안 너무 길게 설교를 해서 듣고 있던 한 교인이 잠들어버렸고, 앉아 있던 창문 난간에서 떨어졌다. 바울은 청년을 깨우고는 다시 설교로 돌아가 새벽까지 계속했다.

테니슨의 과민성은 TLE를 가진 다른 작가들의 동일한 특성과 충돌했다. 그와 에드워드 리어Edward Lear는 친한 친구였는데, 수줍고 상냥한 화가이자 희극 시인이었던 리어도 성인기 내내 매일 또는 이틀마다 발작을 겪고 있었지만, 둘이 상대방의 TLE를 알고 있었던 것 같지는 않다. 리어는 자위행위를 의사가 진단한 자기 질병의 원인이라고 믿고 있어서, 청소년기부터 끊으려고 했던 자위 습관이 밝혀질까 두려워 발작을 숨기려고 애썼다. 1867년에 테니슨의 집을 방문하는 동안, 나중에 《올빼미와 고양이The Owl and the Pussycat》를 쓰게 된 리어는 그림 몇 점을 테니슨 가족에게 팔겠다고 제안했다. 테니슨은 가격에 불만을 느껴 소란을 피웠고, 리어는 분노했다. 테니슨은 그날 저녁에 사과했지만, 두 사람은 다시는 가깝게 지내지 않았다.

극도의 민감함으로 인해 테니슨과 루이스 캐럴의 관계 역시 갑작스럽게 끝났다. 테니슨은 1857년 9월 도지슨◆ 목사를 처음 만났다. 테니슨의 아내 에밀리가 목사에게 어린 두 아들을 사진으로 찍

◆　루이스 캐럴.

어달라며 초대했던 것이다. 도지슨은 리오넬과 할람을 그가 본 중 가장 아름다운 소년이라고 칭찬하고, 두 명의 침울한 금발 머리 아이들이 동양풍의 망토를 쓰고 어색하게 기대어 선 사진을 찍었다. 소년들은 보아하니 촬영을 즐겼던 것으로 보이는데, 도지슨을 다시 불러 사진을 더 찍어달라는 요청을 했기 때문이다. 다시 방문했을 때 도지슨은 테니슨의 사진도 찍었다. 사진을 위해 포즈를 취한 테니슨은 거의 쉰 살의 나이에 수염을 길렀고, 평평한 벽을 배경 삼아 모자와 원고 페이지를 손에 들고 의자에 뻣뻣하게 앉아 있는 모습이다. 나중에 두 사람은 서신을 주고받았고, 도지슨은 유숙객으로 다시 오기도 했다. 그러다 1860년대 후반에 도지슨은 테니슨이 만들었지만 출판을 포기한 노래를 개인적인 인쇄본으로 소장할 수 있느냐고 요청하는 편지를 보낸 적이 있었다. 그런데 그 시인은 아내가 대필하여 쓴 편지에서 이를 냉정하게 거절했다. "친애하는 목사님, 신사라면 어떤 작가가 작품을 대중에게 공개하지 않을 때는 자신만의 이유가 있음을 이해해야 합니다." 이에 도지슨은 자기가 신사가 아니라고 의미하는 것을 반박하는 편지를 보냈고, 이 편지의 답장에서 테니슨은 도지슨이 잘못한 것은 없다고 인정했다. 이에 도지슨은 답장에 "당신은 먼저 사람에게 상처를 입힌 다음 그를 용서하는군요. … 먼저 발가락을 밟고 난 다음 비명을 지르지 말라고 부탁하는 듯합니다"라고 썼다. TLE를 가진, 쉽게 상처받는 두 영혼의 우정은 이렇게 끝이 났다.

몸을 비비는 행위에는 배울 것이 없어

이 모든 창조적인 작가들은 성적인 면과 대인관계 면에서 감정의 격렬함과 자제력의 조합이 눈에 띈다. 이는 게슈윈드 증후군과 일치한다. 한센에 따르면, 키르케고르는 성적인 일을 혐오스러운 것으로 간주해서 결혼도 하지 않았고 성관계도 하지 않은 것으로 알려졌다. 또 성 바울은 자신이 선호하는 성적인 금욕을 사람들에게 자주 권장했다. 고린도 사람들에게 보낸 첫 번째 편지에서 그는 이렇게 썼다. "미혼인 사람들에게 나는 나처럼 지내는 것은 좋은 일이라고 말하겠습니다. 그러나 자신을 통제할 수 없다면 결혼해야 합니다. 헛된 욕망으로 타오르느니 차라리 결혼하는 것이 낫습니다." 당시 대부분의 초기 기독교 교회 지도자는 아내와 함께 선교 여행을 했는데, 바울은 그들 사이에 몇 안 되는 독신주의자 중 한 사람이었다. 성공회 주교인 존 셀비 스퐁John Shelby Spong에 따르면, 동성애가 사형당하는 죄가 되는 시대에, 바울은 억제된 동성애자였을 수 있다. 스퐁은 이 이론의 근거로 성 바울의 여성에 대한 혐오와 평생 결혼을 하지 않은 점, 그의 신체적 고통에 대한 묘사를 제시했다. 초대 교회에서 금욕을 지지한 사람들 가운데 바울은 아마도 신도들에게 가장 많이 글을 쓰고 권면한 사람이었을 것이고, 가톨릭 성직자의 독신 생활 전통의 기초를 제공한 장본인일 것이다.

더불어 무성애asexuality는 테니슨의 중요한 성격적인 특징이었다. 그의 전기 작가인 로버트 버나드 마틴Robert Bernard Martin은 테니슨이 "성에 관심이 깊은 남자가 아니었다"라고 결론지었다. 그에게 가장 중요했던 인간관계는 열아홉 살부터 스물세 살 때까지 알고 지내던 대학 친구와의 관계였다. 테니슨과 동갑 친구인 아서 헨리 할람 Arther Henry Hallam은 발견되지 않은 뇌 기형으로 인한 뇌졸중으로 사망하여 테니슨이 《고인을 추모하며》라는 시를 쓰는 계기가 되었다. 마틴은 "할람이 테니슨에게 미친 영향은 어마어마하게 클 것이다"라고 썼다. 이 우정의 시기가 "테니슨에게 가장 정서적으로 강렬한 시기였으며, 이 4년은 그의 나머지 70년의 삶보다 정신적으로 더 중요했을 것이다"라고 분석했다. 많은 여성이 젊은 테니슨을 쫓아다녔지만 그는 항상 관심이 없었다. 마틴은 "테니슨이 마흔한 살에 결혼할 때까지 다른 사람과 한 번이라도 성적인 경험을 했다는 증거는 눈을 씻고 찾아봐도 없다. 결혼하던 해까지 여자에게 키스를 그렇게 많이 해본 남자가 아니었다"라고 말했다. 서른일곱 살이었던 그의 신부는 부분적인 장애인으로 척추 문제로 하루의 대부분을 소파에 갇혀 지냈다. 대단한 애정과 두 아들의 출생에도 불구하고, 결혼은 열정적이지 않았다. 결혼식이 끝나자마자 테니슨은 아내와 따로 잠들었던 것이다.

플로베르도 비슷하게 내성적이었고 강렬했다. 이 프랑스 작가
는 어린 시절의 집에서 성인이 된 후에도 살았으며, 처음에는 어머
니와 함께 살다가 1872년 플로베르가 50세 되던 해에 어머니가 돌
아가신 후로는 사랑하는 조카와 함께 살았다. 가족 외에 친밀한 관계
는 주로 편지로만 이루어졌다. 섹스에 대한 플로베르의 욕구는 10대
였을 때는 평범하거나 심지어 과도했지만, 첫 발작을 할 당시 갑자기
극적으로 감소했다. 발작이 시작되기 전에는 정기적으로 매춘부를
방문했다. 그 후 그는 금욕주의자가 되어 1년 이상 모든 성적인 활동
을 피하게 된다. 플로베르는 스물세 살 때 친구에게 "두 사람이 서로
몸을 비비는 행위에서 이제 배울 만한 것은 없어. 내 갈망은 내가 [신
체적] 욕망 따위를 갖기에는 너무 우주적이고 영원하며 강렬하니
까"라고 말했다. 나중에 그는 동성애에 관심이 생겼다. 전기 작가 벤
저민 바트Benjamin Bart는 "그는 여성과의 관계, 특히 다소 멀리 떨어진
여성과의 관계는 유지할 수 있었지만, 진정한 관심, 애정, 진정한 사
랑은 남자에게 향했다고 말할 수도 있다"라고 썼다. 플로베르는 친
한 남자 친구에게 보내는 편지에서 자기가 동성애인 것에 대해 농담
하고, 카이로 공중목욕탕에서 남자들과 성관계를 가졌다고도 언급
했다. 또 그는 자신이 여성이었으면 하고 바란다는 글을 썼고, 때로
는 여성 의상을 입기도 했다. 루이즈 콜레Louise Colet와의 유명한 연애
관계는 대면 접촉이 거의 없었다. 플로베르는 콜레에게 수많은 편지
를 썼지만 그녀가 집에 오는 것은 거부했다. 그녀의 애원에도 불구하
고 그는 절대 결혼을 고려하지 않았다.

플로베르의 기질, 고착성, 변화된 성적 취향은 그가 예술에서 최고 수준의 능력을 발휘하는 것에 방해되지 않았다. 실제로 게슈윈드 증후군은 플로베르로 하여금 자신의 성격과 작업에 열정적으로 집중하게 해주어 그의 업적에 기여한 것으로 보인다. 그러나 평범한 사람들에게 이 증후군은 그다지 유익하지 않을 수 있다. 캐플런은 재향군인 병원에 있었던 '분명하고 논란의 여지가 없는' 게슈윈드 증후군의 TLE 환자를 회상했다. 그 환자는 '모든 것의 의미와 중요성에 대한 고조된 감각'으로 인해 슈퍼마켓 관리인에게 상점 진열대에 있는 캔이 알파벳 순서로 정리되지 않았다고 불평했던 것이다. 관리인이 상태를 바로잡는 것을 거부하자, 그 남자는 아주 심하게 비난하며 옳고 그름을 따졌고, 관리자는 결국 그를 가게에서 내쫓아버렸다. 또 이 환자는 수시로 신문 편집자나 수도·전기회사 등에 편지를 보내 신문이나 청구서에 오류가 있다고 불평했다. 게슈윈드의 지도로 1970년대 초에 신경과 레지던트를 했던 키스 에드워즈는 게슈윈드의 TLE 환자 한 명에 대해 "광신도에 가깝게 종교적이며, 한 번에 몇 시간씩 모든 종류의 글을 썼다. 이 남자는 불길한 징조나 파멸의 예감에 사로잡혀 조종당하다시피 했다"라고 회상했다.

뇌에서 무언가가 방아쇠를 당기기 때문

글로리아 존슨의 경우에는 게슈윈드 증후군이 비정상적으로 증대된 사례로, 그녀는 결국 사회의 낙오자가 되었다. 높은 성욕과 글을 써야 한다는 강박이 있었으며, 매우 도덕적이고 감정적인 글로리아는 청소년기와 성인기 초기에 몇 가지 폭력 범죄를 저질렀고 이로 인해 감옥에 다녀왔다. 분노를 폭력으로 표현하는 그녀의 방식은 40대 초반부터 류머티즘성 관절염으로 인해 방해를 받았다. 그러나 쉰아홉 살의 나이에도 그녀는 쉽게 분노했고, 이 특성으로 오히려 시민운동에서 자신의 역할을 찾을 수 있었다. 움직이기가 쉽지 않은 그녀는 자신의 집착, 끈기, 도덕적 분노로 무시무시한 도구가 된 전화기 옆에 앉아 사회적인 병에 대한 제보를 기다리고 있다.

얼마 전 누군가가 글로리아의 전화 자동응답기에 잘 알아듣기 힘든 메시지를 남겼는데, 그녀에게는 "깜둥이! 흑인아!"라고 말하는 것처럼 들렸다. 글로리아는 보스턴 시청의 공개 축하 행사에서 아파트로 돌아왔을 때 이 메시지를 발견했는데, 그 행사에는 시장의 보좌관인 제럴딘 커디어Geraldine Cuddyer의 초대를 받아 간 것이었다. 글로리아가 불만을 가지고 전화하는 커디어와 다른 공무원들은 그녀가 고마워서라도 문제를 조금 덜 일으키기를 기대하며 가끔 비슷한 행사에 초대하곤 했다. 글로리아는 시청에서 즐거운 시간을 보냈다. 커디어의 비서가 생일을 기념해 케이크를 선물했기 때문이다. 그런데 이 메시지를 듣자 기분이 바뀌어버렸다. 그녀는 누군지는 모르지만 시청에서 일하는 누군가가 그 메시지를 남겼다고 의심했다.

격노해서 그녀는 시장에게 연락을 보냈다. 그녀는 커디어와 시장의 언론 담당 비서인 리처드 존스Richard Jones에게 시청에서 인종차별에 대해 논의하고 싶다는 메시지를 남겼다. 다음 날 아침, 그녀는 주교에게 전화를 걸어 자동응답의 메시지를 전하고 흥분해서 말했다. "그건 옳지 않아요. 그들은 나를 '깜둥이'라고 불렀다고요." 주교는 평소처럼 자기를 위해 기도해달라고 부탁하고는 곧 대화를 끝냈다. "감사합니다, 라일리 주교님, 기도할게요"라고 그녀는 말했고 둘은 전화를 끊었다. 그런 다음 그녀는 자기 전화에 대해 시에서 응답하지 않는 것에 화가 나서 시청에서 직접 불만을 이야기하기로 했다. "싸워야겠어!"라고 그녀는 그녀의 특징적인 감정으로 말했다.

글로리아는 커디어의 사무실에 전화해서 지금 가는 중이라고 경고했다. 비서는 커디어가 점심을 먹으러 나갔다고 말했다. 글로리아는 "젠장, 항상 이렇게 말한다니깐"이라며 성질이 폭발해서 전화를 끊은 다음 다시 다이얼을 돌렸다. 다른 비서가 커디어가 회의하고 있다고 말했을 때, 글로리아는 "음, 내가 그녀와 얘기해야 할 것이 있다고 전해줘"라고 으르렁거리며 말했다. 그녀는 전화를 끊고 유쾌하게 말했다. "이 여자는 좀 착하구먼." 곧 짜증이 다시 돌아오더니 "하지만 그들은 내 문제를 계속 뒤로 미루고 있어. 의사들도 미룰 때는 적어도 공개적으로 한다고!"라고 덧붙였다. 글로리아는 전화 상담 시간을 내줄 사람을 찾기 위해 지난 수년간 이 의사에서 저 의사로 담당의를 바꿨다. 이제 그녀의 분노가 다시 새롭게 끓어오르자 글로리아는 지갑과 그녀가 권력의 상징이라고 간주하는 문서들, 즉 성직자, 의사 및 공무원을 포함하여 그녀가 아는 힘 있는 사람들의 편지를 쇼핑백에 집어넣고, 친구에게 자신을 시내로 데려다 달라고 요청했다.

글로리아는 시청 로비에서 엘리베이터를 기다리며 자신의 임무를 되뇌어보았다. 그녀는 "이 도시에는 두 명의 시장이 있어"라며 주변의 낯선 군중에게 호기롭게 말했다. "하지만 내가 더 중요한 시장이지. 그는 아일랜드 출신 백인 시장일 뿐이야." 그녀는 보스턴 시장인 레이먼드 플린Raymond Flynn을 언급하며 이유를 설명했다. "내가 바로 서인도제도 출신 흑인 시장이거든!" 엘리베이터가 왔을 때 그녀는 휠체어를 뒤쪽에 세우고 사람들에게 조용히 해달라고 요구했다. "내가 이곳을 운영하는 사람이야"라고 계속 말하며 옆에 서 있는 눈에 띄는 백발의 남자를 향해 돌아섰다. 그는 글로리아를 무시했지만 다른 사람들은 누가 이 소란을 일으키고 있는지 보기 위해 백발 남자를 지나쳐 그녀를 쳐다보았다. 그들은 흰색 폴리에스테르 스웨터와 녹색 바지를 입고, 레이스가 달린 흰색 양말이 보이는 브래드리스 운동화를 신은 60대 여성이 수많은 팔찌와 반지를 끼고 휠체어에 앉아 있는 것을 볼 수 있었다. 그녀의 짧은 검은색의 머리는 흐트러져 있었다. 보호대가 발목과 손목을 감싸고 있었고, 목 보호대가 목을 지탱하고 있었다. 그리고 손으로 무릎 위에 놓인 비닐 주머니를 움켜쥐고 있었다.

글로리아의 말에 아무도 응답하지 않았기 때문에 그녀는 다시 "시장은 온 가족을 여기에서 일하도록 꾸몄어"라고 소리쳤다. 그녀가 "그는 사기꾼이야"라고 말할 때 몇몇 사람들이 웃었다. 격려를 받자 글로리아는 계속 말했다. "난 장애인이야. 난 받을 게 있다고. 내 몫의 파이 조각을 달란 말이야!" 더 많은 사람이 웃었고 군중은 즐거워했다. 이것이 글로리아를 기쁘게 했다. 그녀의 측두엽 손상에 의해 생긴 감정의 증폭은 남에게 환영과 칭찬을 받고 싶은 엉큼한 욕망을 불러일으키지만, 동시에 뭔가 문제를 일으켜 관심을 받고자 하는 강박을 일으킨다. 게다가 전두엽 손상도 있을 법해서, 마음속에 떠오르는 것을 억제하지 못하고 무엇이든 말로 내뱉게 된다.

엘리베이터는 시장의 집무실이 있는 층에 멈췄고, 글로리아와 동행한 친구는 휠체어를 밀고 나갔다. 엘리베이터를 나설 때 글로리아는 위스키 향처럼 이상하고 톡 쏘는 듯한 냄새를 맡았다. 이것은 발작 증상이었다. 글로리아는 "누가 술을 마셨어?"라며 비난하는 눈빛으로 백발의 남자를 쳐다보며 말했다. 그녀가 실제로 발작했는지는 확실하지 않다. 그녀의 발작과 성격은 서로 섞여들어서, 어느 쪽이 끝나고 어느 쪽이 시작되는지 구별하기 어렵다. 글로리아의 발작 중 일부는 혼란, 눈물, 분노, 두려움을 일으킨다. 그러나 발작을 하든 안 하든, 그녀는 감정적으로 불안정하다. 게슈윈드 증후군의

뇌에서 무언가가 방아쇠를 당기기 때문

특성이 항상 나타난다.

몇 분 후, 글로리아는 어느 문이 시장 직속 직원의 사무실로 이어지는지 기억해냈다. 그녀는 어느 개인 사무실까지 휠체어를 직접 굴렸고, 처음 본 비서의 문패를 발견하자 갑자기 소리를 지르기 시작했다. "존슨 부인이 왔다! 문 열어! 인종차별하지 말라고!" 휠체어를 스스로 굴려서 그 비서의 방을 지나 그녀는 '제럴딘 커디어'라고 표시된 사무실에 들어갔다.

커디어는 책상 앞에 서 있었다. 눈을 들어 글로리아를 보고 커디어는 깜짝 놀랐다. 어제 이곳에 글로리아를 초대도 했고 보안요원에게 충분한 주의도 주었지만, 글로리아가 결국 스스로 왔다는 사실에 커디어는 매우 불안했다.

"무슨 일이에요?"

"당신을 만나고 싶었어요."

"전화하시지 그랬어요."

"그랬다고요, 제럴딘." 글로리아는 입술을 뿌루퉁하게 내밀며 "100번도 넘게 전화를 했어요. 그때마다 그들은 당신이 바쁘다고 말했다고요"라고 말했다.

"나는 지금 바빠요"라고 커디어는 단호하게 말했다. "무엇 때문에 이러시는 거죠?"

"정말 화가 났어요." 글로리아가 드디어 부모의 관심을 끈 아이처럼 신이 나서 말했다.

"보세요, 글로리아, 우리는 어제 좋게 만났잖아요." 커디어는 가능한 한 빨리 침입자를 보내길 바라며 말했다. 그녀는 글로리아의 분노를 유발할 수 있는 말을 절대 꺼내지 말아야 한다는 것을 경험상 알고 있었다. 그녀는 붙임성 있게 "부인과 나는 어제 여기에 앉아서 즐거운 대화를 나눴죠"라고 말했다.

"예, 하지만 보세요. 여기에는 인종차별이 있어요. 그리고 이곳은 모든 사람이 공정하게 대우받는 보스턴시라고요!"라며 글로리아는 목소리를 높였다.

"소리 지르지 마세요." 커디어가 조용히 말했다. 그녀는 대립을 피하려 잠시 생각했다. "그건 맞아요, 글로리아." 커디어는 마지못해 수긍했고 목소리는 피로에 휩싸였다. 그녀는 글로리아의 말에 공개적으로 반박하지 않았다. 뜨거운 논쟁의 감정을 식히는 것은 대부분의 사람에게도 어려운 일이지만, 정상적인 감정의 조절이 부족한 글로리아에게는 훨씬 더 어렵다. TLE 발작이 간헐적으로 자유의지를 없애는 것처럼 게슈윈드 증후군은 지속적으로 자유의지를 감소시키므로, TLE 환자는 발작을 책임지지 못하듯 기분도 책임지지 못한다. 이것을 이해하는 사람은 글로리아를 더 성공적으로 다룰 수 있다.

도발당하지 않자, 글로리아는 진정되었다. 그녀는 "너무 화가 났어요"라며 조용히 인정했다. 그런데 자동응답기 메시지가 떠오르자 그녀는 "나는 뇌전증 환자인데 무슨 이유인지 누군가가 전화로 나를 검둥이라고 불렀어요!"라고 울부짖었다. 커디어는 현명하게 아무 말도 하지 않았고, 글로리아는 돌아가기로 했다. 그녀는 자신의 전화에 응답하지 않은 언론 비서인 리처드 존스에게 불만을 제기하러 갈 것이다. 휠체어를 굴려 커디어에게서 멀어지면서 "나는 도시 정책이 걱정되고, 백인과 흑인 사이에 무슨 일이 일어나고 있는지도 걱정된다고요!"라고 말했다.

커디어는 "우리가 언쟁을 벌여야 한다고 생각하게 만들어서 미안해요. 집에 가서 생일 잘 보내세요"라고 말했다. 그녀는 글로리아가 밖으로 나간 순간 문을 닫았다. 글로리아는 휠체어를 굴려 사무실 밖으로 나오며 비서들에게 "이런 곳에서 인종차별은 정말 나쁜 짓이야"라고 투덜거렸다. 엘리베이터로 돌아온 그녀는 누군가에게 시장의 기자실로 가는 길을 알려달라고 부탁했다. 한 층 위로 올라가자 그곳에서 일하는 파란색 정장을 입은 여성이 엘리베이터에 타서 글로리아를 따뜻하게 맞이했다. "나는 어제도 여기 왔었어요." 글로리아가 자랑스럽게 말했다.

"이틀 연속인가요!" 그 여자는 감탄하는 목소리로 대답했다.

그러자 시무룩한 표정으로 글로리아는 "나를 엉망으로 대했어요"라고 말했다.

"믿을 수가 없군요!"라며 그 여자는 걱정스럽다는 듯이 말했다. "누가 부인을 그렇게 대했나요?"

"제럴딘 커디어."

"제럴딘이 그럴 리가요. 그녀는 절대 당신을 막 대할 사람이 아니에요. 제럴딘은 당신이 최고라고 생각해요." 그녀는 전혀 업신여기지 않고 글로리아의 말을 부정했다. 아첨은 글로리아의 분노를 다른 곳으로 돌릴 수 있다.

그 여성은 글로리아와 함께 기자실로 들어갔고 글로리아를 여러 시청 직원들에게 소개했는데, 그 직원들은 자신을 전화로 괴롭힌 사람을 만나서 기뻐하는 것처럼 보였다. 누군가가 글로리아의 생일을 기억했고, 그들은 모두 그녀와 악수하며 건강을 기원했다. "고마워요, 여러분." 글로리아는 감격해서 말했다. 위협받지 않으면 글로리아는 사기가 올랐다. 금방 바뀌는 정서적 불안정성도 긍정적인 효과가 있는 것이다. 여름 정장을 입은 키 큰 남자가 지나가자 글로리아가 군중들에게 말했다. "생각해보니 내가 한 번 정도는 저 남자분에게 욕을 한 것 같군요."

"맞을 겁니다"라고 누군가가 대답했다. "부인께서는 우리 대부분에게 욕을 하셨죠. 사과 한번 하시는 건 어때요?"

글로리아는 "미안해요, 여러분!"이라고 명랑하게 말하며 크게 웃음을 터트렸다. 의사들은 반사회적 인격장애자sociopath와 달리 TLE를 가진 사람은 대부분 자신의 반사회적 행동에 대해 진심으로 미안해한다고 말한다.

그 순간, 글로리아는 그녀가 왜 왔는지 기억해냈다. "리처드 존스를 데려오라고!"라며 그녀는 울부짖었다. 누군가가 나가서 존스를 데리고 왔는데, 30대의 이 남자는 커디어나 엘리베이터로 글로리아를 마중 나왔던 상냥한 여성보다는 덜 세심해 보였다. 글로리아에게 따뜻하게 인사하는 대신 그는 차가운 태도를 유지했다. 그녀가 그에게 으르렁거렸을 때 그도 으르렁거렸는데, 그는 도발이 사람을 반기는 그녀만의 방식이고, 글로리아의 행동 대부분은 자신도 통제가 되지 않으며, 그녀가 그런 대접에 엉망으로 반응하며 되돌려 갚는다는 것을 몰랐다.

그다음 한 시간 동안 존스는 개인 사무실로 그녀를 데리고 가서

'차별 혐의'에 대해 논의하며 격렬한 언쟁을 벌였다. 그녀는 자신의 자격증을 읊어댔는데, 그중에서 무엇보다도 하버드 의과대학에서 수행한 6년간의 '강의'를 강조했다.

"하버드 의과대학이라고요?" 그는 믿지 못하겠다며 끼어들었다.

"그것을 증명할 편지가 있죠"라고 글로리아는 되쏘았다. "내가 똑똑히 보여주죠"라며 무릎 위의 쇼핑백을 열어, 베어가 매년 그녀에게 보낸 강의 방문에 대한 감사 편지가 들어 있는 낡은 봉투들을 샅샅이 뒤지며 말했다. 그러나 존스는 그 봉투를 보지 않겠다고 거절했고, 그것은 글로리아를 더욱 화나게 했다.

글로리아의 열렬한 불만을 처리하면서 존스는 몇 가지 전술적인 실수를 저질렀다. 먼저 그는 동감을 원하는 그녀의 호소를 무시했다. 또 그녀가 진정될 때마다 그 순간을 이용하는 데 실패했고 대신 사실로 그녀의 주장을 반박했는데, 이것은 그녀의 감정적 불길에 기름을 부은 격이었다. 게다가 경쟁적으로 소리를 지르다가 그는 글로리아에게 시를 상대로 집단 소송을 청구하라며 제안해서 불길을 더 키웠고, 그 생각은 한 번도 해본 적이 없었지만 그녀는 "좋아요, 그렇게 할게요!"라고 응수했다. 존스는 그녀가 거짓말을 하고 있다고 말했고 이는 또 다른 불평을 불러일으켰다. 글로리아가 라일리 주교의 편지를 찾기 위해 지갑과 바닥에 떨어져 있는 편지를 미친 듯이 뒤질 때, 존스는 그녀에게 "이따위 물건들을 여기저기 떨어뜨리지 마세요"라고 말했다.

그녀는 "이봐, 조심하지"라며 경고했다. 그리고 그를 죽일 듯이 쳐다보며 인종차별, 장애인의 권리, 주택 문제에 대해 또 다른 공격을 시작했다. 분노는 고삐가 풀렸다. 그녀는 다른 모든 방법이 실패했을 때 욕설에 의존했다. 존스는 욕설에 끼어들어 방해하며 그녀가 까다롭고 모질다며 비난했고, 그녀는 "난 진짜야, 이봐, 나는 나라고"라며 응수했다. 그녀에게도 잘하는 일이 있었다. 그녀는 거침없이 욕했다. 이 모든 일을 겪는 가장 힘든 사람은 이렇게 평생 살아야 하는 글로리아 본인이다.

마지막으로 존스는 농담하려고 "그래도 갱단을 여기에 데려오지는 않았네요. 그렇죠?"라고 말했다. 글로리아는 운동화 신은 발을 휠체어 발판에서 동동 구르며, 분노가 극에 달해 말을 쏟아부었다. 그녀는 물리적으로 폭력을 행사할 수도 있겠다는 사실을 깨닫고 친구에게 으르렁거리듯이 말했다. "가자. 내가 이 사람을 때려눕히기 전에. 그를 다치게 하고 싶지는 않아." 그녀는 휠체어의 바퀴를 잡고 몸을 돌려 떠나려 했고, 존스는 그녀에게 "가실 시간인가요?"라고 조롱 섞인 도발을 했다. 그러자 그녀는 빙글 돌아 또 다른 격노의 물결을 한바탕 쏟아냈다. 글로리아는 나지막하고 적대적이며 명확하지 않은 소리를 내며 그에게 침을 뱉었다.

존스는 충격을 받은 것 같았다. "나는 부인을 돕기 위해 노력했어요"라고 그는 말했다. "아니, 젊은 친구. 나는 당신의 도움 따위는 필요하지 않아. 시장이 내 도움을 필요로 하니까!" 휠체어 옆 책상에서 무거운 유리 재떨이를 발견한 글로리아는 그것을 잡고 흔들었다. "아무도 진리를 듣고 싶어 하지 않아요. 그런 거죠?"라고 그녀는 외쳤다. "하지만 내 성경에는 예수님께서 진리가 당신을 자유롭게 하리라고 말씀했다고 적혀 있어요. 예수님은 거짓말쟁이가 아니었죠. 그러니까 예수님의 말씀이 참되다는 것을 믿지 않을 것이라면 기도할 때 손도 모으지 말고 성찬 예식에서 빵도 집어 들지 않는 것이 좋아요!" 그녀의 얼굴은 혐오감으로 구겨졌다. 그녀는 재떨이를 휘두르며 위협했다. "한 대 맞고 싶나요?"

그보다 20년 전에 글로리아의 담당의였던 신경외과 의사는 괴롭히거나 짜증나게 하는 사람들을 멀리하라고 말했다. 그녀는 지금보다는 좀 더 차분한 어느 오후에, "그 의사는 진실을 이야기했어요. 내가 그에게 왜 그런 말을 하는지 물었을 때 그는 '당신의 뇌에서 무언가가 방아쇠를 당기기 때문에'라고 대답해주었죠. '그게 무엇인데요, 총인가요?'라고 묻자 '그 비슷한 종류입니다'라고 말했어요. 그리고 그 의사의 말이 맞았습니다. 나는 진짜 비슷하게 폭발할 수 있거든요"라며 자신의 성격을 인정했다.

존스는 글로리아에게서 재떨이를 뺏어 움켜쥐고 "사람을 때리려고 하다니요"라며 화를 냈다. 갑자기 그녀는 어리둥절하고 멍해 보였다. 그녀는 흐느껴 울었다.

그때 존스가 비상 전화로 부른 보안요원이 조용히 방에 들어왔다. "저는 보안부서의 팀이라고 합니다." 건장한 젊은이가 글로리아와 악수하며 말했다. "제 생각에, 저는 당신이 좋아할 만한 사람입니다"라고 그는 우호적인 분위기를 기대하며 덧붙였다. 그는 그녀에게 어떻게 지내셨냐고 물었다. 글로리아는 웃으며 상냥하게 수다를 떨었다. 팀은 글로리아에게 위협이 되지 않았다. 그는 그녀를 도발하지 않은 것이다. 존스 부인은 조용히 방을 나갔다.

그다음 순간, 그녀는 얼굴을 찌푸리고 팀에게 짜증을 냈는데 팀의 바지 주머니의 안감이 밖으로 나왔다고 불평한 것이다. "그걸 보니 생각나네. 우리 아버지도 그렇게 입고 다니곤 하셨지." 또 글로리아는 무도회에 가는 소년처럼 어리게 보이는 넥타이 모양을 다듬으라고 지적했다. 트집을 계속 잡아도 글로리아의 기분은 나아지지 않았다. 팀은 긴장을 풀라고 했다. 그렇게 대화하는 동안 팀은 휠체어를 사무실 밖으로 밀고 나가 로비를 가로질렀다. "그 엘리베이터를 잡아!" 그녀는 낯선 사람에게 소리쳤다. 쇠약하고 퉁퉁 부어 보이는 글로리아는 엘리베이터에 탑승한 다음 "몸이 좋지 않아. 좋은 것이 하나도 없어. 기분이 좋지 않아. 빨리 잠자리에 들어야겠어"라고 신음하듯 말했다.

집으로 가는 차 안에서 그녀는 시청과 싸우도록 동기를 부여하는 특성에 대해 조용히 생각에 빠졌다. 그녀는 우연히 버려진 부지를 둘러싸고 있는 찢어진 쇠사슬 울타리를 보고 아이디어를 얻었다. "저 울타리 위의 사슬처럼 시청에도 연결 고리가 있는 거야"라고 그녀는 울타리를 가리키며 말했다. "어떤 곳이든 항상 수리를 받아야 할 고리가 있는 법이지. 그건 고장이 났고 내가 고쳐야 해." 사실, 글로리아는 대부분의 사람보다 울타리의 끊어진 고리에 더 마음이 쓰인다. 사람에게 달라붙고, 과종교적이며, 지나치게 거창해서 적당히 포기하는 데 어려움을 겪는다. 무언가가 그녀에게 문제를 고치고 잘못을 바로잡도록 강요한다. 베어에 따르면, 그 무언가는 바로 그녀가 가지고 있는 TLE의 전기적 활동이며, 그것이 성 바울처럼 정의의 비전을 추구하는 데 열성적이게 만든다.

지나치게 특이하거나, 지나치게 정상이거나

─────────

일반적인 TLE 환자가 분노의 증가나 성적 취향의 변화에 연관성이 보이지 않으면 의사들은 게슈윈드 증후군이 있는지에 대해 의구심을 가지게 된다. 글로리아처럼 폭력 전력이 많으면서 성욕이 높은 사람은 게슈윈드 증후군의 명백한 사례로 여겨지는 반면, 의사와의 면담에서 적절하게 행동하는 상태가 좋은 TLE 환자는 때로 이 증후군의 증상이 없다고 판단하기도 한다. 이런 특성이 글로리아나 플로베르 혹은 고흐의 사례보다 더 미묘하게 나타나는 경우, 특히 환자의 감정이 증대되지 않고 감소되는 경우에 의사는 이 증후군을 발견하는 데 대단히 어려움을 겪는다. 그 증상이 반대 방향으로 발현돼서 감지하기가 어렵기 때문이다.

일부 신경과 의사는 게슈윈드 증후군이 진단의 범주로는 의심스럽고 심지어 유해하다고 생각하기 때문에, TLE 환자의 입장을 고려하여 이 증후군의 특성을 찾아보지 않는 편을 선호한다. 신경과 의사인 토머스 브라운Thomas Browne은 이 증후군이 뇌전증에 대한 대중의 편견을 더욱 높일 위험성이 증후군을 대중화해서 얻는 이익보다 훨씬 클 것이라고 보고, "이미 사회에 잘 섞이는 데 큰 어려움을 겪고 있는 사람들에게 부담을 얹어주는 것입니다"라고 말했다. 베어는 "미국 뇌전증 재단의 회장은 뇌전증 환자를 차별로부터 보호하기 위해 TLE와 성격 사이의 연결을 공식적으로 부인했습니다. 하지만 그는 증후군이 존재한다는 것은 알고 있다고 사적으로 말한 적이 있습니다"라고 전했다. 이 증후군을 일반인에게 알리는 것에 반대하는 대부분의 신경과 의사들은 증후군의 특성이 부정적이라고 생각한다. 예를 들어, 데이비드 컬터David Coulter는 그 특성은 '성격 장애personality disorder'일 뿐이라고 말하면서 "뇌전증 환자에게 나쁜 이름을 붙여주는 경멸적 속성의 집합체"라고 주장했다. 일부 의사가 부정적인 관념 때문에 환자에게 뇌전증이라는 단어를 사용하지 않는 것처럼, 게슈윈드 증후군의 특성이 부정적이라고 생각하는 의사들은 환자와 그 증후군에 관해 논의하지 않는다.

찰리의 신경과 의사는 그 특성에 관해 묻지 않는 사람 중 하나다. 금빛 염소수염을 기른 키 작은 에드워즈는 매년 버몬트, 매사추세츠 서부, 뉴욕 중부에서 약 3,000명의 환자를 보는데 이 중 300명은 TLE나 대발작 또는 둘 다를 앓고 있다. 그는 보스턴에 거주하는 동안 게슈윈드를 만났고, 게슈윈드의 TLE 환자를 진찰하기도 했다. "게슈윈드를 아인슈타인과 동급의 천재라고 생각해서 나는 그의 주간 강의를 듣고 기회가 있을 때마다 그의 주변을 맴돌았죠." 이 젊은 의사가 받은 인상은 다음과 같았다. "게슈윈드 증후군을 가지고 있는 환자를 비의학적 용어로 표현하자면 특이했습니다. 만일 길거리에서 그런 사람을 만난다면 그 사람에게 문제가 있다는 것을 알게 되리라는 것입니다. 조현병 환자보다 조금 더 매력적이고 동료 관계가 더 좋다는 점을 제외하면, 조현병모양schizophreniclike과 비슷합니다. 하지만 TLE를 가진 환자들은 대부분 전혀 그렇지 않습니다."

에드워즈는 그의 환자 찰리 히긴스를 그 예로 제시했다. 이 특성을 '병적'이라고 정의하게 되면, 찰리는 이 특성을 가졌다고 말할 수 없기 때문에 의사는 찰리처럼 TLE에 잘 적응하고 거의 손상받지 않은 사람에게는 게슈윈드 증후군이 없다고 말할 수밖에 없다. 찰리가 '성욕'을 잃어가는 것과 '과도하게 말하고 상세하게' 되는 것에 에드워즈에게 우려를 표시했지만, 에드워즈는 "찰리의 성격은 TLE 또는 그 배경인 뇌 흉터에 영향을 받지 않았다"라는 입장을 고수했다. 잠시 생각하면서 에드워즈는 덧붙였다. "오, 만약 TLE와 강박적인 성격을 연관 짓는 연구가 있다면 찰리는 거기에 맞는 경우일 것입니다. 그는 조심스럽고, 강박적이며, 자신을 혹사하는 일 중독자이고, 지나치게 집중합니다. 찰리는 때때로 어떤 일에 너무 깊게 빠져서 불러도 전혀 듣지 않습니다. 그러나 나는 그의 강박성은 문제가 되지 않는다고 생각합니다. 병적인 걸로 따졌을 때 그는 강박증이 없습니다." 하지만 베어에 따르면, 집중적이고 강박적인 사고가 바로 게슈윈드 증후군과 관련이 있다. 게슈윈드는 그 특성이 '병적'일 필요는 없지만, 평범하거나 '특이한' 누구에게서나 찾을 수 있다고 강조했다. 게다가 에드워즈 본인이 게슈윈드 증후군 환자를 묘사하는 데 강박obsessed이라는 단어를 사용했다.

많은 경우에는 증후군인지 분명하지 않다. 몬트리올 신경과 연구소의 신경 과학자인 피에르 글루어Pierre Gloor는 게슈윈드 증후군이 "[TLE] 사례 가운데 약 10%만 눈에 보입니다. 그렇다고 해서 그것이 숨겨진 형태의 다른 TLE 환자에게 존재하지 않는다는 의미는 아닙니다. 때로는 질문하고 환자의 종교와 성에 대한 관심에 주의를 기울임으로써 그것을 찾아 파고들어야 합니다"라고 말했다. 글루어는 "만일 그것을 찾지 않으면, 그 특성은 나타나지 않을 것입니다"라고 덧붙였다.

만일 에드워즈가 찰리의 성격을 살펴본다면 글로리아의 감정을 거울처럼 볼 수 있을 것이다. 글로리아는 증후군의 영향을 강화하는 전두엽의 손상으로 인해 게슈윈드 증후군이 더 잘 드러나는 반면, 찰리는 더 전형적이다. 베어는 "TLE를 가진 사람 대부분은 강한 감정을 표현할 때 글로리아보다는 덜 노골적입니다. 찰리처럼 훨씬 더 신중하죠"라고 설명했다. 무심하고 차분한 찰리는 강렬하지만 완화된 공격성, 성욕 감소, 도덕적 열정, 세부 사항에 대한 충동을 보인다. 이러한 특성은 그가 열두 살이었을 때 발생한 것으로 의심되는 흉터로 인한 비정상적인 뇌의 활동과 일치한다. 게슈윈드의 이론은 성격 변화는 TLE 발작에 의한 것이 아니라 근본적인 흉터에 의해 생긴다는 것이다. 이 이론으로 찰리에게서 어떻게 이 증후군이 발작보다 30년을 앞서 생길 수 있었는지 설명한다.

글로리아가 외설적인 소리를 지르고 부서진 병과 칼로 무장해서 자신의 공격성을 발휘하는 동안, 찰리는 자신의 공격성에 대해 사회적으로 허용되는 출구를 찾았다. 그는 "법정에서 소송하면서 내가 상대방보다 법을 더 잘 안다고 느끼면 상대를 약간 경멸하고 오만해졌습니다. 몇 번은 판사로서 일부 변호사의 행동에 분노해서 그들을 꽤 망신을 줘서 깔아뭉갠 적도 있습니다"라고 고백했다. 이런 전문적인 타박보다 더 주목할 만한 것은 찰리가 자신의 공격성을 해소하려는 동기에서 하루도 빠짐없이 수 킬로미터씩 달리는 것이다. "스포츠는 사회에서 공격성이 허용되는 일 중 하나입니다." 그는 "[공격성은] 게임의 일부일 뿐"이라고 설명했다. '극도로 수줍었던' 열일곱 살 때 달리기를 시작했는데, 축구를 하기에는 너무 키가 작아서 간신히 육상팀에 합류할 수 있었다. 프린스턴 대학에서는 경쟁심이 강한 장거리 달리기 선수였으며, 지금은 일흔 살의 나이에도 하루에 5킬로미터씩 달린다.

찰리는 측두변연계의 손상과 일치하는 성에 대한 관심의 감소를 보여준다. 성에 대한 관심은 진단 후에도 감소했지만 이전에도 결코 강하지 않았던 것으로 보인다. 그는 도시 주변에서 고상한 척하는 사람으로 알려져 있었다. 그의 목사는 교회의 새 오르간 구매를 위한 찰리의 헌금 호소를 회상하며, "찰리가 일어서서 기부를 요청할 때마다 사람들은 열심히 들어요. 음, 교회에서 그는 이 새 오르간에 관해 이야기하게 되었고 사람들은 폭소를 터트리며 중의적인 의미로 생각했죠.◆ 그 단어를 반복할수록 그는 더 당황했고 우리는 더 재미있어졌습니다. 찰리는 예의범절 때문에 빠져나가려고 할수록 더 깊게 구멍을 파고 있었어요!"라고 전해주었다. 찰리의 가족

◆   악기 이름 '오르간'과 '남성의 성기'가 영어로는 둘 다 organ이다.

내에서는, 아들 마이클이 "우리 집에는 엄마와 아빠가 아기들을 가지게 한, 단 두 번의 성생활을 기념하는 농담이 있어요"라고 말했다. 부모들 사이에 육체적 애정 표현은 거의 없었고 아버지와 아들 사이에 성관계에 대한 이야기도 없었다. 심지어 지금도, 이제는 자기 가족이 있는 건장한 운동선수인 마이클이 집에 도착하여 아버지를 껴안으면 찰리는 팔을 옆구리에 대고 몸을 뒤로 뺀다. 찰리는 "성적인 문제는 내가 말하고 싶지 않은 주제입니다"라고 한 뒤, 조금 짜증을 내며 "나는 그것을 신봉하지 않는, 내 말은, 그것에 대해 이야기하지 않는 세대입니다"라고 말했다.

　찰리에게서 가장 눈에 띄는 점은 독특한 평온함이다. 그는 조용히 말하고 무아지경에 있는 사람처럼 움직인다. 사람들은 그를 꾸준하고 공명정대하며 절제된 사람으로 묘사한다. 천사처럼 세상과 고결하게 분리되는 것에 사로잡혀 있어서 고요한 것처럼 보이며, 싸움은 초월했으며 지극히 잔잔하고 묵묵해서, 마당에서 낡은 주말 작업복을 입고 포즈를 취하면 허수아비 같아 보였다. "그는 딴 데 정신이 팔려 있어요"라고 그의 아내가 말했다. 이 특성은 적어도 20대 초반에 그녀가 찰리를 만났을 때로 거슬러 올라간다. 그는 이름을 잊어버리는 경향이 있었다. 찰리가 운전할 때 그녀는 신호등이 녹색으로 바뀌었다는 사실을 그에게 알려줘야 했다. 아내가 옆에 없으면 뒤에 있는 운전자가 경적을 울렸다. 찰리의 딸에 따르면 "차 두 대가 동시에 갈림길에 도착하면 아빠는 아무리 바쁘더라도 항상 다른 차가 먼저 가게 했어요". 프랜은 "남편은 항상 공상가였고 차로 따지면 저속 기어였어요. 그는 항상 무슨 일을 할 때 시간을 들였고 쉽게 놀라는 일이 절대 없었습니다. 가끔 화를 낼 때도 매우 부드러웠죠. 화가 나서 쿵쿵거리며 돌아다니는 일은 절대로 없었습니다". 찰리의 아들은 "집에는 폭력이 전혀 없었습니다. 우리는 항상 다른 뺨을 내미는 법을 배웠어요". 마이클과 레이첼은 아버지가 대놓고 화를 낸 것을 딱 한 번 기억한다. 레이첼은 그들이 아직 어린아이였을 때, 올라가지 말라고 한 더러운 흙더미에 있는 것을 보고 아버지가 엉덩이를 때렸다고 말했다. 몇 년 후, 당시 열 살이었던 마이클은 부엌에서 부모님이 서로 '아주 조금 고함치는 것'을 들었다. "나는 부모님께 가서 '아빠, 아빠는 항상 저와 레이첼에게 우리 스스로가 싸우는 모습을 볼 수 있다면, 얼마나 어리석어 보이는지 알 수 있을 것이라고 말씀하셨어요. 아빠에게도 똑같이 말해드릴게요'라고 했어요. 그러자 부모님은 즉시 싸움을 중단했습니다."

찰리는 "나는 우정을 쌓는 데 소질이 없답니다"라고 인정하면서 저녁 시간은 대부분 집에서 조용히 보낸다고 덧붙였다. 프랜은 "그냥 앉아서 온종일 책을 읽는 것만으로도 남편은 완전히 행복할 수 있답니다." 게슈윈드 증후군을 공부한 적 있는 신경과 의사인 그의 딸은 "아빠는 전반적으로 수동적인데, 저는 뇌전증이 아빠를 그렇게 만들었는지 궁금해요. 마치 아빠가 항상 그 발작 상태에 있는 것과 같거든요". 찰리가 감정적으로 격렬해지지 않는 것은 실제로 신체적 근거가 있을 수 있다. 그의 맥박은 느리고 항상 분당 60회 미만이며 혈압은 보통 100/50으로 매우 낮다. 심장 박동수는 감정에도 관여하는 측두변연계 구조에 의해 조절되기 때문에, 그의 측두변연계 영역의 손상과 느린 심장박동, 감정적 평온함(아마도 게슈윈드 증후군의 한 형태) 사이에는 연관성이 있을 수 있다.

찰리의 전반적인 침착함이 뇌 활동에 뿌리를 두고 있는 것처럼 심하지 않은 강박감도 뇌 활동에 뿌리를 둔 것이다. 찰리가 에드워즈에게 말했듯이, 이러한 강박감은 TLE 진단 이후 증가했다. 그의 왼쪽 대뇌반구에 생긴 비정상적인 전기적 활동은 찰리의 전반적인 집중을 방해하여 그가 보통 보이는 정신이 나간 듯한 모습을 유발할 수 있고, 동시에 같은 반구의 다른 영역을 과도하게 자극하여 지적인 집중을 유발할 수 있을 것이다. 이 효과는 그의 역설적인 이중성을 설명해준다. 그가 감정적으로 분리되어 있고 정서가 모호하며 외부의 사람들의 세계를 깨닫지 못하는 반면, 어떻게 그의 마음이 내면의 생각에 고정되어 있는지 말이다. 그는 정신이 나간 듯한 모습에도 불구하고 철학, 논리, 법, 음악, 자연의 세부 사항에 집중하는 놀라운 능력을 갖추고 있다. "그는 말이 많아요." 찰리의 아내가 말했다. "만일 남편이 관심을 보이는 청중과 관심이 있는 주제가 있다면 그 사람의 하루는 날아가버릴걸요." 아프리카 사파리 여행에서 돌아왔을 때, 찰리는 자기가 찍은 꽃, 동물, 새에 관한 다섯 시간 분량의 영상을 그곳에서 이미 다 같이 구경한 가족에게 보여주고 싶어 했다. 프랜은 몇 주 동안 그 쇼를 두 시간으로, 결국 한 시간으로 줄이도록 남편을 집요하게 설득해야만 했다. 관심이 있는 대화라면 그는 한 주제에서 다른 주제로 부드럽게 이동할 수 있다. 사실상 어떤 것이라도 그가 알고 있는 어떤 지식을 떠올리기 때문이다. 숲에 큰 나무와 작은 나무가 두 층으로 존재하는 것처럼, 마치 텔레비전 쇼에 나온 재능 있는 아이처럼, 찰리는 한쪽으로는 자신만의 세계에 빠져서 듣는 사람을 전혀 신경 쓰지 않으면서, 동시에 다른 쪽에서는 자신의 공연을 의식하면서 오랫동안 발언을 유지한다. 그는 "음", "물론", "그 반면에" 같은 말로 듣는 사람들이 끼어드는 것을 정중하게 방지한다. 감정보다 논리를 선호하는 찰리의 취향은 그의 직업에도 반영되어 송사나 이혼소송 업무와 같이 실제로 사람을 접촉해야 하는 쪽은 파트너에게 맡기고 그는 점점 더 법률 연구만을 다루는 쪽으로 가고 있다.

찰리의 가장 큰 집착은 종교다. 고등학교 때 그는 선생님에게 지크프리트 사순Siegfried Sassoon과 루퍼트 브룩Rupert Brooke의 반전反戰 시를 낭송하게 해달라고 요청하면서, 굴욕을 감수하고 심지어 믿음 때문에 죽임을 당할 위기에 처해 극단까지 간 사람들에게서 매혹적으로 묘사되는 '낭만적인 죽음의 느낌'을 발견하곤 했다. 소크라테스, 알베르트 슈바이처, 아시시의 성 프란치스코도 그의 영웅이다. "그들 모두에게는 자기부정적 성격이라는 중요한 요소가 있습니다"라고 찰리는 설명했다. 대학에서 소크라테스의 글에 흥미를 갖게 된 찰리는 대부분의 평범한 독자들보다 관심을 더 많이 쏟았다. 30대에 그는 로마노 과르디니라는 로마가톨릭 신부가 소크라테스에 대해 쓴 학문적 연구인《소크라테스의 죽음》을 찾아냈고 이 책은 아직도 그의 책상 옆에 비치되어 있으며 지금까지도 가장 좋아하는 책이다. 찰리는 "이 책은 반복해서 읽고 또 읽고 할 수 있는 책 중의 하나입니다"라고 찬탄했다. 실제로 그는 그 책을 30~40번 정도 읽었으며, 각 페이지에 문장에 밑줄을 긋고 연필로 '불멸성' 또는 '플라톤적 사고의 위험' 같은 자신의 생각을 적어놓았다. 청년이 되어서는 체스터턴의 성 프란치스코에 대한 전기와 슈바이처의 여러 신학 책도 읽었고 종종 선교사이자 의사인 슈바이처가 연주한 바흐의 오르간 전주곡 음반을 들었다.

찰리는 1942년 봄, 워싱턴 DC에서 해군 훈련 임무를 수행하면서 처음으로 교회 예배에 참석했다. 처음에는 오르간과 성가대의 음악 때문에 워싱턴 대성당에 끌렸지만 그의 관심은 점점 더 강한 감정적 요소를 가지게 되었다. 그 이후로 지역 회중교회와 긴밀한 관계를 유지하고 있으며, 그곳에서 아내를 동반하지 않고도 매주 예배에 참석한다. 더불어 그는 신학 토론 그룹에도 참여하고 있다. 하지만 교회의 영적 생활은 그에게 좌절감을 주었다. 그 이유는 찰리가 다른 사람들도 자기만큼 종교에 관해 이야기하는 데 더 관심이 있기를 바랐기 때문이었다. 찰리는 그의 목사조차도 신학에 대한 대화를 좋아하지 않는다고 불평했다. 이러한 부족을 보완하기 위해 찰리는 가톨릭을 믿는 친구들과 종교에 대해 이야기하고 관련 분야의 책을 광범위하게 읽는다. 그는 근대 자유주의적 신학자들, 주로 가톨릭 신학자를 선호하며 근본주의자들은 경멸하는데 그 이유는 그들이 지나치게 감정적이고 지적으로 불건전하다고 생각하기 때문이다.

어느 날 찰리는 수줍은 미소를 지으며 "내 책장을 보면 누구든지 내가 신학에 관심이 있다는 것을 한눈에 알 수 있을 것입니다"라고 말했다. 그의 도서 컬렉션은 주제별로 책장에 정리되어 집의 커다란 양쪽 벽을 채우고 있고 철학과 신학에 관한 책들이 주를 이룬다. 여섯 가지 성경 번역본, 수많은 성경 주석, 그리고 예배나 기도에 관한 책도 여러 권 있다. 찰리는 C. S. 루이스의 책 열여섯 권을 가

지고 있고 알베르트 슈바이처의 책은《역사적인 예수에 대한 질문》,
《바울의 신비주의》,《바울과 그의 주석》을 포함해 열두 권을 가지고
있다. 또 책 선반에는 J. N. D. 켈리의《초기 기독교 신조》와《초기 기
독교 교리》, 마리탱의《미국에 대한 생각》, 파스칼의《팡세》, 아우구
스티누스의《고백록》과《신의 도시》, 그리고 여러 권으로 된 종교개
혁 연구서도 꽂혀 있다. 다른 책 제목으로는《내 하나님과 나의 모든
것》,《주님의 촛불》,《이단의 믿음》, 그리고 토머스 머튼의《신인류》
가 보이고 신학자 큉, 네이부르, 틸리히의 다양한 작품도 있다. 그의
이 신학 도서 모음은 마을 도서관의 잘 갖춰진 컬렉션에 비교할 만
한 정도다.

　찰리의 마음은 자연스럽게 신학적 주제로 이동한다. 어느 화창
한 가을 오후, 로터리클럽에서 주간 점심 식사 모임을 마치고 사무
실로 차를 몰고 갈 때 그는 죽음이라는 주제에 대해 깊이 생각하고
있었다. 1975년에 TLE가 진단되고 종양이 의심되어 곧 죽을 수 있
는 가능성에 직면했을 때, 당시 그가 전혀 두려워하지 않는 것이 스
스로 얼마나 이상해 보였는지 기억해냈다. "물론 누군가의 죽음이
뒤에 남겨진 사람들에게 상처를 준다는 것은 알고 있었지만 나는 두
려워하지 않았습니다. 이렇게 무관심한 나에게 문제가 있습니까?
죽음에 이르게 될 내 마지막 질병에 대해 어떻게 그렇게 차분할 수
있을까요?"

　그는 자신의 사무실 건물 진입로로 들어와서 "만일 통증이 수
반된다면 내가 그 고통을 겪으며 어떻게 할지는 잘 모르겠습니다"
라고 인정했다. 그는 차를 세웠다. "나는 하나님만이 세상의 모든 고

통을 겪으실 수 있다고 생각합니다"라며 생각에 잠겼다. "아마도 그
는 우리를 다른 사람의 고통을 아파하는 것에서 구해주신 것 같습니
다. 우리가 아무리 동정심이 있다 해도 말이죠." 그는 비상 브레이크
레버를 올렸다. "나는 때로는 죽음 이후의 삶이 있다고 확신하고, 때
로는 확신하지 못합니다. 유대 민족은 심지어 죽음 이후의 삶에 대
해 생각하기도 전에 이미 수천 년간 위대한 신앙을 가지고 있었습니
다." 찰리는 차 문을 열고도 나가려 하지 않았다. 그는 집에서도 주
차한 차 안에 누군가 자기 말을 들으려는 사람이 있으면 그랬다.

"나는 원래부터 반대하고 있었습니다. 선한 행동에 대한 보상
으로서 천국에 가게 된다는 개념 말입니다." 그는 잠시 조용히 차의
앞 창문을 응시했다. "신학적으로 말하자면." 그가 가장 좋아하는
표현을 사용해 다시 말을 시작했다. "무에 대한 생각은 전혀 나를 겁
나게 만들지 않아요. 한 사람의 인격의 유일성이 우리의 의식과 너
무도 밀접하게 얽혀 있기 때문입니다." 그 말은, 무를 경험하는 사람
은 그것을 인식하지 못할 것이란 뜻이다. "신학에서는 재림이 일어
나면 죽음에서 사람들이 들려진다고 말하는데, 그동안에 무슨 일이
일어나는 것일까요?" 그는 의아해했다. "그게 바로 문제입니다. 내
말은, 만일 당신이 천 년 동안 잠들어 있고 그 시간 동안 당신은 잠
들어 있기 때문에 존재의 느낌이 없다가 갑자기 재림 때 다시 살아
난다면, 천 년 동안 잠들어 있는 것과 영원과의 차이가 무엇이겠습
니까?" 무표정하게 그는 차에서 나와 길을 걸어 올라가 현관까지 계
단을 올라갔다.

"나는 우리가 동물들처럼 죽음에 대한 본능적인 두려움을 가지

고 있다고 생각합니다." 그는 현관에 멈췄다. "동물은 추상적인 죽음에 대한 감각은 없지만, 궁극적인 위협에 대해서는 본능적인 두려움을 가지고 있습니다. 우리 또한 동물입니다." 그는 싱긋 웃고 나서 비옷 주머니에 손을 넣은 채로 멍하니 길 건너를 바라보았다. 바로 그때 사무실 건물의 바깥문이 열리고 동업자의 고객이 나타났다. 찰리는 기계적으로 인사하고 건물에 들어갔다.

당연히 찰리의 신경과 의사는 그의 종교적인 생활에 대해 아무것도 모른다. 에드워즈는 "찰리가 종교적이라면, 그것은 배경의 일부일 뿐입니다. 변호사이고 교육받은 사람에게 신학에 대한 관심은 특별한 일이 아닙니다"라고 말했다. 그러나 찰리는 종교적인 가정에서 자라지 않았다. 부모 중 누구도 교회에 다니지 않았고 교회에 관심을 보이지도 않았으며 자녀들도 마찬가지였기 때문에 종교성은 그의 성격상 특이한 점이라고 할 수 있다.

찰리는 과종교성의 다른 측면을 보여준다. 그는 정교하게 조율된 정의에 대한 감각을 가진 매우 윤리적인 사람이다. 그의 아들은 "아버지는 주변에서 가장 정직한 사람입니다. 내가 만난 사람 중 가장 공정합니다"라고 말했다. 물론 도덕적 격분이 일어날 때면, 평상시에는 이렇게도 수동적인 사람이 분노를 일으킬 수 있다. 어느 가을 오후, 찰리가 집 밖에서 낙엽을 긁어모으고 있을 때, 소년들 한 무리가 잔디밭으로 들어와 그와 프랜이 길가에 모아놓은 낙엽 더미를 발로 차서 흩어놓았다. 찰리는 소년들이 즐거운 시간을 보내고 있다는 것을 알았지만, 그들이 하는 일이 잘못되었다는 것도 알고 있었다.

찰리가 소년들에게 다가가자 대부분 달아났고, 열두 살이나 열세 살 정도 된 소년 한 명만 잔디밭에 꼼짝 못 하고 서 있었다. 잔디밭이 개인 소유라는 것을 조용히 가르치려고 찰리가 그 소년에게 다가갔는데, 갑자기 그 소년이 뒤돌더니 번개처럼 길 아래로 달아나기 시작했다. 찰리는 추적했다. 그 소년은 찰리가 웬만한 젊은이보다 더 빨리 달릴 수 있다는 것을 몰랐다.

길 끝에서 소년은 실수했다. 소년은 계곡을 통과해 고리 모양으로 나 있는 도로로 방향을 바꾸었는데, 이 길은 시작 지점으로 돌아오게 되어 있고 숲이 가려주지 않는 곳이었다. 찰리는 이제 그 소년이 탈출할 수 없다는 것을 알았다. 그는 속도를 높였다. 이것은 오늘 분량의 달리기 운동이 될 것이었다.

찰리의 지구력에 놀란 소년은 더 빨리 뛰려고 했고 찰리도 더 빨리 뛰었다. 소년은 지쳐서 마침내 속도가 느려졌다. 찰리는 속도를 높여 소년을 잡았다. 찰리는 소년에게 "넌 나랑 같이 가야 할 거야. 그리고 잎들을 다시 갈퀴로 긁어모아 더미를 만들어야 해"라고 명령했다. 소년은 따라와서 시킨 대로 했다. 찰리는 "그는 그렇게 해야 했습니다"라며 그 소년에게 교훈을 가르친 것을 자랑스럽게 이야기했다.

불의를 행하는 자들에 대한 항의라는 면에서 찰리는 시청에서의 글로리아와 비슷하다. 찰리는 그 경우 공공장소에서 옷을 벗지도, 소리치거나 욕하지도 않겠지만, 그는 자신의 도덕적 분노, 고착성, 옳고 그름에 대한 비상한 관심을 표현할 수 있는 적절한 방법을 찾아 부끄러움보다는 공공에 신용을 주는 방법으로 자신의 열정과 상세히 설명하고 싶은 마음을 풀어낸다. 한때 글로리아를 교도소의 수감자와 정신병원의 환자로 만드는 데 기여했던 바로 그 특성이, 찰리에게서는 다른 조합의 선물로 작용하여 그를 공동체의 기둥으로 만들고 있다. 글로리아의 상대방을 짜증나게 만드는 끈기는 찰리의 고요한 결의가 증폭된 버전이다. 격정적이고 왕성한 성적 관심은 그녀를 이상하게 만들었지만, 차분한 분노와 줄어든 성적 관심은 찰리를 적절하게 행동하게 만들었다. 이것은 찰리와 글로리아 모두 측두변연계 기능의 감정이 변형되어 나타난 모습이다. 글로리아에게서는 TLE 특성이 대부분 강화된 반면, 찰리에게는 과종교성을 제외한 모든 특성이 약화되었다. 측두변연계 영역의 비정상적인 전기 활동은 이렇게 흔히 반대의 효과를 보인다. 어떤 사람에서는 특성을 강화하고 다른 누군가에서는 동일한 특성을 감소시키는 것이다.

이로 미루어 볼 때 찰리와 글로리아는 이 증후군이 본질적으로 긍정적이거나 부정적이지 않다는 게슈윈드의 이론을 실증한다. 그 특성이 찰리에게서는 미묘하고 유익한 모습으로 나타난다. 그는 분란을 일으키지 않고, 예상을 벗어나지 않으며, 한마디로 모범시민이다. 철저하고, 경건하며, 자제력, 인내심, 집중력, 확고함이 있다. 반면 글로리아는 '비정상'으로 돌출되어 보인다. 에드워즈가 기억하기로 게슈윈드가 회진에서 알려준 '특이한' 환자들 같은 경우다. 하지만 글로리아와 찰리는 동일하게 이 특별한 장애를 가지고 있으므로 그녀의 감정과 반응은 상당 부분 찰리의 경우처럼 파악이 가능하다. 글로리아를 미친 것처럼 보이게 만드는 특성 중 일부는 관심, 연민, 감수성과 같은 찰리의 건전한 특성의 과장된 모습이다. 그녀의 생각

과 신념은 합리적이다. 단지 그 강도만 괴이할 뿐이다. 찰리의 생각
과 신념도 역시 합리적이지만 그 강도는 비정상적으로 낮다. 두 TLE
환자가 공유하는 뇌 이상은 글로리아의 감정적 수도꼭지는 최대의
힘으로 틀어 그녀를 '특이하게' 만들고, 찰리의 감정적 수도꼭지는
낮게 틀어 그를 지나치게 '정상'으로 만든다.

흉터의 위치에 따라 성격 변화의 양상이 결정된다

TLE 발작이 정상적인 정신 상태의 변형인 것처럼, TLE 특성은 모든 사람에게 나타나는 특성의 변형이다. 대부분은 정신과 매뉴얼에 설명된 성격 장애의 특성 몇 가지와 TLE 특성 중 한두 가지를 보인다. 베어에 따르면 게슈윈드 증후군은 실제로 측두엽뇌전증 환자보다 정상인에게서 더 '극단적'일 수도 있다. 베어 본인도 게슈윈드 증후군에 대해 처음 들었을 때 자기 안에서 그 증후군의 모습을 보았다. 1960년대 후반에 하버드 의과대학에 재학 중이던 베어는 TLE 환자에게서 특정 특성이 놀랍도록 높은 발생률로 나타나는 것에 대해 게슈윈드의 강의를 들었다. 자신도 글쓰기, 종교, 철학에 매료되어 있던 것을 되돌아보며, 하버드 의과대학을 수석으로 졸업한 진지한 청년이었던 베어는 곧바로 "이런, 나도 그런 특징이 몇 가지 있는데!"라고 생각했다. 의과대학을 졸업한 후 베어는 성격과 TLE 사이의 연관성을 연구해 이론적 기둥을 세우는 경력을 쌓았고, 게슈윈드가 세상을 떠난 후 게슈윈드 증후군의 권위자가 되었다.

"우리는 모두 이러한 특성을 가지고 있습니다!" 베어는 게슈윈드 증후군에 대해 말하면서 모든 사람의 성격은 뇌에서 일어나는 일들로 규정된다고 설명했다. 신경망은 성적 관심, 공격성, 그리고 종교에 대한 관심의 기초가 된다. 신경 시스템은 우리에게 무엇이 멋지고, 무엇이 성적으로 흥분시키고, 무엇이 무서운지 말해주어 감정적 연관성을 만들 수 있게 해준다. 베어는 "이 과정은 우리가 침착할 때나 격렬할 때나 동일하게 우리 모두의 안, 즉 측두변연계에서 진행되고 있습니다"라고 말했다. 경험과 같은 다른 요인은 그 과정을 조율한다. 그는 예를 들어 "부모님이 '아무것도 진지하게 받아들이지 말아라'라고 말하거나, 아니면 심각하게 걱정이 많은 분이어서 '모든 것이 중요하다'라고 말하거나, 모두 이 회로에 영향을 미칩니다"라고 덧붙였다. TLE를 가진 사람들과 다른 사람들의 차이점은 뇌 병변이 그들을 감정적 극단으로 더 밀어붙이는 경향이 있다는 것이다. 이 질병은 예측 가능한 방식으로 특정한 뇌 연결망에 영향을 미치고, 감정의 진폭을 변화시켜 특징적인 행동 변화로 이어진다. 베어는 "우리가 이 행동 증후군에 관해 이야기할 때 우리는 나쁜 것에 대해 이야기하는 것이 아닙니다. TLE를 가진 사람들이 미쳤거나 성적 변태자라거나 폭력적이라는 것은 왜곡입니다"라고 단언했다. 절대적인 대다수가 그렇지 않다. TLE는 질병이다. "그것은 감정을 만드는 과정에 영향을 미치고, 도덕성, 글쓰기, 예술로의 여정과 같은 가장 위대하고 특별히 인간적인 행동을 이끌어냅니다."

이 특성의 평범함ordinariness은 게슈윈드 증후군의 특성을 정의

하기 어렵게 만든다. 아무도 대다수의 사람이 얼마나 종교적인지, 성적인지, 그리고 공격적인지 정량화하지 않았으므로 이러한 특성 중 어떤 것도 어디까지가 '정상'인지 아무도 모른다. 성격은 대체로 주관적이다. 게슈윈드는 환자 자신의 성적인 만남이나 종교적 의식의 횟수를 세거나, 환자의 건강에 관한 질문에 대한 서면 답변의 무게를 측정하거나, 얼마나 자주 의사 진료실에 돌아오며 의사에게 전화하는지 그 횟수를 기록하는 방법 등을 고안해 성격의 객관적인 상관성을 찾기 위해 노력했지만, 그 어느 것도 한 개인에게 게슈윈드 증후군이 있는지 확정 짓는 문제를 해결하지는 못했다. 다만 환자에게서 그 특성을 감지하는 의사들은 대부분 '느낌'이 있다고 말한다. 쇼머는 특정한 특성이 아니라 전반적인 감정적 변화를 찾고 맥락에 의존한다. 즉, 교회에 자주 출석하면 비종교 가정의 누군가에게는 과종교증이 있다고 볼 수 있는 반면, 경건한 가정에서는 표준이 되는 식이다. 반대로, 종교적 배경이 강한 사람에게 과종교증은 깊은 무신론으로 나타날 수 있다.

이러한 정의 문제는 게슈윈드 증후군의 유병률에 대해 의사들 사이에 의견 차이를 일으킨다. 유병률의 구체적인 수치는 존재하지 않으며 추정치는 다양하다. 이 증후군을 대중에게 알리는 것을 반대하는 신경과 의사인 토머스 브라운은 TLE 환자 중 소수만이, 그의 추정치에 따르면 5~30%에서 발생한다고 말했지만 베어는 이 증후군이 '매우 흔할 수 있다'고 믿고 있다. 이 증후군을 두 가지 혹은 세 가지의 특성이 함께 나타나는 것으로 정의했을 경우, TLE 환자 중 상당수에서 이 증후군을 발견할 수 있다. 이들 중 다수는 베어가 성격에 대해 관심을 가지고 있어서 그에게 특별히 의뢰된 환자들이다. 베스 이스라엘 병원의 연구원 그룹은 TLE 환자에게 "게슈윈드 증후군의 특성 중 하나 또는 그 이상이 자주 나타나고, 때로는 극적일 정도로 여러 가지가 나타난다"라고 결론을 내렸다.

베어는 이 증후군이 성격의 물리적 기반에 대한 단서를 쥐고 있다고 믿으며, 오랫동안 TLE 특성의 유병률을 결정하기 위한 객관적인 기준을 찾았다. 베어와 그의 동료는 1977년 TLE를 가진 환자의 성격에 대한 '정량적 분석' 방법을 만들면서 중요한 한발을 내디뎠다. 이러한 특성이 환자에게 어느 정도까지 나타나는지 확인하기 위해 베어와 국립보건원의 심리학자인 폴 페디오Paul Fedio는 이 특성을 검사하는 진술문에 환자가 '참' 또는 '거짓'으로 응답할 수 있도록 설문지를 고안했다. 게슈윈드가 식별한 다섯 가지 특성, 즉 과다묘사증, 과종교증, 고착성, 공격성, 변화된 성적 취향보다 이 특성이 더 미묘하고 구체적이라는 것을 확인한 베어와 페디오는 13가지 특성을 더 추가했다. 나열해보면 기쁨, 슬픔, 분노, 죄의식, 감동성♦('모든 감정의 심화'), 과도덕증('사소한 위반과 중요한 위반을 구별할 수 없는 규칙에 대한 관심'), 집착증('세세한 부분에 대한 강박적인 관심'), 우원증♦♦('말이 많

♦　감동성emotionality은 원래 자극에 대한 감정의 반응 정도를 행동이나 심박수, 발한, 호흡수 등의 생리적인 변화를 보고 측정한 것을 말한다. 베어와 페디오는 설문지를 통해 대상의 행동 양식으로 판단한 것으로 보인다.
♦♦　우원증迂遠症, circumstantiality은 다른 사건이나 지엽적인 문제에 대한 상세한 묘사로 주제를 빙 둘러 이야기하는 증상을 말한다. 주로 조현병, 강박장애, 조증과 같은 정신장애에서 나타나는데, 대화에서 집중 부족을 보이는 사고 이탈tangentiality보다는 심하고 대화가 지리멸렬한 다변증logorrhea보다는 약한 상태다.

고, 세세하게 얽매이며, 지나치게 자세함'), 점성('반복하는 경향'), 개인적인 운명에 대한 감정('잔뜩 고조된 중요성이 부여된 사건, 환자의 삶의 여러 모습에 영향을 미친 신성한 지침'), 의존성, 유머 감각의 부재, 편집증이다. 설문지는 100가지 문항으로 구성되어 있다. 18가지 특성에 각각 다섯 문항이 속해 있고 특성과 관련 없는 대조 문항 10가지가 있다. "내 인생에 대한 책을 쓰고 싶다"와 "자세한 일기를 쓰는 것은 정말 좋은 생각이다"는 과다묘사증의 검사 문항이다. "나는 법을 지키기 위해 특별히 노력할 것이다"에 대한 '참'반응은 과도덕주의를 나타낸다. "강력한 힘이 나를 통해 작용하고 있다"는 거창함과 과종교성을 검사한다. 유머 감각의 부재는 "정말 웃기는 일이 거의 없다"라는 내용에서 알 수 있고, "이전에 한 번도 내가 매력을 느끼지 못했던 것들이 성적으로 끌린다", "성행위가 감소했다"와 같은 문항은 변화된 성적 취향을 알기 위한 것이다. 고착성을 보기 위해서는 "누군가와 대화를 시작하면 중단하는 데 어려움이 있다", 그리고 공격성을 보기 위해서는 "나는 몇몇 사람을 조각조각 찢어버리고 싶다"가 있다.

베어와 페디오는 TLE 환자 27명과 대조군 21명에게 이 설문지를 주었다. 대조군에는 TLE가 아닌 신경학적 질병이 있는 아홉 명과 전혀 신경학적 문제가 없는 열두 명이 포함되었다. 또한 연구자들은 피험자가 자신의 성격을 속였는지 확인하기 위해 배우자나 친한 친구처럼 각 피험자를 잘 아는 지인에게도 설문지를 주었다.

피험자와 지인 모두의 응답에서, 정상 피험자는 베어와 페디오의 18가지 특성에서 가장 낮은 수치를 보였다. TLE 이외의 신경학적 질환을 가진 사람들은 약간 더 높은 수치를 보였다. 그리고 TLE

환자들은 18가지의 특성 모두에서 모든 대조군보다 상당히 차이가 나는 높은 수치를 보였다. 베어와 페디오는 이렇게 18가지로 나누어 분류한 특성들이 TLE를 가진 사람들을 식별하는 근거를 제시한다고 결론지었다. "행동(집착증, 우원증), 사고(종교적 그리고 철학적 관심), 그리고 정서(분노, 감동성, 그리고 슬픔)가 지속적으로 변화하는 모습은… 측두엽뇌전증 초점의 특징적인 결과인 것으로 보인다." TLE 환자는 자신의 유머 감각이 없는 진지함, 의존성, 자세하게 말하는 경향, 개인적인 운명을 강조한 반면에, 지인들은 자신이 아는 TLE 환자를 강박적이고, 자세하게 말하는 경향이 있으며, 의존적이고, 슬픈 사람이라고 묘사했다. 대조군 21명 중에는 아무도 이 18가지의 특성에 대해 높은 수치를 보이지 않았지만, TLE 환자 27명은 한 명을 제외하고 모두 높은 수치를 보였다. 결과적으로 이러한 18가지 특성에 대한 긍정적인 설문 응답은 TLE 진단을 위한 도구로 사용할 수 있는 듯 보였다.

의사들은 또한 뇌전증 활동의 위치와 특정 특성 사이의 상관관계를 발견했다. 즉, 특성이 좌우 뇌 중 어느 쪽 측두엽에 뇌전증 활동이 일어나는지에 따라 군집이 다르게 형성된 것이다. 일반적으로 오른쪽 대뇌반구에 뇌전증 흉터가 있는 사람들은 지나치게 '감정적'이며 비정상적인 행동과 특성을 부인하는 반면, 왼쪽 대뇌반구에 병변이 있는 사람들은 '관념적'이어서 진지하고, 높은 도덕성을 지닌 지식인이며, 정기적으로 자신을 면밀히 조사하고, 자신의 비정상을 지나치게 강조할 가능성이 높았다. 베어와 페디오는 이러한 뇌의 병변 위치에 따른 정서-사고 양분 현상은 캐플런이 '11시 10분'의 그림에서 지적한 좌우 차이와 베어가 과다묘사증에서 지적한 좌우 차이의 또 다른 버전으로서, 한쪽 대뇌반구에 발생한 과도한 자극이 그쪽의 기능을 강화해 발생한 결과라고 추측했다.

대뇌반구가 성격에 끼치는 효과에 대한 베어와 페디오의 발견이 찰리와 글로리아에서 TLE의 특성이 다르게 나타나는 것을 설명할 수 있을지도 모른다. 어쩌면 심지어 찰리의 뇌에 숨겨진 뇌전증 병변의 위치까지도 암시할지 모른다. '감정적'인 특성은 실제로 오른쪽 대뇌에 병변이 확인되었고 그게 여러 개일 수도 있는 글로리아를 설명한다. 반면에 학자적이며 매사에 숙고하는 찰리는 '관념적'이라는 단어에 잘 들어맞는다. 찰리의 의사들은 지금까지 그의 병변을 정확히 찾아낼 수 없었지만 그의 성격은 병변이 왼쪽 대뇌반구에 있다는 것을 알려준다.

베어와 페디오의 연구는 통계에 결함이 있다는 이유로 부분적으로 평가절하되었다. 그들의 설문지에 '참'이 아닌 '거짓'이 증후군이 있음을 나타내는 '부정적인 질문'이 없어서이다. 부정 질문은 피험자가 질문의 일반적인 추세에서 '올바른' 답변을 알아내는 것을 방지한다. 게다가 베어와 페디오는 우울증 및 조울증*과 같은 다른 정서적 또는 감정적 장애가 있는 대조군을 검사하지 않았는데, 이 질환을 가진 환자의 성격은 TLE 환자의 성격과 크게 다르지 않을

◆　조울증manic-depressive illness의 정식 명칭은 양극성 정동장애bipolar disorder다. 조증과 우울증의 양극단 사이에서 기분이 변화한다. 우울증과는 임상적으로 뚜렷이 구별되지만 우울증에 치우치면 일반적인 우울증과 유사하다.

수 있다. 게슈윈드 증후군의 일부 특성은 TLE에서만 독특하게 나타나는 것이 아님은 분명하다. 조울증을 앓고 있는 사람들은 과다묘사증의 발생률이 높다. LSD나 코카인을 반복적으로 사용하면 몇 가지 게슈윈드 증후군의 특성이 생긴다. 베어는 아마도 LSD가 측두변연계의 기능을 변경시키는 TLE의 작용 원리와 유사한 과정을 통해 사람들을 종교적, 철학적으로 만들고, 성욕 감퇴, 공포감, 편집증을 일으키리라 추측했다. 그 결과로 발생한 증후군은 게슈윈드 증후군의 사촌이라고 할 수 있다. LSD를 사용하기 전과 후의 성격을 연구하고 싶었는지도 모르지만, LSD는 불법적인 약물이어서 그 연구는 불가능하다. 그렇다면 베어가 이 증후군의 빈도를 연구하기 위해 생각할 수 있는 '최고의 실험'은 TLE가 발병하기 전후에 사람들의 '감동성의 변화'를 평가하는 것일 것이다. 물론 이 방법은 누가 뇌전증에 걸릴지 예측하는 것이 거의 불가능하기 때문에 비실용적이다. 캐플런은 발작 빈도와 성격 사이의 상관관계를 알아내기 위해 항경련제 치료를 받는 군과 받지 않는 군으로 나눠 TLE 환자의 성격을 비교하려고도 생각했지만, 의사가 윤리적으로 치료를 보류할 수 없기 때문에 이 연구도 불가능하다.

베어와 페디오의 발견을 재현해보려는 실험의 결과는 일관성이 없었다. 그 설문지를 사용한 한 연구에서, 정신과적인 문제로 입원한 TLE 환자는 뇌전증이 없는 정신과 환자와 지속해서 다른 수치를 보였다. 그러나 또 다른 연구에서는 뇌전증이 없는 정신과 환자와 TLE 환자를 거의 구별할 수 없었다. 캐플런은 두 번째 연구의 타당성에 의문을 제기하면서 뇌전증이 없는 정신과 환자인데도 게슈윈드 증후군의 증상을 보인 사람들은 진단되지 않은 TLE 환자일 수 있다고 제안했다. 캐플런은 "어떤 의사는 '언제든지 정신과 병원에 가서 게슈윈드 증후군과 정확하게 똑같은 증상을 가진 환자를 열 명이라도 찾을 수 있다'라고 논쟁을 벌이지만, '그렇다면 그 열 명의 환자에게 TLE가 없다는 것을 어떻게 알 수 있습니까?'라고 묻고 싶습니다"라고 말했다. 신경과 의사인 샤람 코슈빈은 이렇게 게슈윈드 증후군을 가지고 있지만 발작의 증거가 없는 정신과 환자 12명을 연구한 결과, 12명 모두에게서 측두엽에 비정상적인 전기적 활동이 있는 것을 발견했다. 이 결과는 BEARD(뇌전기활동급속표시장치brain electrical activitiy rapid display)라는 전산화된 뇌파로 식별할 수 있었는데, 여기서 보인 이상은 TLE에서 나타나는 것과는 다소 차이가 있었다.

코슈빈은 이 환자들의 치료제를 정신병약에서 항경련제로 바꿔보았고, 그 결과 게슈윈드 증후군이 완화된 경우가 있었다. 항경련제를 사용한 TLE의 치료는 대개 성격에 영향을 미치지 않기 때문에 이 결과는 코슈빈을 놀라게 했다. 이러한 연구들은 그들이 해결하는 질문만큼이나 많은 질문을 불러일으킨다. 성격과 발작 사이의 정확한 관계는 여전히 불분명하다. 이러한 새로운 질문에도 불구하고 의사들은 대부분 TLE가 감정 변화와 성격 변화에 관련이 있다는 것과, 베어나 페디오가 보여준 것처럼 뇌전증성 흉터가 어느 대뇌반구에 위치했는지에 따라 성격 변화의 양상이 결정된다는 점을 인정한다.

세부 사항에 대한 강박-아서 크루 인먼

사실 게슈윈드 증후군은 진단 도구의 역할을 하고 있다. 심지어 이 증후군은 임상적인 발작이나 EEG보다 더 훌륭한 TLE의 지표가 될 수도 있는데, 그 이유는 발작은 한 주에 한 번이나 하루에 수차례 정도만 나타나는 데 비해 이 증후군에 의한 성격 특성은 지속적으로 나타나기 때문이다. 캐플런은 "나는 EEG보다는 이 증후군의 행동을 믿고 싶습니다. EEG는 조용할 때, 즉 환자가 발작하지 않을 때 검사하면 음성이 나오기 때문이죠"라고 말했다.

일부 TLE 환자에서는 눈에 띄는 성격 특성 하나가 진단을 내리게 만들기도 한다. 몇 년 전 어떤 은퇴한 은행장이 공황장애와 조울증 진단을 받고 베어를 찾아온 적이 있었다. '사회에서 엄청나게 성공한 사람'인 그는 오랫동안 심리 치료를 받았지만 효과가 없었고, 베어에게 여러 가지 불평을 늘어놓았다. 그는 주기적인 공황 발작과 자신의 몸이 변하는 것처럼 보이고 무릎을 꿇고 걷는 듯 느껴지는 환각에 관해 설명했다. 때때로 그는 어느 공간에 있는지에 대한 감각을 잃었다. 한번은 기차에서 기절한 적도 있었다. 그는 불같은 성격을 가지고 있었다. 사소한 세부 사항이 그를 분노로 몰아넣었던 것이다. 두 번 이혼한 그는 외로움과 우울함을 느꼈다. 발작 증상, 극심한 분노, 우울증을 보고 베어는 진단되지 않은 TLE를 의심하다가, 환자의 '끔찍한 비밀'을 듣자 바로 진단을 내릴 수 있었다. "나는 여성복을 가끔 입는답니다"라고 남자가 고백했다. 베어의 머릿속에서 갑자기 '모든 것이 제자리를' 찾았다. 그토록 평범해 보이는 사람이 가질 만한 성격으로는 예상을 심하게 벗어난 것으로 보였던 의상도착증과 불같은 성질은 바로 게슈윈드 증후군의 양상이었던 것이다. 해리dissociation, 기절, 공황의 엄습은 발작이었다. EEG 결과가 비정상으로 나왔고 베어의 진단은 확진되었다. 곧 이 남성은 항경련제를 처방받았는데, 약이 정신을 진정시키고 이상한 감각을 줄여주었다. 얼마 후 그는 베어에게 자기는 전에 글을 쓴 적이 한 번도 없었지만 지금은 자전적 소설을 쓰고 있다고 말했다. 베어는 전혀 놀라지 않았다. 베어는 "이 환자의 경우, TLE는 그가 우월한 삶을 살며 기능하는 것을 방해하지는 않았습니다"라고 말하며 "하지만 그의 성격은 분명히 뇌전증의 영향을 받았습니다"라고 덧붙였다.

베어는 일단 환자에게 이 증후군이 나타나면 TLE가 그 원인이 아닌지 합리적으로 고려해보아야 한다고 주장한다. 1986년에 그는 무려 1,700만 단어로 된 155권짜리 회고록인 《인먼의 일기The Inman Diary》의 저자가 TLE였는지 여부를 사후에 결정하는 데 베어-페디오

설문지를 이용했다

아서 크루 인먼Arthur Crew Inman은 애틀랜타 토박이로 1916년 스물한 살의 나이에 신체적이고 감정적인 파탄을 겪은 후 대학을 떠나, 보스턴의 방음 처리된 어두운 아파트에 칩거했다. 그는 대부분의 시간을 병상에 누워 지냈고, 하인, 의사, 이야기 상대로 돈을 지불한 낯선 사람들이 그를 돌보았다. 상속받은 돈이 있어서 생활을 유지할 수 있었다. 그는 심각한 통증과 고통, 시각적이거나 청각적인 환각, 세상의 상태에 대한 절망감에 대해 불평했다. 인먼은 이러한 불만과 다른 여러 가지 내용을 일기에 40년 이상 날마다 기록했다. 그는 여러 차례 자살을 시도했고, 결국 1963년 보스턴 최초의 초고층 빌딩 건설로 인한 소음에 격노해 총을 쏘아 자살했다.

인먼의 긴 일기가 1985년에 두 권으로 요약되어 발표되었을 때 의사와 평론가는 그가 진단받지 않은 어떤 병으로 고통을 받은 건 아닌지 궁금해했다. 출판된 일기에 첨부된 의학 보고서에 따르면 1916년에 있었던 감정적인 파탄은 단핵구증과 같은 바이러스 감염으로 인한 것일 수 있다. 그러나 열이 났다고 하지는 않았기 때문에 바이러스가 있었던 것 같지는 않다. 인먼의 환각뿐 아니라 빛과 소리에 대한 비정상적인 민감성으로 인해 베어와 코슈빈은 그가 편두통을 앓고 있다고 생각했다. 그러나 편두통만으로는 인먼의 특이한 성격을 설명할 수 없었다. 이 의사들은 TLE가 더 가능성이 높다는 데 동의했다.

일기는 적어도 인먼에게 게슈윈드 증후군이 있었음을 암시했다. 이러한 가능성을 확인하기 위해 일기 내용에 대한 친숙도를 바탕으로 베어-펠리오 설문지를 인먼의 마음을 대변하는 베어가 한 부 작성하고, 인먼의 일기 편집자가 다른 한 부를 작성했다. 7년 동안 인먼의 요약되지 않은 일기를 검토하고, 인먼을 아는 수많은 사람을 인터뷰한 편집자 리비 스미스Libby Smith는 TLE나 게슈윈드 증후군에 대해 전혀 들어본 적이 없었다. 그녀와 베어는 모두 '과종교성'을 제외한 모든 TLE 특성에 대해 인먼에게 높은 수치를 부여했다. '세부 사항에 대한 강박적 관심'은 인먼이 목록을 작성하고 엄격한 일정을 지켰던 모습을 설명했다. 그의 어린이 같은 매력과 분노에 빠지는 경향은 '의존성', '모든 감정의 심화', '유머 감각의 부재', '분노', '편집증' 등 여러 범주에서 높은 수치로 나타났다. 인먼이 자신이 사는 시대를 기록하려고 연대기를 만든 노력은 그의 '거창함'과 '개인적인 운명에 대한 감정'을 보여주었다. 전반적으로 인먼은 대조군보다 상당히 높은 수치를 보였으며 TLE를 가진 사람들의 범위 내에 있었다.

이 성격 증후군은 그의 일기를 읽는 독자들을 당황하게 만드는 인먼만의 많은 특징을 설명할 수 있다. 25년 동안 그를 치료한 척추신경 전문 의사가 자신이 겪은 일을 들려준 이야기는 고착성에 대한 교과서 정의처럼 읽힌다. "나는 막 케이프 코드를 떠나 항해하려는 중이었습니다"라고 척추신경 의사는 회상했다. "그때 해안 경비대 경비정이 등장했습니다. 그들은 아서 인먼이 나를 즉시 보고 싶어 한다는 긴급통신을 방금 받았다고 말했습니다. 나는 인먼에게 선박용 무선전화를 걸어 당장은 갈 수 없다고 답해야 했죠. 그러자 인먼은 '당신은 꼭 와야 한다'고 말했고, 그러면 돈이 많이 들 것이라고

답했습니다. 그는 '상관없어요. 그냥 일단 오세요'라고 말했습니다."

　이 증후군은 또한 인먼이 왜 섹스에 대해 지적인 흥미를 느끼게 되었는지 설명할 수 있다. 그가 여자들과 침대에 알몸으로 누워서 그 여자들이 자신에게 느끼는 성적 감정을 설명하는 것을 듣는 것은 좋아했지만, 성관계는 싫어했고 거의 하지는 않았던 이유 말이다. 스피어스는 "인먼에게는 아마도 측두엽이나 변연계의 장애가 있었을 것입니다. 그는 성격이 분리되기도 하고 강렬하게 변하기도 하면서, 감정적으로 세상과 연결되어 있지 않았기 때문입니다"라고 말했다.

　그러나 게슈윈드 증후군이 나타났다는 것만으로는 TLE를 진단하기에 충분한 근거가 되지 못한다. 진단의 확정은 뇌 병변이나 실제의 발작 상태의 증거가 있어야 한다. 인먼은 EEG 검사를 한 적이 없었고, 병원 기록은 빈약하며, 부검 보고서는 공개되지 않아서 그의 뇌에 흉터가 있는지 알아내는 것은 불가능하다. 그가 항경련제로 사용되는 두 가지 약물인 브롬화칼륨과 바르비투르산염에 중독된 것은 관련이 있을 수 있는데, 그중 후자는 여전히 뇌전증 치료에 효과적인 것으로 간주한다. 더 중요한 것은 그의 일기가 발작의 증거를 제공한다는 점이다. 1916년에 겪은 파탄에 대해 인먼이 묘사한 내용은 TLE 발작처럼 보였다. 인먼이 친구 집에 있는 동안 기이한 감각과 감정 상태가 발생했고 그 발작으로 보이는 증상으로 극에 달했기 때문이다. 인먼은 "내 신경계 전체가 파업에 돌입했다. 빛의 반점이 내 앞에서 지그재그로 움직였다. 내 귀에서는 휘파람 소리가 들렸다. … 방이 특이한 회전 운동으로 빙글빙글 돌기 시작했고 혼란스러웠다. 나는 친구들이 말하고 질문하는 것을 들었지만 내 귀는 소음으로 가득 차서 이해할 수 없었다. 갑자기… 나는 끝도 없이 길게 울며, 격렬하게 흐느끼기 시작했다"라고 썼다. 잠깐 누워 있다가 인먼은 다시 친구들에게 합류할 수 있었다.

인먼의 일기에 묘사된 다른 사건들도 그가 발작을 앓았다는 것을 암시한다. 1919년에 그는 반복되는 감각 및 청각 환각에 대해 다음과 같이 썼다. "나는 마치 음정을 올릴 때 바이올린 현에서 일어나는 것과 같은 변화를 겪고 있는 것처럼 느낀다. 이 상태는 몇 번이고 되풀이해서 발생했다." 30년 후 그는 소음과 빛에 대한 극도의 민감성을 한탄했는데, 이는 TLE 증상과 일치한다. 그는 자신을 카메라에 빗대어, "나는 셔터는 고장 나고, 필터는 작동하지 않으며, 필름은 너무 과민해서 아무리 아름답거나 사랑스러운 것을 찍어도 고통스럽거나 뻐딱하게 기록되는 카메라 상자 안에 살고 있다"라고 썼다. 또 그는 "존재의 가장 단순한 요소인 햇빛과 소리, 고르지 않은 표면, 적당한 거리가 비효율적인 장벽을 넘어서 내 부서진 요새의 바로 그 안쪽에 있는 아성牙城을 습격하므로, 깨어 있지도 않고 잠들지도 않는, 나의 예민함을 숨길 수 있는 성소나 요새가 없어졌다"라고도 썼다. 이 명백한 발작 상태와 인먼의 성격을 바탕으로 베어와 코슈빈은 이 일기의 저자가 진단되지 않은 TLE를 앓았다고 결론지었다.

광기에 사로잡힌 소설 속 인물-에드거 앨런 포

19세기 미국의 시인이자 공포소설 작가인 에드거 앨런 포Edgar Allan Poe도 TLE라는 진단은 없었지만 게슈윈드 증후군을 가지고 있었다. 포는 철학, 골상학, 신비주의에 집착했다. 그는 성마른 성격이었고 사람들과 적대적인 관계를 맺었다. 포는 스물일곱 살에 열세 살이던 사촌 버지니아 클렘Virginia Clemm과 결혼했다. 11년 후 버지니아가 죽자 포는 그녀를 추억하는 데 매달렸고 다시는 결혼하지 않았다. 포의 전기 작가들은 자녀가 없는 포의 결혼 생활이 보여주듯이 부부관계는 한 번도 없었다고 말한다. 포는 청소년기에 글을 쓰기 시작했고, 68편의 이야기와 다른 많은 작품을 썼는데, 그 대부분은 명작이 되기에는 너무 광적인 것으로 여겨졌다. 화려하고 지엽적인 그의 글에는 앨버트로스 새의 습성, 포경선의 돛을 다듬는 방법, 남극에 도달하려는 시도에 대한 긴 설명이 포함되어 있다. 이러한 작품은 포의 성격과 마찬가지로 게슈윈드 증후군의 특성을 보여준다. 싸움, 구타, 우연한 죽음, 살인, 자살은 포의 이야기에서 일반적이다. 한 비평가는 "그의 글에는 정말로 섹스가 없다"라고 말했다. 그의 이야기에 나오는 여성들은 묘사되는 경우가 거의 없지만, 묘사되더라도 신경쇠약이거나 몽환적이다. 그의 작품 속의 많은 남자 주인공들은 엄청난 양의 글을 쓰고, 다른 한 명에게 심각하게 의존하며, 신비주의와 철학에 빠져 있다.

이러한 성격의 특징 외에도 포의 글에는 발작과 유사한 상태가 수없이 등장한다. 《어셔 가문의 몰락》에 등장하는 로데릭 어셔는 편집증적이고 집착하며, 과종교적이고, 명백히 무성애자로 보이는 인물로서, 이상한 '광기'와 '급성 신체 질환'을 앓고 있으며, 한 의사의 돌봄을 받는다. 인먼처럼 그도 빛과 소리에 극도로 민감하고 집을 어둡게 하고 세상과 고립된 삶을 산다. 그는 위가 자주 불편하고, 신체적 고통이 있으며 '신경성 불안'이 있다. 종종 매우 강한 두려움을 느낀다. 그는 '오랜 시간 동안 어떤 상상의 소리를 듣는 것처럼, 극도로 깊은 주의를 기울이는 태도로' 허공을 응시한다. 그리고 화자는 어셔의 집에 도착한 후 '아편 중독자의 혼몽'과 같은 '어두움'과 '영혼이 완전히 우울한' 느낌에 고통받는다. 집에 눈이 있는 것처럼 물체가 이상해 보인다. 또 그는 기시감이 생겨서 낯선 집이 낯익은 것처럼 보인다. 그에게 '억제할 수 없는 떨림'이 생기고 고통과 공포의 습격을 받는다. 어셔의 집을 떠나면서 시각적이고 청각적인 환각을 경험하는데, 그것은 빛의 섬광과 '천 갈래 물줄기의 목소리처럼 들리는 길고 소란스러운 소리'다. 그리고 자신의 뇌가 '휘청거렸다'고 느낀다.

이와 유사하게, 포가 스물일곱 살에 쓴 소설《아서 고든 핌의 이야기》에서는 몇몇 등장인물이 몸과 마음의 발작과 같은 장애를 경험한다. 화자인 아서 고든 핌은 '이상하게 혼란스러운 마음'으로 깨어난다. 그의 머리는 '너무 심하게 아팠다'. 그는 '숨 하나하나를 힘들게 내쉰다고 상상했고', '극심한 공포와 실망'을 포함한 '여러 가지 우울한 감정에 압도'당했다. 그는 '무의식에 인접한 상태'인 인사불성에 빠져 시간 감각을 잃어버린다. 협곡의 벽을 아래로 내려가는 동안 핌은 고전적인 TLE 발작 상태를 경험하게 된다. 즉, 넘어지는 느낌, 강력한 감정, 유령의 환영, 유령의 팔에 떨어지는 느낌을 겪는다. 이 경험이 소설에는 다음과 같이 표현되어 있다. "[내가] 거기에 닿기 직전에… 우리가 떨어질지도 모른다는 두려운 느낌이 드는 위기가 있었다. … 우리는 메스꺼움, 현기증, 마지막 발버둥, 반기절 상태, 그리고 달리는 사람의 마지막 괴로움과 곤두박질하는 모습을 마음에 그렸다. … 내 귀에는 종이 울리는 소리가 들렸고 나는 '이것이야말로 내 죽음을 알리는 종소리다!'라고 말했다. … 한순간, 내 손가락은 경련하듯 손잡이를 움켜쥐었다. … 그다음에 내 영혼은 넘어지고자 하는 갈망으로 가득 찼다. … 나는 곧바로 말뚝을 움켜쥔 것을 놓았고… 잠시 흔들렸다. … 하지만 이제 뇌가 빙글빙글 돌기 시작했다. 내 귓속에서 날카로운 소리와 유령의 목소리가 비명을 질렀다. 어둡고 사악하며 영화 같은 인물이 내 바로 아래에 서 있었다. 나는 한숨을 쉬며 터질 것 같은 가슴으로 가라앉아 그의 팔에 뛰어들었다." 소설 전반에 걸쳐 등장인물들은 발작 후에 그러는 것처럼 갑자기 별 이유도 없이 눈물을 터트리고 느닷없이 잠에 빠진다. 이 눈물에는 비애가 없다. 그들은 지나치게 강렬하고 동기가 없으며 슬픔보다는 발작의 전형적인 모습이다. 포의 글 전반에 공포와 다른 극단적인 감정이 표현되었지만, 정상적인 종류의 평범한 감정은 거의 없다. 비평가인 에드워드 H. 데이비슨Edward H. Davidson은 "우리는 핌의 사적인 마음의 휴식에 결코 허용되지 않는다. … 우리는 항상 외부에 있다. … 존재의 내적 상태를 나타내는 그 외부에 있는 것이다"라고 썼다. 포의 소설 줄거리에 있는 너무나 많은 폭력의 행위는 갑작스럽고, 자신이 겪은 일반적인 경험의 패러디로 보여서, 발작과 같이 무의미해 보인다.

실제로 포는 한 번도 진단되지는 않았지만 TLE와 일치하는 수수께끼 같은 신경학적 상태로 고통을 받았다. 그는 '신경적 예민함'으로 마약과 알코올에 비정상적으로 민감했다. 1840년대에 성인이던 그는 도시의 거리를 배회하고, 의미 없이 중얼거리고, 땀을 흘리며, 의식을 잃고 팔다리가 떨리는 '섬망delirium'을 몇 번 크게 겪었다. 이는 대발작으로 진행한 부분발작이었을 수 있다. 이상하고 끔찍한 사건과 불길한 환상과 소리, 막연한 질병, '신경질환', 다양한 '광기'에 사로잡힌 등장인물로 가득한 그의 공포 이야기는 아마도 그가 제어할 수 없었던 자신의 기이한 감각에 대한 경험을 묘사했을 것이다. TLE는 이러한 소설 속의 이미지나 사건뿐만 아니라 그가 글을 쓴 열정도 설명할 수 있다. 게슈윈드가 도스토옙스키에 대해 말했듯이, TLE는 포에게 대부분의 사람은 '쉽게 얻을 수 없는 감정의 깊이를 이해하는 지름길'을 주었을 수 있다.

만일 포가 지금 살아 있고 TLE로 진단을 받아 치료받았다면, 아마도 여전히 글을 쓰고 있을 것이다. 최근 수십 년 사이에 개발된, TLE에 대한 오늘날의 1차 선택제인 항경련제는 성격 증후군에 거의, 또는 전혀 영향을 끼치지 않는 것으로 생각된다. 약물이 환자에게 발작 횟수를 줄여주더라도 환자의 성격은 그대로 유지된다. 드물게 약물이 발작을 전부 중단시키는 경우에는 증후군이 심해질 수도 있다. 이렇게 증후군을 없애는 것이 문제가 되는지 여부는 각 개인이 가진 특성의 본질에 달려 있다. 베어는 "글로리아와 다른 사람들은 게슈윈드 증후군 때문에 '발작보다 훨씬 더 정상적으로 생활하지 못하'며, 약물로 발작을 통제하는 것은 환자의 상황을 크게 개선하

지 못합니다"라고 말한다. 그러나 이 증후군이 찰리처럼 무해하거
나 고흐, 도스토옙스키, 포처럼 굉장한 것이라면 이 증후군을 없애
는 것은 손해로 여겨질 것이다.

6
◆
중재

발작의 빈도를 낮추기 위한 약물을 찾아라

플로베르와 테니슨, 고흐는 고통에서 빠져나오기 위해 여러 치료 방법을 시도해보았다. 다행히 그들 모두 가장 고통스러운 19세기식 TLE '치료법'은 선택하지 않았다. 당시의 소위 '치료법'에는 병이 일어난 원인을 몸에 다른 영혼이 침입한 것으로 보고 그것을 해방하기 위해 머리나 가슴을 뜨거운 쇠로 오랫동안 지지는 시술과, 자위행위를 끝낼 수 있다고 보고 시행한 거세 또는 음핵 절제술이 있었다. 이런 치료법을 피했어도 이 예술가들은 저마다 비효율적인 치료로 고통을 받았다. 플로베르와 고흐는 둘 다 나중에 항경련제로는 사용이 중단된 브롬화칼륨을 복용했다. 또 세 사람 모두 당시 신경 질환의 영향을 최소화한다고 잘못 믿고 있던 수치료법hydrotherapy, 즉 '물 치료'를 받았다. 고흐는 어떤 의사의 처방으로 생레미에 있는 정신병원의 욕조에서 수없이 많은 시간을 보냈다. 테니슨은 의사가 뇌전증 치료를 위해 추천한 유럽식 온천에서 물을 엄청나게 마시고, 악천후에 먼 거리를 걸었으며, 시트를 몸에 두르고 차가운 욕조에 뛰어들었다. 하지만 여전히 그의 몽롱한 상태는 멈추지 않았다. 1844년 플로베르가 진단받은 후 곧 의사인 아버지는 그에게 목욕을 수도 없이 하게 했고 허브차, 오렌지꽃을 달인 물, 그리고 거머리를 이용한 정기적인 사혈을 처방했다. 몇 달 후, 플로베르는 당시에는 표준이었던 이러한 쓸모없는 치료법을 그만두고 그냥 고통과 함께 살기로 결심했다.

오늘날에는 여러 새로운 치료법이 사혈, 뜨거운 쇠, 수치료를 대체하기는 했지만, 그 결과는 크게 달라진 것이 없다. 뇌전증 질환 중 TLE는 현재 뇌전증 치료의 1차 선택제인 항경련제에 특히 잘 반응하지 않는다. 대발작 환자의 75~90%가 항경련제로 발작 제어에 상당히 성공하지만, TLE 환자는 35% 미만이 항경련제가 발작을 제어한다고 말한다.◆ 찰리는 운이 좋은 소수이고 질과 글로리아는 운이 없는 나머지 3분의 2에 속한다. 이러한 약물에 전신발작과 부분발작이 다르게 반응하는 원인은 명확하지 않은데, 부분적으로는 의사들이 약물의 작용기전에 대해 거의 이해를 못 하고 있기 때문이다. 대부분의 항경련제는 발작의 근원인 뇌전증 흉터에 영향을 주지 않고, 대신 주변의 생화학적 환경을 변경하여 흉터 안이나 근처의 뉴런이 뇌전증 활동을 퍼뜨리는 것을 차단하고 그 결과로 뇌의 발작 역치를 높인다.

◆ 최근에는 항경련제로 TLE 환자의 60%까지 발작의 조절이 가능하다고 한다(Kwan & Sander, 2004).

약물은 사용이 가장 간편하고 침습성이 가장 적기 때문에 TLE 치료에 제일 먼저 사용된다. TLE로 진단이 되면 주로 처음 몇 년 동안은 효과가 있는 약물을 찾기 위해 다양한 약물을 시도한다. 환자는 체내에 있는 각 약물의 양과 치료 수준을 달성하는 데 필요한 일일 복용량을 결정하기 위해 정기적인 혈액 검사를 받는다. 약물로 발작을 '빈틈없이' 또는 완벽하게 조절하면 정신병을 유발하거나 게슈윈드 증후군을 과장시킬 수 있기 때문에, 항경련제 치료의 목표는 발작을 전부 멈추게 하는 것이 아니고 발작의 빈도를 줄이는 것이 된다. 에디스 캐플런은 "많은 의사들은 전혀 발작하지 않는 것보다는 가끔씩 발작을 하는 편이 환자에게 더 낫다고 생각합니다"라고 말한다.

의사는 부작용을 최소화하면서 각 개인의 TLE 발작을 완화하는 약물 조합을 찾는다. 오늘날 TLE에 사용되는 가장 일반적인 약물은 1974년 미국에서 처음 판매된 테그레톨(카르바마제핀**), 1938년부터 사용이 가능해진 딜란틴(페니토인phenytoin), 그리고 1912년부터 출시된 다양한 형태의 바르비투르산염 페르노바비탈barbiturate phenobarbital이다.*** 찰리와 질과 글로리아는 이 약을 모두 복용해보았다. 찰리의 의사는 테그레톨의 적당한 투여량에 쉽게 결정할 수 있었고, 그 후 12년 동안 좋은 치료 결과를 얻었다. 질의 경우에는, 처음 몇 년 동안 여러 가지의 항경련제를 단독으로 또는 조합해서

◆◆　카르바마제핀carbamazepine은 테그레톨의 성분명이다.
◆◆◆　이외에 1962년부터 사용된 밸프로에이트valproate도 있다.

사용해보았으나 잘 듣는 약을 찾을 수 없었다. 글로리아는 수십 년에 걸쳐 많은 항경련제를 복용해보다가 이제는 페르노바비탈과 같은 계열의 약인 마이솔린과 딜란틴을 복용한다. 이러한 약물은 모두 너무 많거나 너무 적게 복용하면 불쾌한 부작용을 유발할 수 있으며, 고용량에서는 독성이 있어서 빠른 무의식적인 안구운동, 현기증, 둔함*, 떨림, 지성의 둔화, 건망증, 혼미**를 유발한다. 일반 복용량에서도 딜란틴은 잇몸이 과도하게 자라거나, 얼굴 외모가 거칠어지거나, 체모가 두꺼워지거나, 피부 발진, 빈혈이 일어나는 등의 부작용을 유발할 수 있고, 여러 해 동안 복용할 경우 뼈를 약하게 만들거나 림프절을 변화시키기도 한다. 테그레톨로 생길 수 있는 부작용으로는 알레르기, 복시, 위장 자극, 골수 손실, 백혈구 생성 감소 및 간 손상이 있다. 페노바르비탈은 혼란, 무기력, 우울증을 유발할 수 있다.

기존 항경련제에 수많은 부작용이 있고 TLE에 대한 성공률이 낮기 때문에 연구실의 신경과 의사들은 기적적인 치료를 기대하면서, 실험 연구 참여에 동의한 TLE 환자를 대상으로 지속적으로 신약 테스트를 한다. TLE가 치료하기 가장 어려운 뇌전증 형태이기 때문에 이러한 연구의 대부분은 TLE에 집중하고 있다. 약리학 전문가인 존 쿤리는 "조울병을 위한 리튬과 같이, TLE를 위한 마법 같은 치

---

* 둔함clumsiness은 말이 어색하거나(어둔語遁) 행동이 둔해 서투르다는 뜻이다. 뇌졸중이나 전간증, 두려움이나 스트레스, 약물복용 등에 의해 나타난다.
** 혼미stupor는 부분적 혹은 거의 완전한 무의식 상태로서 강력한 자극에 찡그리거나 움츠리는 반응만을 나타낸다.

료제의 발견은 치료뿐만 아니라 진단에도 정말 도움이 될 것"이라고 기대한다. 일부 뇌전증 약물은 다른 질병을 성공적으로 치료하기도 한다. 예를 들어, 테그레톨은 조울병, 조증(강렬한 활동과 환각을 동반하는 정동장애, 자주 종교적인 형태를 보이고, 조울증과 우울증이 번갈아 나타난다), 공황장애에 처방된다. 이 환자들이 항경련제에 잘 반응하면, 일부 의사들은 그 환자가 실제로는 TLE가 있는 것은 아닌지 의아해하기도 한다.

지붕에서 뛰어내리지 마세요!

정신요법psychotherapy은 TLE 환자가 자신의 뇌 질환에 적응하는 데 도움이 되는 것으로 여겨지기 때문에 항경련제와 함께 제공된다. 찰리는 정신요법이 필요하다고 느끼지 못했지만, 글로리아와 질은 수년 동안 치료를 받았다. 일주일에 한 번, 장애인을 위한 특수 장비를 갖춘 밴이 글로리아의 집에 와서 정신과 의사의 진료실로 데려간다. 글로리아의 다른 모든 의사와 마찬가지로 그도 그녀가 전화로 끝없이 길게 통화할 수 있는 상태여야 한다. 질이 진단받은 지 1년 후, 그녀는 스피어스에게 한 달에 1~4번 정신요법을 받기 시작했다. 스피어스는 쇼머가 질의 발작 초점을 찾고자 두 시간 분량의 신경 심리학 검사를 하기 위해 의뢰했던 사람이다. 이 검사는 베스 이스라엘 병원에서 뇌전증 수술을 고려 중인 TLE 환자에게 실시하는 정밀검사의 하나로서 여러 뇌 영역의 기능을 확인한다. 스피어스가 숫자, 단어, 그림에 대한 수많은 질문을 하며 검사하자, 질은 마음속에

긴장감이 쌓였다. 질은 나중에 "그의 검사는 당신의 모든 것을 벗겨 내게 됩니다"라며 회상했다. "폴이 당신 마음의 모든 구석구석에 파고들 것이니까요." 드디어 그가 쉬어도 좋다고 말하자 질은 울기 시작했다. "내가 너무 무능해서 좌절감이 느껴져요"라며 그녀는 흐느꼈다. "지금은 더 이상 아무것도 제대로 할 수 없어요. 세상의 모든 사람이 나를 샅샅이 뒤져보는 것 같아서 기분이 엉망이에요." 그녀와 스피어스는 곧 대화 치료를 시작했다.

두 사람이 동의한 그녀의 치료 목적은 질의 우울증이나 기분 변화로 생긴 그녀의 정신적 문제를 신경학적 질환으로 인한 이상한 의식 상태의 영향과 구별할 수 있게 하는 것이었다. 질의 신경학적, 정신적 문제는 상호작용하기 때문에 그녀가 둘을 떼어놓는 것은 매우 어렵다. 그녀는 "진짜 감정적인 것들과 발작, 그리고 뇌전증이 모두 함께 밀려오기 때문에 서로 구분하기가 어렵답니다"라고 설명했다. 예를 들어 남성과 데이트하기를 꺼리는 것은 부모의 불행한 결혼 생활을 되풀이하는 데 대한 두려움과 관련된 정신역동의 문제이거나, 여러 번의 발작으로 인한 피로의 결과이거나, 발작 사이 기간의 성욕저하의 징후일 수 있다. 스피어스에 따르면 그녀의 경우는 이 세가지 모두가 조합된 것이다.

질을 치료하면서 스피어스는 비정통적인 접근 방식을 취했다. 그는 정기적인 약속을 정하지 않았지만 그녀가 필요하다고 느낄 때마다 전화하도록 격려했다. 그녀는 "기분이 좋지 않을 때 나는 폴의 사무실에 갑니다. 만일 그의 책상에 내 머리를 대고 있다면 정말 기분이 좋지 않다는 뜻이에요". 질은 그가 몇 년 전 매사추세츠 공과

대학의 연구 과학자가 되기 위해 베스 이스라엘 병원을 떠났고, 그 이후로는 치료에 대한 청구를 중단했다고 말했다. 치료 기간 동안 그는 시내에 있는 질의 회사 부지에 무료 주차를 하는 것을 받아들였고, 가끔 점심을 같이 먹곤 했다. 그녀의 문제를 다룰 때 스피어스는 자신이 질의 어머니 역할을 했는데, 그는 질의 어머니가 '질을 구석으로 몰아넣고 그녀가 충분히 훌륭하지 않다고 말해서' 질의 문제에 기여했다고 믿는다. "그 문제가 배경에 있으면 질은 당연히 은둔자가 될 것입니다. 내성적이고, 비밀스럽고, 거절에 민감하고, 다소 우울해집니다."

고정관념에 잡힌 수동적인 상담 치료사와 달리 스피어스는 질을 강하게 밀어붙이고 요구를 많이 했다. 예를 들어 질이 돈을 모으지 못하는 문제를 해결하기 위해 자신이 직접 그녀를 위해 예산을 짜주고, 매달 급여의 7%를 자동 인출로 접근할 수 없는 계좌에 입금하도록 요구했다. 또 그녀에게 새로운 남자와 데이트하라고 밀어붙였고, 다음 날 아침에는 그녀에게 전화를 걸어 그녀가 잘했는지 확인했다. "질은 구석으로 몰릴 필요가 있습니다. 그녀는 자신을 구속하는 데 익숙하기 때문입니다. 내가 질에게 무언가를 하게 할 때, 나는 그녀를 가두듯이 해야 질은 결정을 내리는 것을 피할 수가 없지요. 내가 치료 과정에서 무언가 새로운 일을 할 때가 되어 '좋아요, 그럼 이번 주에는 나가서 더 많은 사교 활동을 해보기로 합시다'라고 말하면 대부분의 사람들은 누구와 영화를 보거나, 다른 사람과 저녁 식사를 하거나, 나이트클럽에 가서 놀 수 있어요. 하지만 질과 함께할 때는 저는 '좋아요, 이게 우리가 할 방법입니다'라고 말하고 그녀가 피할 수 없도록 설정하는 것을 도와야 합니다. 그녀의 자연스러운 경향은 후퇴하는 것이니까요. 그래서 나는 그녀가 다른 사람들에게 전념하도록 해야 합니다. 일단 여러 명과 함께 일주일 동안 케이프에 있는 집을 빌리기 위해 돈을 내놓으면 뒤로 물러서기가 어렵습니다. 그녀는 많은 돈을 잃게 되고 그녀가 가지 않으면 다른 사람들이 실망하게 되거든요."

스피어스는 크고 작은 위기에서 그녀를 도왔다. 질은 진단을 받은 지 약 5년 후, 심각하게 자살을 고민하면서 그에게 전화한 적이 있었다. 그녀는 수많은 발작, 수면 상실, 눈과 목, 머리의 통증, 만성 메스꺼움, 무기력, 엄청난 불안감을 겪고 있었다. 또 그녀는 걷는 데도 어려움을 겪었다. 직장에서 갑자기 자신이 흔들리게 걷고 있다는 것을 깨닫고는 직선으로 움직이도록 집중해야 했던 것이다. 어느 날 아침, 그녀는 침대에서 일어날 수 없다는 느낌을 받았다. 그녀는 색채의 환상을 보았다. 식욕이 없었다. 거의 말할 수도 없었다. 질은 "그것은 내일까지 살아남는 것을 상상하기 힘들 때 느끼는, 내 암울한 기분 중 하나였습니다"라고 회상했다. "한번에 모두 내 약을 복용하고 싶었습니다. 정말 죽고 싶었어요." 그녀는 스피어스의 사무실로 전화를 걸어 "이 끔찍한 느낌이 사라지지 않을 것 같아서 두려워요. 계속 이렇게 살 수는 없어요. 만일 나아지지 않으면 지붕에서 뛰어 내려버릴래요!"라고 말했다.

그녀는 그가 "지붕에서 뛰어내리지 마세요!"라고 소리쳤다고 당시의 대화를 회상했다. 스피어스는 그녀에게 자기 사무실 근처에 있는 커피숍으로 오라고 지시했고, 거기에서 한 시간 후에 만나 대화했다. 그는 냅킨에다가 다음 해의 계획을 세워주었다. 그녀에게 여러 항우울제와 함께 더 많은 항경련제를 시도할 것이고, 몇 주 동안 입원하여 TLE 수술을 위한 사전 정밀검사인 장기 EEG 모니터링을 받게 할 것이라고 설명했다. 살아갈 계획이 있다는 것에 안도한 질은 진정했다.

"그 남자 없이는 내가 무엇을 할지 모르겠어요." 질은 나중에 에너지를 발산하는 활기찬 표정으로 말했다. "폴은 저에게 다른 누구보다도 큰 도움이 되었습니다." TLE가 그녀의 감정에 영향을 미치는 한, 그 질병은 정신 치료사와의 비정상적으로 가깝고 의존적인 관계의 바탕이 되었을 수도 있어서, 스피어스는 "질은 세상에서 혼자입니다. 나를 빼고는 말입니다"라고 말할 지경이었다.

만일 항경련제가 환자의 TLE 발작 횟수나 강도를 감소시키지 못하게 되면 일부 의사들은 TLE 환자 중 아주 소수에게 도움이 되는 전기경련 요법인 ECT, 즉 '충격 치료'를 시도한다. 다른 신경과 의사들은 호르몬을 처방한다. 호르몬 수치와 TLE 사이의 정확한 관계는 알려지지 않았지만, 일부 의사들은 발작이나 발작 초점이 뇌하수체를 통해 호르몬을 조절하는 측두변연계의 구조인 시상하부의 기능에 영향을 미치는 것으로 의심한다. 체내 호르몬의 정상적인 변동은 발작 빈도에 영향을 미치는 것으로 알려져 있으며, 발작은 그 반대로 호르몬 수치에 영향을 미친다. 의사들에 따르면, TLE가 있는 여성의 50%는 월경주기가 불규칙하거나 월경이 전혀 없으며, TLE가 있는 남성의 50%는 남성 호르몬인 테스토스테론의 수치가 낮다. 이 두 가지 모두 생식능력을 방해하는 효과가 있다. TLE가 있는 많은 여성이 난소낭종을 가지고 있는데, 이는 시상하부에 생긴 흉터로 인해 발생하는 것으로 여겨진다. 글로리아와 질은 둘 다 이런 낭종을 여러 개 제거했다. 여성에게 임신이나 피임약은 모두 발작 빈도에 영향을 미친다. 20년 동안 TLE를 진단받지 못했던 콘서트 바이올린 주자인 매리 가스는 지난 수십 년 중에 지속적으로 기분이 좋았던 때는 오직 세 번의 임신 기간뿐이라고 말했다. 그녀는 그 이유를 알지 못했지만 이제 의사들은 임신 중에 발생하는 호르몬 변화가 천연 항경련제 역할을 한다고 추측한다. 몇몇 경우에 비정상적인 호르몬 수치를 가지고 있지만 어떤 종류의 발작 이력도 없는 사람들이 항경련제를 사용하여 성공적으로 호르몬 문제를 치료한 예가 있다.

발작과 호르몬 사이의 연관성에 대한 추가적인 증거는 월경 뇌전증catamenial epilepsy이다. 여성의 발작이 월경 전이나 월경 중에만 발생하거나 더 심해지는 것인데, 질의 TLE도 월경의 영향을 받았다. TLE 증상을 일으키기 전에 월경은 그녀를 괴롭히지 않았다. 하지만 이제 질은 격월로 월경 전에 발작이 증가한다. 그녀는 "나는 마구 흥분하고 불안해져서 감정을 통제할 수 없게 됩니다. 그리고 3일 내내 두통이 계속되죠. 잠도 잘 못 잡니다. 아마 하룻밤에 열 번에서 열두 번은 깨어날 겁니다"라고 말했다. 이 문제를 치료하기 위해 쇼머는 그녀를 내분비학과 의사에게 의뢰했고, 그는 그녀를 검사해서 이 정신적 변화에 대한 신체적 근거를 찾았다. 생리 6일 전에 알 수 없는 이유로 체내의 여성호르몬인 프로게스테론 수치가 비정상적으로 낮아져 월경 전까지 발작이 심해지도록 만든 것이었다. 그런 다음 갑자기 발작이 없어지고 하루나 이틀 정도 행복감을 느끼게 된다. 그녀의 발작과 호르몬 수치가 상호작용하는 방식을 변경하여 월경 전 발작이 줄어들길 바라면서 내분비학과 의사는 임신 촉진제를 처방했으나 효과가 없었다. 다음으로 그는 생리 전 6일 동안 프로게스테론 알약을 투여하려고 했다. 몇 달 동안 이 호르몬 약은 그녀가 힘들어하는 날짜를 열흘에서 하루로 줄여주었다. 하지만 질의 몸이 차차 호르몬에 적응하면서 이 약의 효과는 곧 사라졌다. 프로게스테론은 또한 그녀를 무기력하게 만드는 부작용이 있었기 때문에 의사는 복용을 중단하라고 지시했다. 인공 호르몬을 복용하기를 꺼렸던 질은 오히려 이 말에 안심했다.

측두엽절제술은 발작을 끝내기 위한 것

시도해볼 만한 치료가 모두 TLE 환자에게 도움이 되지 않으면 의사는 수술을 고려할 수 있다. 뇌전증 수술은 오랜 역사를 가지고 있다. 석기 시대 후반부터 20세기 초까지 의사들은 뇌전증을 일으키는 것으로 생각되는 악마를 해방하기 위해, 환자의 두개골에 구멍을 뚫는, 오히려 생명을 위협하는 괜한 수술을 시행했다. 오늘날 TLE에 적용되는 뇌수술은 1930년대에 몬트리올에서 펜필드가 행한 것과 유사하다. 전 세계의 여러 주요 의료센터에서 신경외과 의사들은 발작을 줄이거나 없애기 위해 메스와 흡입 장치를 사용하여 발작 초점이 포함된 뇌 영역의 조직을 제거하는데, 크기가 주먹만 할 때도 많다. 뇌전증성 흉터에 의해 생긴 비정상적인 활동은 주변 조직을 손상시킬 수 있기 때문에, 대부분의 의사는 수술의 목표를 환자의 필수 기능에 영향을 주지 않는 선에서 가능한 한 많은 조직을 제거하는 것으로 삼는다. 결과적으로, 신경외과 의사는 종종 한 대뇌반구에서 해당 뇌엽의 대부분을 제거하는데, 그 대상은 일반적으로 발작 초점이 발생할 가능성이 큰 영역인 측두엽이 가장 흔하다. 드물게 전두엽, 후두엽 또는 두정엽의 전부 또는 일부가 제거된다. 대부분 다른 수술의 경우 환자에게 전신 마취가 시행되지만, TLE 수술의 경우에는 정확한 EEG 결과를 얻고 뇌 기능 지도를 만들어야 하기 때문에 환자를 진정시켜서 수술 내내 의식이 있는 상태로 유지한다.

EEG와 결합하여 시행되는 이 수술은 소수의 TLE 환자만이 그 대상으로 고려되는데, 1939년 이후 6,000명 미만의 환자가 이 수술을 받았다. 성공률은 일관성이 있었다. 즉, 생존자 중 3분의 1보다 많은 수가 발작에서 자유롭게 되어 항경련제를 끊을 수 있게 되고, 3분의 1은 발작은 현저히 줄어들었지만 약물은 복용해야 하며, 나머지 3분의 1에 못 미치는 환자는 이전과 동일한 상태이거나 악화된다. 악화된다는 것은 일반적으로 더 빈번한 발작과 새로운 종류의 발작이 생긴다는 것을 의미한다. 드물게는 생각과 기억에 지속적인 어려움이 생긴다. 수술로 인해 사망하는 환자의 수는 1% 미만으로 매우 적은데, 대체로 이 방법이 수술로 인한 사망의 원인인 전신마취를 포함하지 않기 때문이다.

엽절제술 자체는 6~8시간이 걸리는데 '수술 전 정밀검사'인 준비와 수술 후 회복까지는 1~5년이 걸린다. 정밀검사에는 신경외과 의사가 피해야 하는 주요 동맥, 정맥, 그리고 언어 영역의 위치를 결정하기 위한 수많은 뇌 검사가 포함된다. 또한 환자는 의사가 EEG 기록을 임상적인 발작 상태와 연관시킬 수 있도록, 때로 영상장치가 연결된 집중적인 장기 EEG 모니터링을 하기도 한다. 최근의 기술 발전으로 일부 환자는 EEG 기계를 집으로 가져갈 수 있다. 원격 측정이라고 부르는 방법인데, 환자는 전극을 두피에 붙이고 머리에 붕대를 감은 다음, 배터리로 작동하는 휴대용 팩을 어깨에 착용하고 며칠 동안 EEG 결과를 측정한다. 그래도 의사가 여전히 발작이 시작되는 대뇌반구를 파악할 수 없으면 외과 의사는 두개골에 뚫린 천두술burr holes 구멍을 통해 '노출 전극'을 삽입하거나 외과적으로 뇌 내부에 '심부 전극'을 이식해서 정확한 EEG 판독 결과를 제공받는다. 정밀검사가 끝날 무렵 외과 의사는 뇌전증 조직을 더 정확하게 찾으려고 낮은 전류로 뇌를 자극해서 뇌전증을 재현해보는 경우가 많다. 수술을 받으려면 환자는 엄격한 기준을 충족해야 한다. 즉, 환자의 발작이 수술의 시간, 비용, 위험을 감수할 만큼 환자의 일상생활을 방해해야 한다. 그리고 발작 초점은 오직 하나의 반구에만 국한되어 있어야 하고, 필수적인 뇌 영역과는 구별되어야 한다. 어떤 뇌엽이라도 양측을 다 제거하면 극적인 장애를 일으키는 기능적 손실을 줄 수 있으므로 수술은 한쪽 뇌엽만 제거하게 된다.

미국에서는 매년 TLE에 대한 수술이 수백 건씩 시행된다. 하지만 일부 의사들은 수술의 가치에 동의하지 않기도 한다. 1960년대 초 게슈윈드는 "내가 TLE에 관심을 가져왔던 모든 기간을 따져도 수술을 고려할 환자는 단지 몇 명뿐이었습니다"라고 분석했으며, 수술한 각각의 경우도 "매우 어려운 결정이었습니다"라고 말했다. 오늘날 주요 의료센터가 아닌 외부에서 외과적 환자를 거의 보지 않는 의사들은 뇌전증 수술의 효과를 의심하는 경향이 있다. 에드워즈는 이 수술이 위험하고 불필요하다고 생각한다. "측두엽절제술 전체가 너무 지나치다고 봅니다"라며 "나는 측두엽절제술을 시행한 환자를 많이 보았는데, 보스턴이나 하노버에 있는 병원 환자들은 모두 언어나 기억 문제와 같은 신경학적 결함으로 인해 증상이 더 악화되었습니다. 어떤 여성은 두세 번의 측두엽절제술을 받기도 했습니다. 매번 더 많은 뇌 조직을 끄집어냈죠. 펜필드가 이전에 수술한 부동산 중개인이었던 환자도 본 적이 있습니다. 그런데 펜필드가 왼쪽 측두엽을 너무 많이 빼내서 실어증[언어 상실]이 아주 심해졌고 지금은 청소 일이나 겨우 할 수 있더군요"라고 말했다. 그 부동산 중개인의 발작은 수술 전과 동일하게 남아 있었다. 또 에드워즈는 "그 환자는 테그레톨이 나오기 직전인 1960년대에 수술을 받았기 때문에 매우 화가 나 있습니다. 이제 그의 발작은 테그레톨로 통제할 수 있는 상황이거든요. 수술은 그 당시보다 오늘날 더 발전했겠지만, 그래도 앞으로 1~2년만 더 기다리면 더 좋은 약을 찾을 수도 있을 것입니다. 발작 질환이 사람을 완전히 무력화시키지 않는 한 뇌의 일부를 잃어야 하는 이유를 잘 모르겠습니다"라고 말했다. 에드워즈는 다른 방법으로 발작을 제어할 수 없는 환자 중 아주 일부를 예일 뉴 헤이븐Yale-New Haven 병원에 의뢰하여 수술 전 검사를 받게 한다. 에드워즈는 수술을 위해 환자를 선별하는 데 있어서, 근처의 다른 뇌전증 센터보다 이곳의 '의사들이 훨씬 더 보수적'이기 때문에 이 병원을 선택했다. 지금까지 그의 환자 중 TLE 수술을 받은 사람은 아직 아무도 없다. "그 병원의 의사들은 항상 '이 환자는 좋은 후보가 아니기 때문에 수술할 수 없다'라고 회신하곤 하는데, 내가 좋아하는 답변입니다."

반면, 측두엽절제술을 시행하는 의료센터의 많은 의사들은 이 수술이 충분히 활용되지 않고 있다고 생각한다. 예를 들어, 베스 이스라엘 병원에서 질은 수술 전 정밀검사를 받으라는 권고를 받았다. 뇌전증 환자에게 하는 측두엽절제술을 매년 약 20건씩 수행하는 신경외과 의사 하워드 블룸은 미국에서만 TLE를 가진 약 10만 명의 사람이 측두엽절제술을 통해 혜택을 받을 수 있다고 추정한다. 블룸의 동료인 쇼머는 "이 수술을 통해 더 많은 사람이 도움을 받을 수 있습니다"라고 말했다. 시애틀 워싱턴 대학의 신경외과 의사인 조지 오제먼George Ojemann은 잠재적인 후보자의 2% 미만만이 뇌전증 수술을 받는 것으로 추정하고 있다. 테네시의 신경외과 의사인 앨런 와일러Allen Wyler는 많은 경우에 "수술의 위험은 지속적인 발작의 위험보다 적습니다"라고 말한다.

항경련제와 마찬가지로 뇌전증 수술도 발작을 완화하기 위해 시행되는 것이지, 게슈윈드 증후군의 특성을 없애기 위한 것이 아니다. 그리고 의사들에 따르면 대부분의 경우, 약이나 수술 치료법 모두 성격에는 큰 영향을 미치지 않는다. 그러나 예외도 있다. 캐플런이 지적했듯이 완벽한 약물 관리는 가끔 알려지지 않은 이유로 게슈윈드 증후군의 특성을 도드라지게 만들고, 성공적인 수술은 때로 그 특성을 감소시키기도 한다. 이는 아마도 특성을 유발하는 흉터가 제거되었기 때문일 것이다. 수술의 일반적인 장기적 효과는 전반적인 신경 기능이 향상되는 것인데, 이는 수술 전에 그동안 뇌전증 조직이 정상적인 뇌 기능을 방해했기 때문이라고 생각된다. 한 예로,

베스 이스라엘 병원에서 측두엽절제술을 받은 열여덟 살의 여성은 기분과 외모가 전반적으로 밝아지는 것을 경험했다. IQ가 상승했을 뿐만 아니라 성에 대한 관심이 커졌고 공격성과 과종교성이 사라졌다. 스피어스에 따르면, 수술 전에 그녀는 "시무룩하고, 심술궂고, 원한을 품고" 있었다고 한다. "지금은 그녀의 얼굴에서 미소를 지울 수가 없습니다." 이러한 예외적인 현상은 일반적으로 비교적 최근에 뇌전증이 발병한 젊은 환자에서 일어나는데, 이는 장기간의 뇌전증 활동 후에만 게슈윈드 증후군의 특성이 굳어짐을 시사한다. 수술은 새롭게 발작 질환이 생긴 젊은 환자일 때 더 좋은 결과가 나오는 경향이 있고, 장기적인 발작은 게슈윈드 증후군과 조현병형 정신병을 심화시킬 수 있으므로 신경외과 의사들은 TLE 환자를 가능한 한 빨리 수술하는 것을 선호한다. 쿤리에 따르면 초기에 시행된 측두엽절제술은 게슈윈드 증후군의 발병을 미연에 방지한다. 반면, 수술을 성공적으로 받은 더 높은 연령대의 환자 경우에는 게슈윈드 증후군의 특성이 종종 지속된다. 베어의 관점에서 그 이유는 아마도 발작의 원인이 된 흉터는 사라졌지만 성격의 변화를 제어하는 변형된 신경 회로가 남아 있기 때문일 것이다. 신경외과 의사들에 따르면 어떤 상황에서도 수술 후에 발생하는 성격의 변화는 우연히 생기는 것이며, 수술의 명백한 목표는 항상 질병의 증상인 발작을 끝내는 것이지, 게슈윈드 증후군의 특성을 변화시키는 것이 아니다.

전전두엽절개술의 위험성

그러나 1960년대에 한 신경외과 의사는 다른 종류의 TLE 수술을 제안했다. 이 수술의 주요 목표는 성격을 바꾸는 것이었다. 이 목표를 위해 TLE 환자의 양쪽 대뇌반구에서 분노와 성욕에 관여하는 측두변연계의 일부를 태우는 이 절차는 신경외과 수술이 아니라 정신외과 수술이었다. 정신외과 수술도 신경외과 수술과 마찬가지로 19세기 후반에 마취가 발명되고 청결이 개선되어 수술 절차가 합리적으로 안전해지면서 시작되었다. 그러나 이 두 가지는 수술의 목적이 다르다. 즉, 신경외과는 뇌와 척추로 구성된 신경계 장애에 대한 외과적 치료를 포함하는 반면, 정신외과는 정신 또는 마음에 대한 외과적 치료를 포함한다. 정신외과에서 집도의는 동물 연구를 기반으로 이러한 특성에 기여한다고 밝혀진 뇌의 영역을 변화시키거나 제거하여 극도의 공격성이나 성욕과 같은 특정한 특성을 제거하려고 한다. 문자 그대로 환자의 정신을 변화시키는 것이다. 실제로 동일한 수술이라 하더라도 목표가 질병을 치료하는 것인지, 아니면 성격을 '치료하는' 것인지에 따라, 신경외과 또는 정신외과 수술로 구별할 수 있다.

정신외과 의사들에게는 안타깝게도 성격은 신체 조직만큼 수술로 잘 치료되지는 않는다. 가장 잘 알려진 정신외과 시술인 전전두엽절개술◆이 적절한 사례다. 미국에서는 '엽절개술'로 널리 알려져 있다. 1935년 포르투갈의 의사인 에가스 모니스Egas Moniz에 의해 조현병 치료를 위해 도입된 엽절개술은 이마를 통해 날카로운 칼을 삽입해 의식이 있는 환자의 전두엽을 휘젓는 수술이다. 외과의가 아닌 신경과 전문의였던 모니스는 자신이 직접 시술을 하지 않고 대신 젊은 외과 의사인 알메이다 리마Almeida Lima를 감독했다. 모니스는 곧 수술을 통해 조현병의 초조agitation 증상이 있던 환자를 진정시킬 수 있었다고 보고했다. 그의 낙관적인 보고의 결과로 이 수술 또는 이와 유사한 수술이 곧 미국뿐만 아니라 유럽, 아시아, 그리고 남미의 다른 많은 국가에서 행해졌다.

1936년 봄에 워싱턴 DC에서, 프랑스 의학 저널을 읽던 미국의 신경병리학자 월터 프리먼Walter Freeman은 이 새로운 수술을 설명한 모니스의 첫 번째 논문을 접했다. 프리먼은 동료인 조지 워싱턴 대학병원의 신경외과 의사인 제임스 윈스턴 와츠James Winston Watts에게 이 기사를 보여주었고, 두 사람은 가능한 한 빨리 모니스의 수술을

◆ 전전두엽절개술prefrontal leucotomy에서 절개-otomy는 칼로 가르는 것을 말한다. 반면 절제술-ectomy은 잘라내는 것이다.

시도하기로 했다. 프리먼은 모니스에게 편지를 보내 그들의 의도를 전했다. 그런 다음 이 미국인은 파리의 의료장비 제조업체로부터 모니스가 고안한 외과용 칼 몇 개를 주문했는데, 이 칼은 '백질'과 '칼'을 의미하는 그리스어에서 어원을 둔 백질절개기leucotomes라고 불렀다. 9월에 프리먼과 와츠는 초조와 우울 증상이 있는 것으로 진단받은 캔자스주 출신의 예순세 살의 여성 환자를 처음으로 함께 수술했다. 수술 후 3주 이내에 그들은 엽절개술이 그녀의 불안과 공포를 끝냈다고 보고했다. 그녀는 일관되게 말하는 능력도 같이 잃었지만, 프리먼은 그녀가 '치료되었다'고 선언했다.

자기들이 첫 성공을 이루어냈다고 여겨 용기를 얻은 프리먼과 와츠는 곧 초조 증상이 있는 환자 다섯 명에게 동일한 수술을 시행했다. 이 환자들은 수술 후 모두 걱정이 덜하고 평온해졌으며 돌보기가 쉬워졌다고 의사들은 보고했다. 이 환자들이 사회에서 여전히 '만족하게 기능'할 수 있을지는 확신할 수 없다는 것을 인정하면서도, 이 의사들은 이 수술을 1,000건 더 실시했다.

프리먼의 새로운 수술은 곧 조현병에 대한 유익한 치료법으로 널리 여겨졌고, 강도 및 범죄성 폭력에 대한 '치료'로 찬사를 받았다. 신경병리학자 프리먼은 자기 홍보에 재능이 있었고 전국의 잡지와 주요 신문은 그에 대한 긍정적인 이야기를 실었다. 이 수술법은 빠르게 인기를 얻었다. 미국에서는 1942년까지 300건 미만의 엽절개술이 행해졌지만, 1949년에 이르러서는 1만 건 이상이 시행되었으며, 1951년에는 두 배에 이르렀다. 엽절개술의 건수는 1949년에서 1952년 사이에 정점에 도달해서 매년 정신질환자를 대상으로 약

5,000건이 행해졌다. 1949년에 일흔다섯 살의 모니스가 전전두엽 절개술을 시작한 공로로 노벨 생리의학상을 받았을 때만 해도 이 수술은 여전히 의학적인 돌파구처럼 보였다. 일부 저명한 미국의 외과 의사와 정신과 의사들이 개인적으로 이 수술이 야만적이고 의학적인 정당성이 결여되어 있다고 여겼지만, 처음 10년 동안 미국에서 이에 대한 부정적인 정보는 거의 공개되지 않았다.

그러나 화려한 찬사가 사라지면서 의사들과 대중은 과잉 효과에 의해 엽절개술이 성공으로 보였다는 사실을 깨닫기 시작했다. 이 수술은 환자를 진정시키는 것을 넘어 거의 아무 일도 할 수 없게 만들었던 것이다. 환자들은 심지어 가장 단순한 일조차도 할 수 없었다. 프리먼과 와츠도 "모든 환자가 아마도 이 수술을 통해 무언가를 잃을 것이다. 어떤 사람은 자발성, 어떤 사람은 재치, 어떤 사람은 성격상의 풍미風味 같은 것을 말이다"라고 인정했다. 이 의사들은 엽절개술 후 환자에 대해 "중요한 문제에 대해 조언을 할 수 없게 된다. … [그의] 직접성과 솔직함에는 어린애 같은 면이 있다. … [그는] 서툴고, 활기가 없다"라고 기록했다. 측두엽에 의존하는 기억 능력은 일반적으로 이 전두엽 수술의 영향을 받지 않았지만, 불쾌한 변화가 많이 발생했다. 즉, 환자가 안절부절못하고, 무관심하고, 부주의하고, 산만하고, 감정적으로 불안정하고, 거리낌이 없고, 이전처럼 생각하거나 계획할 수 없게 된 것이다. 일부 환자는 사망했다. 처음에는 호전된 것처럼 보였던 다른 환자들은 수술 후 몇 달이 지나 '재발'되어 두 번째, 세 번째 수술을 받아야 했다. 많은 환자가 입원한 상태로 지냈다. 집에 갈 수 있는 환자라도 대부분 일을 할 수 없었고 간호가 필요했다. 일부 환자는 발작도 일으켰는데, 아마 외과 의사의 도구에 뇌 조직이 손상되었기 때문일 것이다.

이 수술에 대한 환자의 반응은 동물실험과 인간의 경험 모두에서 전례 없는 일은 아니었다. 일찍이 1880년대에 잭슨의 동료인 데이비드 페리어 경은 전두엽이 외과적으로 제거된 원숭이와 유인원을 "무감각하거나, 둔하거나, 깜빡 잠에 빠지거나, 그 순간의 감각이나 느낌에만 반응했다. … 목적 없이 이리저리 방황했다"라고 묘사했다. 또한 우연한 사고로, 혹은 펜필드의 여동생처럼 뇌종양 수술로 양쪽 전두엽의 전부 또는 일부를 잃은 사람들도 비슷한 변화를 겪은 것이 알려져 있었는데, 그들은 방향감각을 잃고 산만해지고, 계획을 세울 수 없었던 것이다.

그런데도 프리먼은 자신이 그렇게도 열광적으로 추진한 이 수술의 한계를 부인했다. 그는 오래된 조현병 환자나 환각이 있는 조현병 환자에게는 전전두엽절개술을 그만두었지만, 1953년까지도 장애가 덜한 환자를 대상으로 수술을 계속했다. 또 그는 정신 질환자를 위한 또 다른 수술법을 찾기 위해 감정에 관여하는 측두엽 구조인 편도체를 제거하는 편도핵절제술을 시도했다. 그러나 이 수술도 만성 조현병 환자에게 도움이 되지 않았다. 그다음으로 측두엽과 전두엽 사이의 영역이 조현병의 근원이라고 추측하면서 그 부분의 섬유를 파괴하려고 시도했지만 소용없었다. 프리먼은 1967년 캘리포니아에서 일흔두 살에 마지막 수술을 했다. 환자는 1946년과 1956년에 이미 두 번이나 프리먼에게 엽절개술을 받은 여성이었다. 세 번째 엽절개술을 시작했을 때 프리먼의 수술 도구가 그녀의 뇌의 주요 혈관을 찢었고 뇌출혈을 일으켰다. 몇 시간 후, 그 여성은 죽었고 프리먼의 수술 특권은 취소되었다.

환자를 실험 수술의 대상으로 삼다

─────────────

1950년대에 정신외과 수술은 선호도가 떨어지기 시작했는데 이는 모니스의 수술이 정상적인 생활을 하지 못하게 만들었기 때문이기도 하지만, 1954년에 개발된 소라진을 시작으로 조현병의 영향을 일부 감소시키는 약물이 도입되었기 때문이다. 1960년대 중반쯤 대부분의 정신외과 수술의 평판은 나빠졌다.

하지만 당시 40대 초반으로 하버드 의과대학과 여러 보스턴의 병원에서 근무하던 신경외과 의사 버논 마크는 자신의 분야에서 정상에 오른 것처럼 보였고 TLE를 가진 환자에게 새로운 종류의 정신외과 수술을 시도하려 했다. 프리먼이 바라던 것처럼 조현병의 증상을 제거하는 대신, 마크는 TLE의 증상인 폭력적인 분노를 제거하려고 했다. 그의 계획은 측두변연계 구조의 일부이면서 감정을 조절하는 일을 담당하는 편도체를 파괴하는 것이었는데, 이곳은 프리먼이 조현병의 치료를 위해 제거했던 부분이었다. 편도체는 그 크기와 모양 때문에 그리스어로 '아몬드'라는 뜻의 이름이 붙었고, 변연계의 앞쪽에 두 개가 각 대뇌반구에 하나씩 위치하고 있다. 원숭이나 고양이의 편도체를 탐침으로 자극하면 그 동물은 대개 주변에 있는 것이 봉제 동물 인형이든 사람이든 간에 무엇이든 공격하게 된다. 이와 유사하게 수술 중에 인간의 편도체를 전기적으로 자극하면 일반적으로 분노, 때로는 두려움 또는 성적 흥분 같은 강력한 감정을 생성한다. 1961년 한 환자는 편도체에 자극을 받는 동안 "나에게 무슨 일이 벌어졌는지 모르겠습니다. 마치 내가 동물처럼 느껴졌습니다"라고 보고했다. 또 다른 환자는 화를 내며 "이 의자에서 일어나고 싶은 느낌이에요! 뭔가 때리고 싶어요. 뭔가 잡은 다음에 그냥 찢어버리고 싶어요. 내가 그러지 않도록 이걸 가져가세요!"라고 소리쳤다. 그녀는 자신의 스카프를 찢지 않으려고 의사에게 건네주었다. 그 대신 의사는 환자에게 종이 뭉치를 주었고, 그녀는 그것을 갈기갈기 찢어놓았다. 그녀는 "나는 이렇게 느끼는 것이 싫어요!"라고 소리쳤다. 의사가 뇌로 가는 전극의 전류를 줄였을 때 환자는 갑자기 미소를 지었다.

"기분이 조금 괜찮아졌나요?"라고 의사가 물었다.

"조금요."

"조금 전에 기분이 어땠나요?"

"나는 일어나서 뛰고 싶었어요. 무언가를 치고, 무언가를 찢고 싶었어요. 아무거나 말이죠. 내 자신을 통제할 수가 없었어요."

말 그대로 그녀의 마음을 조절하면서 의사는 다시 편도체로 가는 전류를 올렸다. 그녀는 "당신을 때리게 하지 마세요!"라고 간청했다. "날 붙잡지 말아요! 일어날 거야! 나를 붙잡아놓고 싶다면 다른 사람을 구하는 게 좋을 거야!"라며 그를 때릴 듯이 팔을 들었다. "당신을 때릴 거예요!" 의사는 다시 전류를 줄였고 그 여자는 사과하듯이 "어쩔 수 없었어요. 당신 얼굴을 때리고 싶었어요. 나도 그렇게 하는 것은 싫어요"라고 말했다.

마크의 계획은 TLE와 폭력적 행동 병력을 둘 다 가진 환자의 집단을 모아 그가 '양측편도체 파괴' 또는 편도핵절개술이라고 부르는 실험적인 정신외과 수술을 행해서 그들의 발작을 없애고 공격성을 줄이는 것이었다. 이 수술의 근거는 동물실험에서 양측 편도핵절제술로 편도핵을 제거한 후에 나타난 성격 변화였다. 이 수술 후 붉은털원숭이들은 큰 감정 변화를 겪었다. 그들은 공격성을 잃고 극도로 유순해져서 공격을 받아도 싸움에 관심이 없었다. 명백하게 그들이 보고 먹는 것에 대한 단기 기억을 잃어버렸고, 시각적 변별력이 사라져 모든 것을 반복해서 살피고 또 살폈으며, 고도로 구강에 집착해 입에 넣을 수 있는 것은 전부 다 채워 넣었다. 또 성적으로 만족할 수 없게 되어 금속이나 대변, 심지어 쉿쉿거리는 뱀을 포함하여 앞에 있는 것은 무엇이든지 그 위에 올라타 성교하는 흉내를 냈다. 이러한 변화들은 1339년에 이를 기술한 두 과학자의 이름을 따서 클뤼버-부시Klüver-Bucy 증후군으로 통칭했는데, 양측 편도핵절제술을 시행한 원숭이에게서 일관되게 반복적으로 발생했다.

노먼 게슈윈드에게 클뤼버-부시 증후군은 편도체 주변의 영역이 감각, 본능, 감정 사이의 중요한 연결 지점이라는 것을 알려주었다. 예를 들면 이곳에서 도망갈 것인지, 싸울 것인지에 대한 결정이 내려지는 것이다. 클뤼버-부시 증후군과 유사한 변화는 동일한 수술을 받은 다른 동물에서도 볼 수 있다. 일부 생쥐는 더 이상 작은 쥐를 죽이지 않았다. 청둥오리는 인간에 대한 두려움을 잃었다. 고양이는 닭과 교미했다. 연구자들은 클뤼버-부시 증후군에서 공격성이 감소하고 성욕이 증가하는 특징은 게슈윈드 증후군의 특성을 반영한 모습이라고 지적하면서, 뇌전증 활동에 의한 편도체의 과도한 자극이 감각과 본능 사이에 과도한 연결을 만들어 TLE의 특성에 기여한다고 추측했다. 베어에 따르면, "TLE가 있으면 흔히 편도체 뉴런이 방전하는 역치가 낮아진 상태가 되는데, 이는 일반적으로 편도체를 제거하거나 파괴하는 것과 반대되는 상태입니다".

마크는 편도체의 파괴가 게슈윈드 증후군의 특성을 뒤집을 것이라고 믿었지만, 그의 선구자인 모니스와 프리먼과 마찬가지로 과거 실험에서 선택적인 정보만 취했다. 그는 편도핵절제술 후 원숭이가 덜 공격적이라고 언급했지만, 원숭이에게 나타난 구강 및 성적 갈망과 같은 다른 변화가 인간에게는 어떻게 나타날지에 대해서는 언급하지 않았다. 그는 고양이의 양측 편도체를 파괴하면 '덜'이 아니라 '더' 야만적이고 공격적으로 변한다는 것 등 다른 동물 연구의 관련성을 일축했다. 마크는 또한 일부 인간에서의 연구를 무시하는 것처럼 보였다. 인간에게서 양측 편도체를 포함한 양측 측두엽이 제거된 소수 사례의 경우, 인간판 클뤼버-부시 증후군이 발생했다. 즉, 환자들이 극도로 무관심해지고 기억이 심각하게 손상된 것이다. 가장 유명한 사례는 1953년 뉴헤이븐에서 발생했다. 'H. M.'이라는 환자는 외과 의사가 심한 장애를 일으키는 뇌전증을 줄이기 위해 양측 측두엽을 모두 제거했는데, 수술 후 그는 새로운 기억을 형성하는 능력을 완전히 상실해 정상적인 생활을 하지 못할 정도가 되었다. 수술 전에 전기기사 보조 일을 했던 H. M.은 이제 간단한 작업조차 수행할 수 없게 되었다.

마크는 폭력적인 TLE 환자에 대한 양측 편도핵절개술의 효용성을 매우 낙관적으로 보고 이 수술을 통해 사회가 광범위한 폭력 문제를 해결할 수 있을 것으로 예측했다. 1967년 미국의학협회 저널에 실린 성명에서 그와 두 명의 동료인 하버드 의과대학의 또 다른 신경외과 의사 윌리엄 스위트William Sweet와 신경정신과 의사 프랭크 어빈Frank Ervin은 그 전해 여름에 있었던 전국적인 도시 폭동♦이 뇌 손상 때문에 일어났을 것으로 추측했다. 이 의사들은 '폭력의 역치가 낮은 사람들이 추가적인 비극에 기여하기 전에', '정확히 찾아내고 진단한 다음', 정신외과 수술을 통해 '치료'하기 위해 각각의 폭도들을 검사하고 연구할 것을 제안했다. 베어에 따르면 이것은 '유감스러운 성명'이었는데 "진짜 쟁점인 문화와 빈곤을 숨기고 이 사람들의 두뇌 일부분을 태우는 망령을 불러일으켰기 때문입니다"라고 혹평했다.

3년 후, 마크와 어빈은 《폭력과 뇌Violence and the Brain》를 출판했는데, 이 책에서 그들은 '인간 폭력 문제에 대한 생물학적 접근 방식'을 취하고, 폭력을 의학적인 문제와 증상으로 설명했으며, 양측

♦ 미국에서 1967년 7월 인종 문제로 폭력 사태가 일어나 디트로이트, 뉴어크 등에서 100여 명이 목숨을 잃었다.

편도핵절개술을 실험적 치료라고 불러 논란을 일으켰다. 저자에 따르면, "반복적인 대인 폭력을 저지른 비교적 소수의 범죄자 중에 뇌가 완벽하게 정상적인 방식으로 기능하지 않는 사람이 5~10%라는 주목할 만한 비율로 발견된다". 이 의사들은 수백 명의 폭력혐의 수감자들과 정신과 입원 환자의 기록을 조사한 뒤, 폭력적인 사람들은 '뇌가 손상되거나 기능부전 상태'라고 결론지었다. 마크와 어빈은 이 충동적인 폭력 경향을 '삽화성 통제장애 증후군episodic dyscontrol syndrome'이라고 불렀으며, 공격성이 증가하는 모습 때문에 TLE와 유사하다고 생각했다. 그리고 삽화성 통제장애 증후군을 네 가지 특성으로 나누었는데, 각각 아내나 자녀를 구타하는 것과 같은 신체적 폭행의 이력, 알코올 남용, 충동적인 성적 행태, 자동차 사고와 도로교통 위반이었다. 그리고 원인은 변연계의 이상이라는 이론을 세웠다. 이 의사들은 측두변연계의 '국소 초점 영역 파괴'가 '공격적이거나 폭력적인 환자의 위험한 행동을 제거할 것'이라고 추측하면서, 이렇게 의학적인 수단을 통해 '통제'하는 방법으로 '오늘날 우리의 세계에서 가장 위협적인 문제'를 궁극적으로 해결하기를 희망한다고 썼다.

이를 위해 마크는 1960년대 중반에 '폭력적 충동을 잘 통제하지 못하는 사람들의 진단과 치료'를 목표로 하는 신경 연구 재단을 설립했고, 폭력과 뇌의 비정상적인 전기적 활동에 대한 연구를 위해 연방 자금을 요청했다. 1960년대 후반에 그가 뇌 질환과 폭력 경향이 있는 사람에 대한 수십만 달러짜리 실험을 미국 국립정신건강

연구소*에 신청했을 때, NIMH는 처음에 이를 거절했다. 그러자 마크의 하버드 동료인 윌리엄 스위트는 재정지 원을 위해 닉슨 대통령의 보건, 교육 및 복지부HEW 장관인 엘리엇 리처드슨Elliot Richardson에게 로비를 펼쳐 연방정부에 직접 요청했다. 마크의 이웃인 리처드슨은 1970년 HEW 예산에서 마크의 연구를 위해 50만 달러를 승인했으며 NIMH가 지난번 결정을 뒤집도록 설득했다. 1970~1972년에 NIMH는 폭력에 관한 연구를 위해 마크와 스위트에게 100만 달러를 지급했다. 또 1971년에는 교도소를 담당하는 법무부 산하 기관인 법집행지원국에서 추가 연구 자금으로 20만 달러가 지급되었다. 기술적으로는 기금이 '보조금'이 아닌 '계약' 형태로 지급되었으므로 동료 평가를 피할 수 있었다.

이 연방 자금을 받기도 전에 마크는 폭력을 '치료'하는 실험을 시작했다. 1965년부터 그는 매사추세츠 종합병원의 폐쇄 병동에 입원 경력이 있는 환자를 대상으로 최소 여덟 명에게 양측 편도핵절개술을 시행했다. 이 병원은 마크가 그간 비정상적인 뇌의 활동과 폭력의 이력을 가진 환자를 모아놓은 곳인데, 글로리아도 1969년 12월에 그 병동의 환자가 되었다.

그 당시 서른여덟 살이었던 글로리아는 외과적 정밀검사를 시작한 1967년 이래로 양측 편도핵절개술의 후보였다. 그해 봄, 마크는 수술 전 준비로 그녀의 발작 활동, 뇌 구조, 동맥 및 정맥의 위치

◆   NIMH[the National Institute of Mental Health]. 메릴랜드에 위치한 미국 국립보건원NIH 소속 기관이다.

를 확인하기 위해 뇌스캔을 찍었다. 마크는 글로리아를 자신의 실험적 시술에 적합한 후보로 여겼는데, 그 이유는 그녀의 발작과 비정상적인 뇌파뿐만 아니라 그녀의 '과다한 성적 활동'과 '폭행' 병력이 '삽화성 통제장애 증후군'의 진단에 도움을 준다고 여겼기 때문이었다. 글로리아는 1967년에 뇌스캔에 한 번은 동의했지만 뇌를 수술한다는 생각이 무서워서 나머지는 기술자가 작업하지 못하도록 거부했다. 2년 반 후 그녀는 우울증과 자살 충동으로 병원에 입원했다. 글로리아는 여전히 뇌를 자극하거나 태우는 것을 두려워했지만, 이번에는 마크가 제안한 수술에 대한 거부감이 훨씬 덜했다.

몇 년 후에 글로리아는 그때 수술에 동의한 이유를 말했는데, 그것이 실험적 수술임을 전혀 몰랐다는 것이었다. 사실 그녀는 그 수술이 TLE에 대한 입증된 치료법이라고 믿고 있었다. 이런 점에서 그녀는 마크의 편도핵절개술 환자의 전형이었다고 매사추세츠 공과 대학의 교수이자 정신외과를 비판하는 신경심리학자 스테판 코로버Stephan Chorover는 말한다. 코로버는 "마크가 수술한 글로리아와 다른 환자들은 자신을 한 의사의 환자로 여겼습니다. 그러나 마크의 입장은 훨씬 더 복잡했습니다. 그에게 글로리아는 환자인 동시에 실험 대상이었습니다"라고 말했다.

더욱이 글로리아는 오늘날의 엄격한 규칙인 환자의 '정보에 입각한 동의'라는 혜택을 받지 못했다. 이 규칙이 생긴 이유에는 마크가 시행한 정신 수술도 어느 정도 기여했다. 어쨌든 당시 1960년대에는 명시적인 동의 절차가 없었다. 예를 들어, 지금처럼 수술 절차를 수행하기 전에 받는 환자의 서면 동의가 필수적이지 않았다. 글로리아의 의료 기록에 따르면 마크는 수술에 대한 서면 허가를 구하지 않았다. 그러나 그는 수술의 위험성과 성공 확률에 대해 그녀와 논의하기는 했다. 그는 "나는 환자에게 감염, 뇌의 신경 결손, 기억력 상실, 심지어 사망까지 포함하는 위험에 관해 이야기했다"라고 수술이 시작된 날 기록했다. "그녀는 수술의 한계와 기대, 그러니까 약 70% 정도 되는 개선 가능성을 이해하고 있으며, 그 이점을 위해 수술에 따른 위험을 감수할 의향이 있다." 사실, 마크의 절차는 실험적이었기 때문에 성공 가능성에 대한 수치가 명확했을 것 같지는 않다. 그가 사용한 수치인 70%는 표준 측두엽절제술의 성공률이었다. 수십 년 동안 여러 병원에 걸쳐, 입원과 퇴원 기간을 포함하여 일측 측두엽절제술을 받은 환자의 3분의 2에서 경미한 호전을 보였던 것이다. 하지만 그가 인용한 측두엽절제술은 마크가 하려는 수술이 아니었다.

마크의 선구적인 수술은 여러 단계로 나뉘어 수개월에 걸쳐 진행되었다. 그는 전에 했던 다른 어느 의사보다 훨씬 더 오래, 몇 주, 심지어는 몇 달 동안 뇌에 전극을 남겨두었다. 환자가 수술에서 회복되면 마크는 이식된 전극을 사용하여 며칠 또는 몇 주 동안 반복적으로 가벼운 전류를 전달하는 방법으로 의식이 있는 환자의 뇌를 자극하여 결과를 관찰하고 기록했다. 절차의 이 부분은 진단적이기도 하고 실험적이기도 한 것이었다. 즉, 마크는 어느 영역이 자극받았을 때 환자의 일반적인 발작과 유사한 반응을 일으키는지 구체적으로 알고 싶었고, 또한 여러 번의 자극이 감정적 뇌에 어떤 영향을 미치는지 궁금했던 것이다.

환자의 뇌를 자극하는 과정에서 마크는 초창기 의사들과 유사하게 분노나 성적인 느낌 및 두려움을 갑작스러운 엄습하도록 유발했다. 또한 자신이 편도체와 해마(학습, 기억, 그리고 호르몬과 관련된 해마 모양의 편도체의 인근 구조)의 특정 부분을 자극하는 간단한 방법으로 방금 유발한 폭력적인 행동을 멈추게 할 수도 있다는 것을 발견했다. 코로버는 이러한 자극을 수행하는 과정에 대해 "마크는 전례가 없는 상황에 부딪혔습니다. 첫째, 그에게는 뇌에 전극이 있는 인간 피험자가 있었습니다. 둘째, 그는 뇌 자극과 뇌 병변이 성격, 기분 및 행동에 미치는 영향, 특히 폭력이나 성욕과 같이 감정에 의해 지배되는 활동에 놀라운 관심을 보였습니다. 셋째, 그는 뇌에 대한 낮은 수준의 자극은 처벌받을 일이 아니라고 믿었다는 것입니다. 지금은 모두가 더 잘 알고 있지만 그 당시에 그가 더 잘 알 수는 없었을 것입니다"라고 설명했다. 마크는 반복적으로 뇌를 자극하는 것이 실제로 뇌전증성 흉터를 만들 수 있다는 것을 깨닫지 못했다. 이 '불쏘시개kindling' 효과는 1973년에 가서야 발견되었다.

마크는 몇 주 혹은 몇 달간 이러한 자극을 준 후에 편도체를 파괴했는데, 처음에는 한쪽 대뇌반구에서, 다음에는 다른 쪽 대뇌반구에서 실시했다. 각 편도핵절개술은 국소마취를 하고 시행되었으며, 며칠에 걸쳐 진행되었다. 절차의 이 부분은 환자의 편도체에 있는 이식된 전극을 통해 수차례 열을 가해 그곳의 조직을 파괴하는 것이었다. 마크는 이렇게 조직을 태우는 것이 엽절제술에서와 같이 절단하고 제거하는 것보다 훨씬 덜 침습적이며 더 적은 양의 조직을 건드린다고 보았기 때문에 이 방법을 선호했다. 마지막으로 환자는 다시 전신마취를 받았고 외과 의사는 이식된 전극을 제거했다.

　글로리아의 시술은 1969년 12월 2일 매사추세츠 종합병원에서 시작되었다. 그날 아침 일찍, 검고 가는 머리카락에 키가 큰 마크는 손을 소독하고 수술복을 입고 수술실에 들어갔다. 글로리아는 의식을 잃은 채 마취과 전문의를 향해 왼쪽으로 누워있었다. 그녀의 머리 오른쪽에서 마크는 면도한 두피를 자르고 피부를 뒤쪽으로 잡아당겨 클립으로 고정했다. 마크는 편도체 영역 상부의 두개골에 구멍을 여러 개 뚫었다. 그는 각 구멍을 통해 속이 빈 바늘을 삽입했는데, 그 바늘 안에는 얇고 유연한 전극 가닥이 들어 있고 그 말단 부근에는 몇 개의 금속 마디가 붙어 있었다. 이 금속 마디는 뇌의 국소 부위에 전기 정보를 전달하고 그 부위로 전기와 열을 전달하는 것이었다. 마크가 오른쪽 편도체라고 믿는 곳에 이 바늘이 접근하자, 그는 바늘을 빼내어 뇌 깊숙한 곳에 전극 가닥을 남겨놓았다.

　편도체의 위치를 확인하는 것은 푸딩을 망가뜨리지 않고 푸딩 그릇에서 쌀 한 톨을 찾는 것과 비슷하므로 마크는 뇌 구조를 도표화하는 기술인 입체정위법stereotaxy을 사용했다. 이 용어는 그리스어에서 유래한 것으로 '3차원적 공간에 대한 구획'이라는 뜻이다. 전극을 이식하기 전에 먼저 그는 그녀의 머리에 정위기구stereotaxic machine라고 불리는 금속 비계飛階를 고정했다. 그다음 그녀의 뇌에 염료를 주입하고 기계에 부착된 카메라로 측두변연계 부위의 엑스레이를 촬영했다. 측정을 위해 기계의 골조를 따라 그어진 괘선 표시를 사용하여 그는 편도체와 엑스레이에서 볼 수 있는 다른 뇌 구조의 위치를 찾았다. 이렇게 도표를 만드는 기술은 잭슨의 영국인 동료였던 빅터 호슬리 경Sir Victor Horsley이 20세기 초에 동물실험에서 처음 사용했으며, 인간에 대한 사용은 1940년대부터 시작되었다. 베어는 진단적인 목적으로 사용하는 입체정위법은 대개 해롭지 않지만, 외과적으로 사용했을 때는 '근본적인 결함'이 있다고 말했다. 글로리아가 수술을 받은 지 20년이 지난 후에 베어는 정위기구에 대해 "그건 그렇게 썩 훌륭하지 않았습니다. 만일 3차원 구조인 뇌에 전극을 꽂아 넣는다면, 실제로 뇌전증의 초점 영역에 도달할 확률은 매우 낮습니다. 설사 전극이 편도체에 도달한다고 하더라도 정확한 부분이 아닐 수도 있습니다. 전극이 일반적으로 뇌전증 초점의 중심부를 통과하지 않았기 때문에 마크가 만든 열 병변이 섬유와 신경세포를 파괴하고 환자의 전형적인 발작의 신경 경로를 변화시킨다고 하더라도 궁극적인 결과를 바꿀 수는 없었습니다"라고 말했다. 요컨대, 환자는 계속해서 발작했던 것이다.

첫 번째 전극을 이식하고 난 후 마크는 글로리아의 머리 상처를 소독하고 두피를 덮은 다음 정위기구를 제거하고 머리를 멸균된 머리 받침에 고정했다. 일반 표면 전극으로 하루 전에 촬영한 EEG가 정상이었던 것과는 대조적으로, 마크가 이식한 전극의 EEG 결과는 비정상적인 전기적 활동의 영역이 여러 개 나타났는데, 이는 글로리아의 뇌전증성 활동이 뇌의 깊은 곳에 있다는 것을 의미했다.

마크가 전극을 이식한 대부분의 환자와 마찬가지로 글로리아도 초반에 통증과 기억력, 시력, 보행 문제를 경험했으나 곧 모두 사라졌다. 마크의 기록에 따르면, 12월 5일에 이르러서는 글로리아가 정상으로 돌아왔다는 것을 알 수 있는데, 이전에 겪었던 고통스러운

사로잡힌 사람들

352

척수 검사인 요추천자를 다시 할 가능성을 마크가 언급하자 그녀는 '재빨리 정신을 차리고' 항의하더니 거절했다고 한다.

12월 12일이 포함된 일주일 동안 마크는 매일 편도체 부위를 자극했다. 그는 이식된 전극을 향해 가벼운 전류를 반복적으로 흘려보낸 다음 글로리아와 그녀의 뇌파에 무슨 일이 일어났는지 계속 기록했다. 1971년 글로리아를 만나고 그녀의 기록에 접근할 수 있었던 한 의사는 "이 연구에서 많은 데이터를 얻었습니다"라고 말했다. 마크는 수년 동안 그녀가 경험했던 전형적인 발작인 악취 느끼기, 멍하게 응시하기, 손 비비기, 침대 근처의 의료진 움켜잡기, 의식의 변화, 발작 기간 동안의 기억상실 등을 수없이 유발했다. 그는 또한 갑작스러운 공격성과 성적인 감정 엄습을 수없이 유도했는데, 이것은 글로리아만의 전형적인 발작이 아니고 사실 편도체가 정확한 위치에 충분한 전류로 자극되면 누구에게나 발생할 수 있는 현상이다. 예를 들어, 12월 17일의 긴 자극에서 글로리아는 '폭력 에피소드'를 겪었다. 그녀의 차트에 따르면 마크가 편도체에 또 다른 전류를 보냈을 때 그녀는 손을 뻗어 '검사자를 격렬하게 붙잡았다'고 한다. 글로리아는 나중에 그날 자신이 성적으로 흥분한 느낌이 들어서 근처에 서 있는 젊은 남성 기술자에게 손을 뻗었다고 회상하며 "그와 너무나도 성관계를 하고 싶었어요"라고 말했다. "그들은 나를 많이 자극했고 나를 들뜨게 해서 매우 열정적으로 만들었습니다."

그날의 실험 이후로 그녀는 계속해서 짧은 발작성 응시를 일으켰고, 병동에서 문제를 만들었다. 저녁에는 깨진 유리잔을 휘두르며 간호사와 의사를 위협했다. 의사는 그녀를 진정시키고 잠을 자도록 설득했다.

다음 날 마크는 글로리아를 사설 매사추세츠 종합병원에서 가난한 지역의 공립병원인 보스턴 시립병원으로 옮겼다. 이곳도 역시 마크가 의료진으로 등록된 곳이었다. 쿤리는 "마크는 환자가 방해가 되면 그 환자를 보스턴 시립병원으로 보냈습니다"라고 말했다. 글로리아는 전원을 일종의 처벌이라고 생각했다. 일주일 전, 매사추세츠 병원의 의료진끼리 자신을 전원시킬 가능성에 대해 논의하는 것을 우연히 듣고, 그녀는 사회복지사에게 자신이 '속아서' 보스턴 시립병원으로 가게 되는 것이 두렵다고 말했다. 사회복지사는 "그녀는 그 병원에 가지 않으려고 발버둥을 치게 될 것"이라며 "그녀는 이곳에서 착하게 지냈으며 수술 직후 병원을 옮기는 처벌을 받아서는 안 된다고 느낀다. 전원은 그녀가 향후 회복하는 것에 좋지 않은 영향을 미칠 것이다. 그녀는 보스턴 시립병원에 있는 어떤 기계라도 여기로 가져올 수 있다고 생각한다"라고 기록했다. 전원하던 날, 이 사회복지사는 전원과 '폭력 에피소드' 사이의 연관성을 언급했고, 글로리아의 차트에 "보스턴 시립병원으로 옮겨지는 것이 처벌이라는 환자의 믿음이 너무 옳았다는 것이 안타깝다"라고 썼다.

시립병원에서 마크는 글로리아의 오른쪽 대뇌반구부터 시작하여 실제 편도핵절개술을 시작했다. 마크는 12월 20일, 27일, 29일에 각각 이식된 전극 끝에 3~5분 동안 섭씨 65~76℃의 열을 보내 '파괴적인 병변'을 만들었다. 마크에 따르면 첫 병변을 만드는 동안 글로리아는 발작의 시작 증상인 '화난 표정'을 보였고 '다리를 허우적거렸다'라고 썼는데, 이것은 아마도 열로 인해 발생한 뇌의 활동 장애로 인해 생긴 것으로 보였다. 첫 번째 병변 생성과 두 번째 병변의 생성 사이에 그녀는 24시간 잠을 잤고, 시간을 잃어버린 것처럼 보였으며, 자주 발작했다. 두 번째 병변을 만드는 동안에는 오른쪽 다리가 '강력하게' 움직였다. 마크는 이를 아마도 오른쪽 대뇌반구에 열이 한바탕 휩쓴 것에 대한 왼쪽 뇌의 반응 때문일 것이라고 보았다. 그녀의 오른쪽 대뇌반구에 세 번째 병변을 만든 후 마크는 'EEG 상의 손상 증거'를 기록했지만 '특별한 임상 변화는 없음'이라고 적어놓았다.

오른쪽 편도핵절개술을 마친 글로리아는 뇌수술의 외상에서 회복하기 위해 신경외과에서 정신과로 옮겨졌다. 처음 몇 주 동안 그녀는 말하는 법을 다시 연습해야 했고, 왼쪽 다리가 약해졌기 때문에 걷는 법을 다시 배워야 했다. 이 기간 동안 그녀는 항경련제인 딜란틴, 미솔린과 정신병약인 스텔라진을 계속 복용했다. 이유는 모르지만 1970년 2월 4일, 마크가 제거하기까지 전극이 5주 동안이나 오른쪽 대뇌반구에 남아 있었다.

그녀가 집에 돌아갈 무렵인 1970년 봄, 수술이 그녀에게 조금 영향을 주긴 했다고 해도, 그래봐야 그녀에게 거의 영향을 미치지 않았다는 사실을 이제 누구나 알게 되었다. 글로리아는 여전히 글로리아였다. 그녀는 매일 많은 발작을 계속했다. 그녀는 끊임없이 가족에게, 의사에게, 낯선 사람에게 화를 냈다. 그녀의 성격은 변하지 않았다. 베어는 나중에 그 이유를 말했는데, 그것은 마크가 그때까지 지배적이지 않은 오른쪽 대뇌반구만 수술했기 때문이었다. 오른쪽은 기능의 손상이나 변화가 없이 대량 제거가 가능한 곳이다.

병원 기록에 따르면 마크의 동료들은 글로리아에게 수술을 계속해서 왼쪽 편도체도 마저 파괴하라고 권유했다. 1970년 11월 그녀를 시립병원에서 외래로 본 한 의사는 차트에 다음과 같이 기록했다. "현재 그녀는 [다음] 신경외과 수술을 고려하고 있지만 수술로 불구가 될지, 아니면 수술이 도움이 될지 고민하고 있다. 본질적인 위험 요소를 그녀에게 잘 알려주었지만, 그녀는 의사를 믿을 수 없다고 느낀다. 아마도 현재로서는 입원이나 수술에 동의하지 않을 것이다"라고 기록했다. 또 6주 후에 한 정신과 의사는 그녀가 "우울한 상태이고, 반복적인 수술에 대해 걱정하지만, 만약 이 수술이 도움이 될 수 있다면 그녀가 수술의 필요성을 확신시켜주는 정신과 상담을 받아 행해질 수 있기를 바란다. 신경외과에 문의할 것"이라고 썼다. 1971년에 또 다른 의사는 그녀가 하루 100회에 가까운 발작으로 "정상적인 생활을 하지 못하고 있다"라고 기록하며 '왼쪽 편도체에도 전기적인 병변'을 만드는 것을 추천했다.

이렇게 의사들이 분명히 그녀에게 양측 편도핵절개술을 마저 계속하도록 압력을 가했지만 다른 의사는 반대되는 조언을 했다. 글로리아는 1971년 언젠가 가졌던, 하버드와 제휴한 맥린 병원에서 정신과를 수련했던 쿤리와의 대화를 나중에 이렇게 회상했다. "쿤리는 나에게 마크 박사가 권하는 반대편 수술을 받지 말라고 말했습니다. 쿤리 박사는 내게 '만일 그가 당신의 다른 쪽 뇌를 마저 건드리게 되면 당신은 끝장날 것입니다'라고 말해주었어요. 나는 '말해줘서 고맙습니다'라고 대답했죠." 쿤리는 나중에 자신은 두뇌의 양쪽을 제거해서는 안 된다고 배웠다고 설명하면서 "하지만 글로리아의 경우에 대해서는 나도 궁금해하고 있었기 때문에 언젠가 학술 대회에서 게슈윈드에게 '만약 그 편도핵절개술이 한쪽에서 효과가 없다면, 왜 둘 다 제거하면 안 되는 것이죠?'라고 물어본 적이 있습니다. 그는 '절대 양측으로 해서는 안 된다. 사람들의 욕구를 변화시키며 심각한 영향을 끼친다'라고 알려주었습니다"라고 했다. 쿤리의 조언은 글로리아에게 수술의 나머지 절반을 거부할 확신을 주었고, 그야말로 참다운 뜻에서 그녀의 마음을 구원했다.

마크는 그 후로도 몇 년 동안 나머지 수술을 계속하도록 권유했다고 한다. 글로리아가 1976년 다리가 부러져 매사추세츠 종합병원에 입원했을 때 마크는 그녀의 병실에 방문했다. 그녀의 기억에 따르면 그는 "글로리아, 아시다시피 당신의 뇌에는 아직도 광범위한 손상이 있어요. 반대편도 수술을 받읍시다"라고 말했다고 한다.

"싫어요." 그녀는 왼쪽 편도핵절개술이 자신의 기억과 사고를 영구적으로 망가뜨리는 것이 두려웠다. "나는 그에게 내 방에서 당장 꺼지라고 말했어요. 심지어 그는 당시 내 의사도 아니었거든요. 나는 정형외과에 있었다고요. 내 다리 때문에."

그러나 수술 후 20년이 지난 후 마크는 글로리아가 오른쪽 편도핵절개술을 하고 나서 열흘 내에 그녀의 문제가 TLE보다 복잡한 것이라고 결론을 내렸기 때문에 다음 수술을 계속하도록 권유할 수 없었다고 말했다. "그때 그녀가 소시오패스라는 것이 분명했기 때문에 양측 수술을 완료하지 않았습니다. 소시오패스에는 수술이 없습니다." 반사회적 인격장애라는 용어를 더 선호해서 현재 의사들은 잘 사용하지 않는 용어인 소시오패스는 절도, 폭행, 성적으로 문란한 행동 같은 반사회적 행위를 저지르고도 냉담하고 무관심하며 죄책감이나 처벌에 대한 두려움을 느끼지 않는 사람을 말한다. 마크는 글로리아의 극심한 분노와 성적 활동의 '화려한' 이력을 기반으로 소시오패스라는 새로운 진단을 내렸다. 그녀가 실제로는 누구도 죽인 적이 없었지만, "그녀는 앞으로 거짓말, 도둑질, 속임수, 살인 등을 할 것이고 내 눈에는 그것이 훤히 보입니다"라고 말했다. "30년 [의사 생활] 동안 내가 전혀 상관하고 싶지 않았던 폭력 환자는 단 두 명뿐입니다. 그녀가 그중 한 명입니다." 그의 동료들은 1971년 말까지도 그녀에게 왼쪽 편도핵절개술을 받도록 압박했지만, 마크는 1969년 12월 말 무렵에는 글로리아의 TLE, 전두엽 손상, '소시오패스 증상'을 '문제들이 파괴적으로 연속되어 의학의 경계를 훨씬 넘어서는 것'으로 보게 되었다고 말했다. 그렇지만 마크는 "글로리아는 미친 것이 아닙니다. 그녀를 미쳤다고 하면 우리는 어떤 살인범도 처형할 수 없게 되는데, 그 이유는 그들도 모두 광기를 이유로 무죄를 주장할 수 있기 때문입니다"라고 덧붙였다.

그럼에도 불구하고, 1974년 글로리아는 정신이상 범죄자들을 위한 병원으로 보내졌다. 이것이 TLE 진단을 받은 환자를 위한 관례적인 치료법은 아니었지만, 역사적인 전례가 있었다. 19세기까지 뇌전증 환자는 정신병원에 자주 갇혀 있었던 것이다. 마크에 따르면, 갈수록 다루기 어려워진 글로리아는 1974년 9월 브리지워터 주립병원에서 최고 수준의 보안병원이자 8년 전에 다큐멘터리 〈티티컷 폴리스Titicut Follies〉가 촬영된 매사추세츠의 교도소에 수감되었다. 이 감옥은 법적으로는 남성 전용이지만 매사추세츠 형법부의 대변인은 1970년대 초에 '수감자가 너무 많아서' 여성이 몇 명 브리지워터로 보내졌다는 사실을 1988년에 인정했다. 주에서 가장 폭력적인 범죄자들을 수용하는 곳으로 유명한 그 병원의 평판을 알고 있는 글로리아는 자신이 그곳에 있었다는 사실을 부끄럽게 여겨서 누가 공개적으로 그 사실을 입에 올리면 손가락을 입에 대고 조용히 하라고 말하곤 했다.

글로리아가 브리지워터에서 보낸 3개월은 그녀의 인생에서 최악의 시간이었다. "나는 끔찍한 방에 있었어요"라고 그녀는 말했다. "먹을 것이 너무 적어서 몸무게가 40킬로그램으로 줄었어요." 수감 전에 발병한 류머티즘성 관절염은 감옥의 습기와 추위로 급격하게 악화되었다. 크리스마스 시기에 있었던 석방 상황은 명확하지 않다. "아버지가 나를 데리고 나오기 위해 변호사를 데려오셨어요"라고 그녀는 회상했다. 그녀는 석방되자 여성 환자를 수용하는 주 정신과 시설인 레뮤얼 섀터크Lemuel Shattuck 병원으로 옮겨졌다.

시간이 지남에 따라 마크는 그녀와 접촉하지 않으려 노력했고, 점차 그녀를 치료하는 일에서 물러났다. 1970년대 후반에는 그녀를 자신의 젊은 동료인 데이비드 베어에게 소개했다. 베어는 글로리아를 만난 첫날, 그녀의 성격에서 게슈윈드 증후군이 믿기 힘들 정도로 과장된 모습을 보고 깜짝 놀랐다. 베어는 그녀를 전두엽 손상 가능성이 있는 명백한 TLE 사례로 간주하고 마크가 내린 소시오패스라는 진단에 이의를 제기했다. 베어가 보기에는 정반대다. 그녀는 감정이 부족하기보다는 대부분의 사람보다 더 깊은 감정을 가지고 있다. 그는 "글로리아는 반사회적 행위를 했지만, 그녀는 소시오패스가 아닙니다. 소시오패스는 범죄를 저지르고도 마음이 편합니다. 결코 죄책감을 느끼거나 후회하지 않습니다. 그에 비해 그녀는 시민 활동과 영적 명상에 대한 그녀의 헌신에서 너무 도덕적이고 종교적입니다. 그녀는 소시오패스가 될 수 없습니다"라고 말했다. '전형적인' 소시오패스가 처음에는 평범하고 심지어 매력적으로 보이다가 점점 알게 되면서 무정함을 보여주는 것과 달리, 글로리아는 시간이 지남에 따라 점점 더 사랑스러워진다. 베어는 사근사근했고 그녀의 기나긴 전화 통화를 기꺼이 들어주었기 때문에, 그가 보스턴을 떠나 테네시의 밴더빌트 의과대학의 신경정신과 과장이 될 때까지 베어와 글로리아는 10년 동안이나 좋은 관계를 유지할 수 있었다.

지금도 글로리아는 뇌수술이 실패한 것 때문에 마크에게 화가 나 있다. 그녀는 "그렇게 말하면 안 되지만 내가 그 사람 뇌를 수술하고 싶어요! 그나마 마크 박사가 나를 파괴할 수 없었다는 생각에 기분이 조금 나아지는군요"라고 말했다. 그녀는 그를 고소할 계획을 여러 번 세웠다. "내가 왜 소송을 하지 않았는지 모르겠어요. 아마도 하나님께서 그 사람을 알아서 처리하시려니 생각해서 그런 것 같아요."

의사가 받기 싫은 수술은 환자에게 권하지 마라

────────

글로리아는 마크에게 양측 시술을 받은 여덟 명 혹은 그 이상의 환자들과 비교하면 운이 좋은데, 이들은 모두 장기간에 걸쳐 임상적으로 개선이 전혀 없었고, 일부는 아직도 계속 정신병원에서 허덕이며 정상적인 기능을 할 수 없게 되었다. 처음에 마크와 어빈은 수술이 환자의 분노와 폭력을 줄였지만 발작의 빈도는 줄이지 못했다고 기록했다. 양측 편도체에 수술을 받은 전형적인 환자에 대해 이 의사들은 수술 후 2년 뒤에, "우리는 그의 뇌전증 발작을 통제하려는 목표를 달성하지 못했지만, 그래도 그의 분노발작은 중단시켰다"라고 썼다. 시술이 종종 분노에는 영향을 주었지만 발작에는 영향을 미치지 않았다는 사실에 대해 정신과 의사이자 정신외과의 반대자인 피터 로거트 브레긴Peter Rogert Breggin은 "가라앉은 공격성과 뇌전증성 뇌 질환 사이의 연관성은 부족하다"는 증거로 보았다.

결국에는 마크의 정신외과 수술은 초창기의 전두엽절개술과 마찬가지로 의도한 것과는 완전히 다른 결과를 얻었다. 몇몇 환자가 정상 생활이 불가능할 정도의 중증의 기억상실을 겪은 것이다. 마크의 정신외과 환자 몇 명을 알고 있는 쿤리는 "우리는 성공한 경우를 보지 못했습니다"라고 덧붙였다. 베어는 "수술이 잘되지 않았습니다. 마크의 의도는 좋았습니다. 그가 고난에 처한 환자를 돕고 싶은 진지한 욕망을 가지고 있었던 것은 사실이니까요. 그래서 그는 자신이 만든 병변이 자두 크기로 아주 작다고, 그러므로 양측으로 하는 것도 괜찮다고 주장했습니다. 그러나 돌이켜 보면 그 생각은 부적절했고 과학적으로 깊이가 없었습니다. 사고, 감정, 기억에 심각한 어려움을 겪는 문제와 같은 비참한 결과 없이 양측으로 편도체를 제거할 수는 없으니까요"라고 말했다. 브레긴은 "폭력과 같은 '증상' 하나를 치료하겠다고 [편도체를] 파괴하는 것은, 열차 안의 승객 한 명을 막겠다고 철도 센터를 폭파하는 것보다 더 이치에 맞지 않습니다"라고 주장했다. 마크의 환자 몇 명에게 신경심리학적 검사를 실시한 캐플런은 "편도핵절개술 실험은 정말로 망했습니다. 마크와 어빈은 '범죄 뇌'에 대한 사례를 만들려고 노력했지만, 그들은 금방 불명예스러워졌죠. 수술은 아무 가치가 없었습니다"라고 덧붙였다. 1970년대 초부터 양측 편도핵절개술은 시행되지 않고 있다.

마크가 양측 편도핵절개술을 시행한 지 몇 년 후, 여러 환자의 가족은 수술의 장기적인 결과에 만족하지 못했다. 한 가족은 마크와 폭력에 대한 연구 협력자인 어빈을 과실 혐의로 고소까지 했다. 리오너드 A. 킬Leonard A. Kille은 수술 전에 허니웰과 폴라로이드에서 기술자로 일했는데, 젊었을 때 머리를 다친 후 TLE 발작이 생긴 환자였다. 그는 점차 편집증에 빠졌고 쉽게 분노에 빠졌다. 고속도로에서 차가 끼어들면 운전자를 쫓아가 길가로 몰아붙인 후 상대를 때렸다. 또 아내가 부주의해 보이면 그는 그녀와 아이들을 벽에 밀쳤다. 이러한 공격은 몇 분간 지속되었는데, 그 후에 보이는 행동은 발작 후의 도스토옙스키를 연상시켰다. 마크와 어빈은 "그는 후회와 슬픔에 휩싸였고, 분노했을 때처럼 걷잡을 수 없이 흐느껴 울었다. 그러다가 약 30분 정도 잠을 자고 나면 다시 상쾌하게 깨어나 일을 하려고 했다"라고 썼다.

그의 뇌 방전의 위치를 정확히 파악하기 위해 마크는 킬의 오른쪽과 왼쪽 편도체에 전극을 이식했으며, 그곳에서 EEG에 보이는 뇌전증성 방전을 감지했다. 마크는 발작과 발작이 진행되는 것을 막는 것처럼 보이는 편안한 감정을 모두 생성해보며 10주 동안 뇌를 자극했다. 마크는 이러한 편안한 감정을 정기적으로 자극함으로써 환자를 "거의 3개월 동안 분노에서 자유롭게" 할 수 있었다고 말했다. 그런 다음 그는 킬에게 이렇게 무기한으로 자극할 수는 없다고 설명하면서 양측 편도핵절개술을 제안했다.

환자는 처음에는 동의했지만 마음이 바뀌었다. 마크와 어빈은 "그는 편도체의 자극에 의해서 편안한 마음이 되는 동안에는… 이 제안에 동의했다"라고 썼다. "그러나 열두 시간 후 이 효과가 사라졌을 때, 그는 야만적으로 변했고 관리할 수 없게 되었다. 누군가 뇌에 파괴적인 병변을 만들겠다는 생각은 그를 격노하게 만들었다." 의사들은 그가 결국 수술을 받아들일 때까지 몇 주 동안이나 계속 설득했다.

양측 편도체에 대한 수술은 킬이 30대였던 1966~1967년 겨울에 매사추세츠 종합병원에서 수행되었다. 그 긴 절차의 일부에 참석했던 하버드 의대생 마이클 크라이턴Michael Crichton은 그가 관찰한 것에 큰 영향을 받아 나중에 그것을 기반으로 한 소설《실험 인간The Terminal Man》을 썼으며 이 소설은 1972년 베스트셀러가 되어 영화로 만들어졌다. 크라이턴의 허구적인 이야기에서, 두꺼운 안경을 쓰고 다리를 저는 강압적인 신경외과 의사 존 엘리스 박사는 TLE를 가진 젊은 기술자의 뇌에 40개의 전극을 이식한다. 전극에 부착된 우표 크기의 컴퓨터는 엔지니어의 목에 내장되어 있으며 엘리스는 이것을 통해 뇌의 전기 활동을 읽을 수도 있고 뇌에 전기 충격을 가하기도 한다. 뇌가 발작하려고 할 때마다 컴퓨터가 편도체에 전기 충격을 보내 발작을 중단시킨다. 엔지니어의 발작은 끔찍한 냄새, 의식 상실, 메스꺼움, 그리고 여성을 폭행하거나 자기보다 훨씬 힘이 센 남성을 구타하는 것과 같은 대인 공격 행위로 구성된다. 소설에서 엘리스는 이 폭력적인 행동이 TLE '질병의 일부'라고 말한다.

마크와 어빈에 따르면, 현실의 '실험 인간' 킬은 양측 편도핵절개술에 대한 전형적인 반응을 보였다. 킬의 분노는 감소한 것처럼 보였지만 발작은 그대로 남아 있었다. 1970년에 의사들은 킬에 대해 수술 후 4년 동안 "그는 한 번도 분노한 적이 없다. 그러나 혼란과 무질서한 사고를 동반한 간헐적인 뇌전증 발작을 계속하고 있다"라고 기록했다.

그의 어머니인 헬렌 가이스에 따르면, 수술 후에 킬에게 생긴 혼란과 무질서한 사고 외에 최악의 문제는 따로 있었다. 그가 몇 달

동안 부분적으로 마비되었던 것이다. 게다가 단기 기억을 잃어버려서 일을 할 수가 없었다. 또 망상이 생겨 마크와 어빈이 '머리에 전극을 꽂아 자기 뇌를 제어하고 있다'고 믿었는데, 이는 수술 당시에 실제로 있었던 상황이었다. 그리고 심지어 그는 수술 전보다 훨씬 더 폭력적으로 변했다. 1968년에는 경찰과 싸운 후, 보스턴 외곽에 있는 재향군인회 병원에 입원했는데, '총체적 장애가 있다'는 판단을 받고 그곳의 영구 입원환자가 되었다. 1~2년 후에는 아버지를 공격하기도 했다. "킬은 그 수술로 파괴되었습니다. 아들은 그 이후로 거의 식물인간이 되었습니다"라고 킬의 어머니는 말했다. 그의 상태는 전혀 개선되지 않았다. 수술 25년 후 헬렌 가이스는 그 수술과 여파에 대해 "길고 비극적인 일입니다. 의사들은 사람을 파괴하고도 빠져나갈 수 있어요. 그나마 그 실험은 중단되었죠"라고 설명했다.

1973년, 이 수술이 아들을 "영구적으로 정상적인 생활을 하지 못하게 만들었다"라고 주장하며 가이스는 마크와 어빈에게 200만 달러를 배상하라며 소송을 걸었다. 소송의 내용은 "한때 의사들이 뛰어난 엔지니어라고 했던 킬이 이제는 불건전하고 균형 잡히지 않은 정신 상태가 되었으며, 일할 능력뿐 아니라 개인적인 일조차 처리할 능력이 영구적으로 없어졌다"라고 진술하고 있다. 킬에게 수술 허가를 구할 때 킬의 뇌가 자극을 받는 상태였기 때문에, 결국 의사들은 사전 동의를 얻지 못한 혐의로 기소되었다. 즉, "수술 절차의 진정한 성격에 대해, 수술과 관련된 모든 위험에 대해, 그리고 진단받은 질병을 치료하거나 완전히 완화할 확률에 대해 정보를 완전하고 공정하게 알리지 않았기 때문이다". 또한 이 소송은 그 의사들이 킬의 사생활을 보호하지 못했다고 주장했다. 그의 동의 없이 그 의사들이 《폭력과 뇌》에서 킬의 삶에 대한 글을 썼기 때문이었다.

이 사건은 대중에게 널리 알려졌고, 1978년 11월 보스턴에서 배심원 재판이 열렸다. 3개월 동안 지속된 재판에서 게슈윈드를 포함한 그 의사들의 하버드 동료들이 의사들 편에서 증언했다. 원고의 전문가 증인으로 배심원단에게 측두변연계 뇌의 작용을 소개한 코로버는 나중에 "이곳의 의료계는 매우 좁기 때문에 보스턴의 의사라면 마크와 어빈에 대해 아무도 나쁘게 증언을 하지 않았을 것입니다"라고 말했다. 이러한 호의적인 전문가 증언과 1960년대 수술에서 환자의 동의에 관한 명시적인 규칙의 부재로 인해, 마크와 어빈은 1979년 2월 킬의 치료에 대한 과실 혐의를 면제받았다.

코로버가 나중에 관찰한 바로는 이 판결은 또한 '과실'이라는 용어의 진정한 의미에 결과가 달린 것이었다. "과실로 유죄판결을 받으려면, 그 직위에 있는 사람들이 일반적으로 하지 않을 만한 일을 하고 있다는 사실이 밝혀져야 합니다. 열심히 일하고 야심에 찬 젊은 의사 연구원인 마크와 어빈은 연구가 자신들이 해야 할 일이라고 알고 있었습니다. 따라서 그 자체가 과실의 증거가 아니며 게다가 그들이 발전시킨 이론, 즉 정신수술이 나쁜 영향이 없이 행동을 바꿀 수 있다는 이론은 그 전에도 오랫동안 존재해왔습니다. 그것이 틀렸고, 잘못 생각한 것일 수도 있고, 중대한 근거가 없었을 수도 있지만, 과실은 아니었던 것입니다."

무죄 평결에도 불구하고 마크와 어빈은 정신외과 작업에 대한 대가를 지불했다. 동료들은 재판 중에는 그들 주위에 있었지만 지금은 대다수가 그들과 연관되기를 주저한다. 마크와 어빈은 비판을 '호되게 당했다'고 베어는 설명했다. "그들은 정신외과에 대한 분노의 피뢰침이 되었습니다. 의료 시스템이 그들을 단속하게 되었죠. 어빈은 하버드 대학교와 매사추세츠 종합병원에서의 임명이 갱신되지 않을 것이라는 말을 듣고 그곳을 떠나서 UCLA에서, 그다음에는 맥길에서 근무했습니다. 마크는 보스턴에 머물렀지만 매사추세츠 종합병원과의 관계를 잃었습니다." 마크는 보스턴 시립병원의 신경외과 책임자가 되었는데, 그때 하버드는 보스턴 시립병원과 제휴를 중단했다. 1970년대에 보스턴의 병원들은 양측 편도핵절개술과 정신수술을 더 이상 하지 않게 되었다. 1980년대 후반에 이르러, 보스턴에서 수행된 유일한 정신외과적 수술은 매사추세츠 종합병원에서 시행한 띠이랑절개술cingulotomy이었다. 이는 변연계와 대뇌피질을 연결하는 신경다발인 띠이랑cingulate gyrus이라고 부르는 측두엽의 일부를 한쪽에서 제거하는 수술이다. 이 수술은 때때로 극심한 공격성을 줄여주었고 명백한 악영향은 발생하지 않았다.

오늘날 대부분의 신경외과 의사는 성격의 물리적인 토대가 정신외과 수술을 정당화할 만큼 충분히 알려지지 않았다는 데 동의한다. 신경외과 의사가 전극을 이용해서 공격적이거나 성적인 감정을 유발할 수 있는 뇌의 영역이 누구에게나 존재한다는 점은 전문가들 모두가 동의하지만, 의사들은 이러한 위치를 외과적으로 제거한다고 해서 그러한 특성에 대한 환자의 경향이 제거되거나 변경된다는 가정에 대해서는 의심을 한다. 엘리엇 발렌슈타인Elliot Valenstein은

1986년에 엽절개술에 대해서 "지금은 진화론적 후퇴로 여깁니다"라고 썼다. "현대 의학이라기보다는 악마가 탈출할 수 있도록 두개골에 구멍을 파는 초기의 관행에 더 가깝습니다." 다른 TLE 치료법인 뜨거운 쇠로 몸을 지지는 것이 한 세기 전에 사라진 것과 마찬가지로, 마크가 글로리아와 다른 TLE 환자에게 사용한 정신외과적 시술도 사람들이 좋아하지 않게 되었다. 의사인 폴 맥린Paul MacLean은 1980년대에 환자의 선택권이 있는 수술의 경우, 의사라면 응당 자신이 받기 싫은 수술을 환자에게 권장해서는 안 된다고 믿었다. 그는 국립보건원에 모인 외과의들에게 혹시 자기의 편도체에 전극을 삽입할 마음이 있는 사람은 손을 들어달라고 요청했다. 아무도 손을 들지 않았다.

TLE 진단이 없었다면 마크는 공격적인 환자에 대한 자신의 정신외과 수술을 정당화하는 데 훨씬 더 어려움을 겪었을 것이다. 코로버는 "뇌전증은 마크와 어빈이 자신들의 주요 관심사인 성격을 연구하기 위해 수술이라는 방법을 이용하는 것에 대한 일종의 변명이었습니다"라고 분석했다. "재판에서 그 의사들은 자신들이 어떻게 뇌전증을 수술했는지 야단법석을 떨었지만, 정작 그들의 모든 저술에서 뇌전증은 상당히 짧고 소홀하게 다루어집니다." 결국 TLE는 그 모호한 경계, 신체와 마음이 섞이는 경향, 분노 및 성격 변화와의 연관성으로 인해 그러한 의심스러운 수술에 이름을 빌려준 셈이 되었다.

TLE의 치료 경로는 아직 수수께끼로 남아 있다

정신외과 수술은 더 이상 TLE에 사용되지 않지만, 발작이 다른 치료에 잘 반응하지 않는 환자에게는 표준 일측 측두엽절제술이 계속 시행되고 있다. 장기간의 발작과 양쪽의 대뇌 반구에 다발성 뇌전증성 초점이 있는 글로리아는 이 수술의 후보자가 아니다. 하지만 질은 후보자에 해당한다.

젊은 나이에 얼마 전 발작 진단을 받은 질은 TLE 진단을 받고 나서 약 2년 후에 수술 후보자가 되었다. 쇼머는 1983년 진료실에서 그녀를 만나면서 측두엽절제술을 받을 가능성에 대해 이야기했다. 만일 그녀의 발작이 항경련제에 계속해서 반응하지 않고, 또 발작의 초점을 찾을 수 있다면 수술이 '선택'할 만한 방법이라고 말했다. 전에 한 번도 뇌전증 수술에 대해 들어본 적이 없었던 질은 충격을 받았다. 신경과 전문의 쇼머는 수술이 감염과 출혈과 같은 부작용이 거의 없다고 침착하게 설명했다. 또 수술은 선택이며 그녀가 적합한 후보자인지 알아내는 데만도 1년이 걸릴 것이라고 말했다.

질의 수술을 위한 검사는 그로부터 1년 후에 장기적인 EEG 원격 측정을 위해 베스 이스라엘 병원에 입원하면서 시작되었다. 6주 동안 병가를 내기 전 동료들에게는, '유방 축소와 엉덩이 올리기 시술을 위해 잠시 쉬는 것'이라고 말해두었다. 방문객은 원하지 않는다고 힘주어 말했다. 병원에서는 3주 동안 내내 EEG와 영상 기계가 부착돼 있었고, 그 기계들은 기본적인 전기적 활동과 수많은 발작의 임상적 모습을 전부 기록하였다. 머리에는 측두엽 위의 두피에 붙어 있는 전극을 보호하는 붕대를 감고 있었다. 발작 빈도를 높이기 위해 의사들은 밤새도록 그녀에게 비디오 게임을 하며 깨어 있으라고 주문했다. 그들의 목표는 어느 쪽 대뇌반구에 그녀의 발작 초점이 있는지 확인하는 것이었다. 또한, 그들은 천천히 성장하는 종양을 의미하는 EEG 증거가 있는지 찾아보려고 주의를 기울였는데, 이는 환자가 성인이 된 이후 알려지지 않은 이유로 뇌전증이 발생했을 경우 신경과 의사가 가장 걱정하는 문제였기 때문이다. 종양이 있다면 다른 신경외과적 절차가 필요하다. 제거해야 할 수도 있다.

질이 직장에 복귀하고 몇 주가 지난 후, 쇼머는 원격 측정 결과를 확인하고 그녀의 사무실에 전화를 걸었다. EEG 보고서는 여전히 모호하다고 그는 말했다. 발작을 일으킬 만한 종양도 찾을 수 없었고, 발작이 시작되는 대뇌반구도 특정할 수 없었다. 질은 실망했다. 그녀는 병원에서의 시간이 헛되다고 느꼈다. 하지만 그녀가 동료인 테드에게 이 이야기를 하자 테드는 "좋은 소식이군요!"라고 외쳤다. 그녀는 "이것은 좋은 소식이 아니에요"라고 속이 부글부글해서 대답했다. "난 죽을 때까지 약을 먹으면서 살아야 한다고요."

"그래도 머리에 골프공이 자라고 있지 않아서 다행이지 않습니까?"라고 그가 반박했다.

질은 골프공을 선호했을 수도 있다. 그녀의 병원 룸메이트였고 역시 TLE를 가지고 있던 다른 젊은 여성 환자는 종양이 있는 것으로 밝혀졌고 그 종양은 벌써 제거되었다. 질은 질투심을 느꼈다. 그녀는 약에 지쳤다. "가끔은 의사가 '우리가 들어가서 그것을 꺼내고 나면 당신은 모두 좋아질 것입니다'와 같이 구체적인 말을 해주기를 원해요." 아무리 끔찍해도 종양은 선택을 하나로 줄여줄 것이었다. 그 경우 그녀가 할 수 있는 선택은 더 이상 없을 테니까.

쇼머는 수술을 위한 다음 검사 단계는 더 침습적인 진단 절차가 될 것이며 6주간의 입원이 필요하다고 설명했다. 신경외과 의사가 그녀의 양측 측두엽에 심부 전극을 이식하여 몇 주에 걸쳐 뇌의 내부에서 EEG 판독 결과를 얻을 것이다. 심부 전극은 때때로 깊은 곳의 뇌 활동에 대한 더 명확한 판독 결과를 제공하므로 이 절차는 발작성 초점의 위치에 대한 쇼머의 궁금증에 답을 제공할 수도 있다. 다른 한편, 이 검사 역시 결정적이지 않을 수 있다. 한참을 고민하던 질은 기다리기로 했다.

만성 질환을 앓고 있는 많은 사람과 마찬가지로 그녀는 기분이 좋을 때마다 질병의 존재를 부인했다. 질은 "TLE가 나를 괴롭히지 않을 때는 전혀 문젯거리가 되지 않아요"라고 고백했다. "이 문제에 부딪히면 그제야 건강하다는 것보다는 발작한다는 것 자체에 훨씬 집중하게 됩니다." 그 결과, 그녀의 치료는 천천히 진행되었다. 스피어스는 "질은 3개월 동안 기분이 좋으면 TLE에 대해 아무것도 하지 않으려 합니다. 점차 다시 꽃처럼 피어나고 데이트를 더 많이 하고 친구를 만듭니다. 그러다가 몇 주 동안 기분이 나빠지면 다시 뒤로 물러납니다"라고 상황을 설명했다.

그러는 동안 질의 의사는 변화하는 상태를 모니터링하면서 약물 시험과 간헐적인 뇌스캔과 뇌파 검사를 계속했다. 뇌스캔은 진을 빼고, 시간이 오래 걸리며, 때로는 굴욕적이기 때문에 질은 가능한 한 스캔을 피하는 경향이 있었다. 그녀가 가장 피하려고 했던 것은 MRI로 알려진 자기공명영상인데, 쇼머는 이 검사를 1년에 한 번씩 하기를 권했다. MRI가 질이 가진 TLE를 유발할 수 있는, 느리게 성장하는 종양도 감지하도록 설계되었기 때문이다. MRI를 찍으려면 각각의 무게가 22톤에 달하는 두 개의 커다란 도넛 모양의 자석 사이에 한 시간 동안 완전히 움직이지 않고 누워 있어야 한다.[*] 질이 처음으로 검사를 했을 때는 괜찮았다. 그러나 그다음 검사에서는 검사가 끝나기 전에 의료센터를 떠나야 했다. 자석 사이에 누워 있던 그녀는 밀실공포증으로 당황했고, 기술자가 스캐너를 멈추고 놓아줄 때까지 "날 꺼내줘!"라며 계속 비명을 질렀던 것이다.

10개월 후 그녀는 쇼머의 요청으로 마침내 다시 MRI 검사 센터로 돌아왔다. 그녀를 검사실로 안내해준 쾌활한 기술자에게 그녀는 장난스럽게 말했다. "이번에는 내가 제대로 할 수 있을지 내기할까요?" 그녀는 "내 몸의 문제가 있는 곳만 제대로 찍어주면, 난 다시

---

[*] 최신 MRI는 30분 정도로 검사 시간이 줄고 기계도 작아졌다.

돌아올 이유가 없다고요!"라고 말했다. 질은 느슨한 운동복을 입고 목이 긴 스니커즈를 신고 있었다. 그리고 검사 중의 긴장을 풀기 위해 자낙스를 추가로 복용했다. 자낙스는 평상시에 발작이 임박하면 이에 대처하려고 자주 복용하던 항불안제다.

"자낙스를 네 알이나 먹었다고요?"라고 기술자 도나는 물었다. 도나는 자낙스의 일반 복용량이 한 알이라는 것을 알고 있었다. "기분이 어때요?"

"기분은 느긋해요." 검사실에 들어설 때 한 중년 남자와 그의 아내가 질을 스쳐 지나갔다. "발륨 두 알을 먹었는데도 이 검사를 받을 수가 없네." 그는 고통스러운 얼굴로 "2년 동안 암과 싸웠고 수많은 CT 스캔을 해봤지만 이것은 못하겠어"라고 말했다.

질은 그를 애써 무시하고 벽, 바닥, 천장이 흰색의 광택이 나는 검사실에 들어갔다. 방을 채우고 있는 것은 질이 수평으로 미끄러져 들어갈 수 있도록 40센티미터 높이의 구멍이 중간에 난 정사각형의 흰색 기계였다. 기계의 플라스틱 표면에는 주황색으로 제조업체의 이름인 'FONAR'이 새겨져 있었다. 흰색 내부에는 자석이 숨어 있는데, 하나는 슬라이드 위에 있고 다른 하나는 아래에 있다. 허리 높이에서 큰 금속 갈래가 들것을 지지했다. 질은 기계를 쳐다보고 운동 셔츠를 벗으며 말했다. "내가 우디 앨런의 영화 〈슬리퍼sleeper〉에 나오는 듯한 느낌이 드네요."♦♦

현대 의료 기술의 경이로움인 이 기계는 약 5년 전에 출시되었

♦♦　영화 〈슬리퍼〉의 여주인공은 수술이 실패해 200년간 냉동된다.

을 때 NMR(핵자기공명)이라고 불렀다. 핵이라는 단어는 힘이나 폭탄이 아니라 전자의 핵을 의미했지만, 환자들은 그 단어를 두려워해서 결국 이름이 바뀌게 되었다. MRI는 자기와 전파를 이용하여 인체 부위를 촬영하게 되고, CT와 비슷하지만 방사선을 사용하지 않기 때문에 더 안전하다. 또한 뼈 이미지를 촬영할 때 선호하는 CT보다 장기와 같은 연조직에 대해 선명한 사진을 제공한다. MRI의 자기장은 지구의 중력보다 6,000배 더 강하기 때문에 사람이 그 안에 있으면 몸에 있는 수소 양성자가 직립하게 된다. 그런 다음 그 기계는 양성자의 회전 주파수와 일치하는 고주파 파동을 갑자기 방출하여 양성자를 평평하게 만든다. 파동이 끝나면 총에 맞은 병사처럼 양성자는 조직의 구조와 밀도에 따라 각기 다른 속도로 다시 일어선다. 뼈의 양성자는 연조직의 양성자보다 빠르게 일어나고 암의 양성자는 더 천천히 일어난다. 양성자가 일어나면 공명하여 울림을 만든다. 기계가 이 울림의 주파수를 측정하여 디지털 신호로 변환한 다음 인접한 제어실로 보내게 되면 컴퓨터 화면에 영상으로 나타나게 되는 것이다.

질은 들것의 가장자리에 앉았다. "머리핀을 빼주세요"라고 도나가 지시했다.

"이것은 플라스틱인데요." 질이 말했다. 그녀는 지난번 이곳에 온 이후, 기계가 당기지 않도록 시계와 귀걸이를 집에 두고 와야 하는 것을 알고 있었다. 작은 동전이나 이식된 금속 나사는 아마도 해를 끼치지 않을 것이지만 도나는 사람들에게 모든 금속을 제거하라고 알려준다. 전에 어떤 남자가 펜을 가지고 있었는데, 도나가 확인하지 못한 적이 있었다. 기계를 켜자 펜이 주머니에서 나와 자기장에 맞추어 자석과 얼굴 사이에 붕 떴다.

질은 들것 위에 누워 있었다. 도나는 그녀의 머리 주위에 스티로폼 조각을 배열하고 그것을 눈가리개 같은 반원형의 유리섬유로 덮었는데, 무선 파동을 전달하는 구리 코일이 들어 있다. 그녀는 PRESET SCAN CENTER라고 표시된 버튼을 눌러 기계의 초점을 질의 뇌 중심에 맞췄다. 질의 얼굴에 붉은 선이 나타났다. "눈을 감으세요." 도나가 말했다. "당신에게 레이저를 쏘았거든요." 그녀는 검사 내내 가만히 있어야 한다는 점을 질에게 다시 상기시켰다. 그리고 "그 안에서 정말 시끄러울 것"이라고 경고하면서 무선 파동의 소리를 흉내 내며 손톱으로 기계를 두드렸다. 질은 주머니에 든 약통에서 자낙스 반 알을 더 꺼내며 "올해는 절대로 여기 또 와야 하는 일이 없게 할 거야"라고 맹세했다.

도나는 침대 조절 버튼을 눌렀다. 들것과 그 위의 질은 자석 사이의 공간까지 위로 올라갔다. 도나는 들것을 손으로 기계에 밀어 넣었다. 질의 머리는 기계의 중앙에 있었고 몸은 거의 보이지 않았다. 보이는 것은 분홍색 양말뿐이었다.

자낙스는 효과가 있었다. 그녀는 이상하고 바보 같은 느낌이 들었지만 침착했다. 눈을 감고 있는 것이 도움이 되었다. 자신이 다른 곳에 있는 것처럼 상상할 수 있었다. 그녀는 운이 좋으면 잠도 들 수 있겠다고 생각했다.

"무릎을 구부리세요. 좀 더 편안하게 유지하세요"라고 도나가 말했다. "어떤 종류의 음악을 좋아하세요?"

"무슨 음악이 있는데요?" 질은 이 통제된 환경에서 선택권을 가지게 된 것을 기쁘게 생각했다.

"클래식, 팝, 재즈." 질은 클래식을 선택했고 도나는 제어실로 이동했다. 그녀는 문 앞에 서서 뒤를 돌아보았다. "팔을 내리세요" 라고 그녀가 말했다. 질은 힘없이 팔을 꼼지락거렸다. 도나는 "팔 내리세요!"라고 외쳤다. 마침내 그녀는 "십자가에 못 박힌 것처럼 계세요!"라고 소리치고 방을 나갔다.

"이건 정말 기이한 일이야." 질이 중얼거렸다. "여기서 난 200만 달러짜리 기계에 있는 예수 그리스도와 같아."

통제실에서 도나는 버튼을 눌러 헨델의 〈수상 음악〉을 잔잔하게 틀었다. 그녀는 키보드로 질의 뇌에 관한 첫 번째 영상 슬라이드에 대한 명령어를 입력했다. 전산화된 매개변수인 '조각 수', '조각당 이미지 수' 같은 것들이 화면에 나타났다. 도나는 벽에 난 창문을 통해 질을 보았다. 인터콤을 통해 그녀는 "소리가 울리나요?"라고 물었다.

"네." 질의 머리 근처에 있는 마이크를 통해 희미한 대답이 돌아왔다.

"다음번은 좀 더 크게 소리가 날 거예요." 도나가 말했다.

검사실에서 질은 그녀의 말을 거의 듣지 못했다. 기계는 고장 난 입체 음향 스피커처럼 깊고 고정적인 천둥소리와 같은 음을 내며 크고 빠르게 딸깍거렸다. 질은 숨을 깊게 들이쉬고 소음에 적응하려 노력했다. 그녀는 명상했다. 마침내 그녀는 기계가 윙윙거리는 소리를 따라 손을 접고 잠이 들었다.

소음에서 떨어진 제어실에서 도나는 질의 뇌 이미지가 몇 초마다 컴퓨터 화면을 가로질러 가는 것을 보았다. 일부 구획은 측면에서 본 그녀의 뇌 조각 모습이었고, 다른 구획은 정면에서 본 뇌 조각의 모습이었다. 모든 이미지에서 회색질이 둥근 백색질 덩어리를 둘러싸고 있었다. 인간의 뇌 표면에 있는 신경세포체는 회색으로 보이지만, 다른 뉴런과 연결하는 지저분한 부속물인 수상돌기는 흰색으로 보인다. 검사가 끝나자 도나는 버튼을 눌러 질의 측두엽 사진을 불러냈다.

"다 끝났어요!" 그녀는 들것을 꺼내기 위해 검사실로 뛰어가며 소리쳤다.

질은 자석 사이에서 나올 때 눈을 비비며 잠에서 깨어났다. "내가 한 시간 동안 안에 있었나요?"

"그럼요, 딸깍 소리를 들었나요?"

"음악 소리만 들었어요. 이제야 이 검사를 받는 요령을 알겠어요. 약을 복용하고 음악을 듣는 거죠!" 방을 떠나기 전에 그녀는 도나에게 물었다. "거기에서 이상한 점을 찾았나요?" 그녀는 머리를 가리켰다. "뭔가가 자라고 있던가요?"

"내가 본 것을 말할 수 없다는 거 알잖아요."

질은 한숨을 쉬며 세 시간 전에 도착한 대기실로 향했다. 곧 접수원이 그녀에게 커다란 갈색 봉투를 건네주었다. 질은 그것을 열어 그녀의 눈에는 꼭 꽃게처럼 보이는 그녀의 안구와 내이도, 뇌의 흑백 사진을 바라보았다. 다른 세트는 쇼머에게 보내질 것이다.

의료센터 밖의 거리에서 그녀는 봄의 진흙 냄새를 맡았다. 그녀는 MRI 사진 한 묶음을 집어 들고 이 사진을 자신의 사무실 벽에 걸어놓는 터무니없는 생각을 했다. 들뜨고 지친 그녀는 "내가 해냈어! 다시는 두려워하지 않을 거야!"라고 소리 질렀다. 그녀는 쇼머가 이 검사를 받으라고 했던 열망을 떠올리고는 자신이 검사받은 것을 알면 기뻐할 것이라고 기대했다. 쇼머는 곧 MRI 결과에서 특이하게 자라고 있는 것은 보이지 않는다고 말하게 될 것이다. 동맥류일 수도 있는 동맥의 얼룩은 염려할 것이 못 되는 것으로 판명될 것이다.

나쁜 소식이 없다는 것은 질이 일반적으로 얻을 수 있는 일종의 좋은 소식이다. 진단을 받은 후 초기 몇 년 동안, 그녀는 부정적인 사실을 알아내는 데 몇 주씩, 몇 시간씩을 바쳤다. 끔찍한 가능성을 제거하느라 긍정적인 면을 생각할 시간은 거의 없었다. MRI가 끝나자 그녀의 삶은 다시 도로아미타불이 되었다. 아직 발견되지 않은 종양이 발작을 일으켰을 가능성이 남아 있었기 때문에 그녀는 1년 후에 MRI 재검사를 위해 다시 돌아와야 할 것이고, 그 후에도 매년 또다시 와야 할 것이다. 때때로 질은 TLE가 자신의 삶을 무의미한 걸음으로 바꾸고, 많은 선택을 제쳐두도록 강요했으며, 무엇보다도 인생의 동반자에게 헌신하거나 아이를 가질 수 있는 선택을 하지 못하게 만들었다고 생각했다. 그녀는 "때로는 직장에서 집에 돌아와서 할 수 있는 일이라곤 침대에 기어가는 것뿐이에요. 몸이 아플 때 다른 사람을 생각할 수 없으니 어떻게 헌신적인 관계를 맺고 아이를 돌볼 수 있겠어요?"라고 말했다. 수술에 관해서는 불쾌한 문제가 항상 따랐는데, 만일 그녀가 수술하기로 결정한다면 그 나머지 일은 2년간 보류해야 한다는 것을 뜻했다. TLE를 가지고 살아간다는 것은 루이스 캐럴의 《거울 나라의 앨리스》에 나오는 원더랜드와 비슷했다. 그곳은 효과가 변경되고 결정이 무한히 지연되는 장소다. 최대한 빨리 달리고 있는데도 왜 움직이지 않는지 묻는 앨리스에게 여왕이 "여기는 말이야, 같은 위치에 머물려면 있는 힘을 다해 달려야 해"라고 말한 것과 마찬가지다.

진단을 받은 지 약 5년 후인 서른여섯 살 때, 질은 TLE의 이 무의미한 굴레를 벗어나게 된다. 아버지가 제안한 치료법을 포기하고 작가가 되기로 한 플로베르처럼, 질은 스스로를 돌보는 책임을 맡기로 한 것이다. 그녀는 'TLE에 대한 집착을 그만두고 내 삶을 통제하기로' 결심했다. 그녀는 먼저 전반적인 건강을 향상시키기로 했다. 한때 줄담배를 즐겼지만 담배를 끊었다. 또 TLE 진단을 받고 1년 정도 후에 친구가 코카인을 준 다음부터 복용하고 있었는데, 역시 중단했다. 스피어스에게는 실망스럽게도 당시 그녀는 코카인이 기분을 바꾸고 머리를 맑게 하고 두통을 가라앉힌다는 것을 발견하고, 때로 저녁에 코카인을 1그램까지 복용하는 습관을 가지고 있었다. 스피어스는 코카인이 임시방편일 뿐이고 중독을 일으키며 발작과 같은 수많은 문제를 일으킨다고 경고했다. 그리고 다른 변화로, 질은 식단에서 지방과 설탕을 대부분 줄였다. 그녀는 충분한 수면을 취했고 3킬로미터를 조깅하기 위해 매일 아침 6시에 일어나기 시작했다. 생애 처음으로 규칙적으로 운동한 것이다. 일과를 마치고 긴장을 풀고 느긋해지기 위해 미술 학교의 조각 과정에도 등록했다.

이러한 라이프 스타일 말고도 질은 TLE의 수술에 관해서도 결정을 내렸다. 전극을 이식하여 뇌파를 모니터링하기 위해 병원으로 돌아가는 문제를 몇 달 동안 고민한 후, 그녀는 자신의 상태가 악화되지 않는 한 수술 전 정밀검사를 하지 않겠다고 결심했다. "진심으로, 정말 진심으로, 나는 수술을 받고 싶지 않아요. 내가 여러 가지를 잃을 것이기 때문이에요. 내 인생의 2~3년을 잃어버릴 것이고, 또 솔직히 결코 전과 같을 수 없을 거예요. 그건 내가 아니지요. 내 말은, 머리의 한 부분을 긁어내고 다시 같은 사람이 될 수는 없다는 뜻입니다. 의사들은 제거하는 뇌 부분에 무엇이 있는지조차 모릅니다. 내가 더 나아질 수도 있지만 그 확률은 3분의 1에 불과하니까요." 질이 쇼머의 대기실에서 본, 머리를 면도하고 거즈를 두른 수술 후 환자들은 모두 그녀보다 훨씬 더 아픈 것처럼 보였다. 실제로 이 환자 중 한 명을 만난 적이 있었다. 그녀는 열여덟 살에 측두엽절제술을 받은 자기보다 젊은 여성이었다. 스피어스가 "그녀는 이제 괜찮아요, 질"이라면서 그 여성이 직업을 찾도록 도와달라고 요청했던 것이다. 스피어스는 질이 그 여자가 이상하리라 추측한다는 것을 알고 미리 괜찮다고 말한 것이었다. 하지만 그 여성은 집착하는 성격이어서, 질의 추측을 확신으로 만들었다. "그녀는 두 시간 만에 세 번이나 전화를 했어요"라고 질이 말했다. "정상이 아니라고요!"

스피어스는 질의 치료약물에 대한 일관되지 않은 반응 때문에 그녀가 '결국 수술을 향해 가고 있다'라고 생각했지만, 그녀가 선택권을 가졌다는 의견에 동의했다. "그녀는 생활에 집중할 수도 있고, 아픈 것에 집중할 수도 있습니다. 그녀는 계속해서 자신의 삶을 살아야 합니다. 아니면 그녀의 삶을 잠시 멈추고 수술을 진행해야 합니다. 두 번째 선택은 누구에게나 좋은 일이 아닙니다. 특히 질처럼 자신이 알고 있는 대로, 잃을 것이 많은 사람은 더욱 아니죠. 그녀는 비컨 힐의 아파트에 살고 있으며 친구가 있고 권력과 특권을 주는 책임감이 있는 직업을 가지고 있으며 다른 사람들의 삶에 대한 결정을 내리면서 돈을 받으니까요."

질이 수술을 선택하지 않기로 결정한 무렵, 의사들도 완전히 설명할 수 없는 이유로 질의 상태가 개선되기 시작했다. 신기하게도 의사들이 이미 다양한 용량으로 단독으로 썼거나, 혹은 다른 약물과 함께 시도한 적이 있던 항경련제인 테그레톨 500밀리그램이 다른 항경련제로는 볼 수 없었던 좋은 효과를 보였다. 지속해서 발작 횟수가 줄어든 것이다. 발작이 완전히 멈추지는 않았지만 색의 번쩍임, 주기적인 어지러움, 익숙한 곳에서 길을 잃는 느낌은 모두 이전보다 훨씬 덜 발생했다. 가장 중요한 것은 공황발작이 이제 6~12개월에 한 번, 월경 직전에 발생한다는 것이었다. 이 정도 빈도의 발작은 더 이상 큰 걱정거리가 되지 못했다.

그녀의 삶은 완벽함과는 거리가 멀다. 질은 여전히 테그레톨을 매일 복용하고 EEG와 MRI를 받아야 했다. 하지만 그녀는 새로운 안정을 찾았다. 한때 장애가 그녀를 통제한다는 사실에 좌절했던 그녀는, 이제 TLE와 그 치료법을 삶에 통합하고, 할 수 있는 일은 가능한 한 통제하고, 할 수 없는 영역은 받아들이는 방법을 찾았다. 그녀는 "나는 TLE를 가지고도 기능하는 방법을 찾아냈죠"라며 조용히 자부심을 가지고 말했다. "그래서 TLE는 더 이상 내 삶의 큰 부분이 아닙니다. 이제 사람들에게 TLE에 대해 말할 수 있습니다. 그 때문에 창피하지 않거든요. 몇 년 전 제가 있었던 곳에서 멀리 떨어져 있는 느낌입니다." 그녀의 TLE는 완전히 사라지지는 않았지만 최악의 상황은 지나간 것 같았다.

질이 호전된 이유는 명확하지 않다. 그녀가 만든 생활 방식의 변화, 수술 준비 과정을 중단하기로 한 결정, 그리고 뇌의 호르몬이나 화학적 또는 전기적 활동에 변화가 있을 수 있는 점 모두가 이 새로운 상태의 요소가 될 수 있다. 질의 상황은 TLE를 가진 사람들 사이에서 드문 일이 아니다. 지속해서 효과가 있는 치료 방법은 발견되지 않았으며, 의사는 환자의 상태가 갑자기 좋아지거나 나빠지는 이유를 설명하지 못하는 경우가 많다. 오늘날에도 과거와 마찬가지로 TLE의 성공적인 치료 경로는 아직 수수께끼로 남아 있다.

7

◆

몸과 마음

———

비정상적인 뇌 활동이 예술을 만든다

비컨 힐에 있는 아파트의 채광 지붕 위에서 질은 집중한 얼굴로 나무 의자에 앉아 있다. 화창한 화요일 오후이지만 그녀는 직장을 그만두고 집에 머무르고 있는 것이다. 실크와 진주로 화려했던 의상은 이제 낡은 운동화와 청바지, 머리에 둘러쓴 페이즐리 무늬 두건, 그리고 손가락 끝이 없는 두꺼운 스웨이드 장갑으로 바뀌어 있었다. 그녀는 전동 끌을 휘둘렀다. 전동 끌의 검은 전깃줄이 자갈이 깔린 지붕을 가로질러 화분에 심은 허브 사이로 그녀의 아파트 창문까지 구불구불 이어져 있다. 질 앞에 있는 정사각형 받침대 위의 흰색 카라라 대리석 덩어리가 지금 그녀가 집중하고 있는 대상이다.

인사 담당 이사로 거의 20년을 재직했던 질은 이제 조각가다. 20대 후반에 갑자기 시각적인 세계에 대한 '과도한 감수성'을 발전시킨 고흐처럼, 30대 중반에 질은 예술가가 되고 싶은 강한 충동을 느꼈다. 하지만 그녀는 어린 시절 여름 캠프에서 선생님들이 시켜서

도자기를 한 번 만들어본 것을 제외하고는 예술 작업에 참여해본 적이 전혀 없었다. 질은 이 새로운 욕구를 충족시키기 위해 지역 미술 학교에 전화를 걸어 조각 초급 과정에 등록했다. 그다음 학기에는 중급 과정을 수강했고, 자신이 좋아하는 재료인 돌 조각으로 빠르게 넘어갔다. 머지않아 시간이 남을 때마다 그녀는 예술에 전념하게 되었다. 날마다 일이 끝나고 저녁이 되면, 옷을 갈아입고 예술 학교의 공개 작업실로 걸어가 대리석 조각 추상 작품을 한꺼번에 여러 개씩 작업했다. 그녀는 "한때 인사를 담당했을 때 가졌던 열정을 이제 조각에 느끼고 있답니다"라고 말했다. "전에는 조각품에 대해 생각해본 적이 없지만 지금은 항상 그것에 대해 생각하고 있거든요. 돌덩어리를 보고 있으면 정말 흥분돼요. 그것을 느끼고, 그것을 바라보고, 그것으로 무언가 아름다운 것을 만들고 싶어지니까요. 아이디어가 너무너무 많아요."

　이제 미술 수업을 시작한 지 2년, 발작이 시작된 지 8년이 지났는데 질은 지금이야말로 '가장 행복한 시간'이라고 말하며 이마에서 흰 대리석 먼지 자국을 닦아냈다. 이 새로운 생활방식을 유지하기 위해 그녀는 부업으로 인사 문제에 대한 상담을 했다. 얼마 전에는, 스피어스가 그녀에게 저축하길 권해서 만들었던 계좌를 헐어 조각 장인에게 기술을 배우기 위해 이탈리아의 카라라로 여행을 떠났다. 알프스와 아드리아해가 보이는 야외 작업실에서 질은 3개월 동안 하루에 열한 시간씩 조각을 했다. 이탈리아에서의 체류가 끝날 무렵 그녀는 조각 장비와 900킬로그램의 흰색과 분홍색 이탈리아산 대리석을 구입해 보스턴에 있는 아파트로 배송했다. 보스턴에 와서도 그녀는 이탈리아에서 시작한 일과를 이어갔다. 그녀는 따뜻한 계절에는 채광 지붕 위에서 조각을 하고, 겨울에는 임대한 공방에서 작업을 했다. 물론 질은 자신의 작품을 화랑에 출품하려고 하지만 예술로 생계를 유지할 수 있으리라는 환상을 가지고 있지는 않다.

질은 장애 때문에 개인적인 의지가 변했다고 생각하는 것을 싫어하지만 갑작스러운 경력 변화가 TLE와 관련이 있다고 생각한다. 그녀는 "TLE가 있으면 사물이 이전과는 약간 다르게 보여요"라고 설명했다. "나는 평범한 사람들에게는 없는 시각과 이미지를 가지고 있거든요. 발작 중에 유체이탈 체험, 강렬한 색채, 그리고 떠 있는 듯한 느낌은 마치 다른 차원으로 들어가는 것과 같은데, 이것은 내가 경험한 것 중 가장 종교나 영적인 감정에 가까운 것입니다. 뇌전증은 나에게 희귀한 시각과 나 자신에 대한 통찰력을, 그리고 때로는 나 자신을 넘어서는 통찰력을 주었고 내 창의적인 측면에도 영향을 미쳤어요. TLE가 없었다면 나는 조각을 시작하지 않았을 겁니다."

전문가들은 그녀의 새로운 직업에 신경심리학적인 원인이 있을 가능성이 높다는 것에 동의한다. "왼쪽 측두엽 뇌전증 환자가 과다묘사증의 결과로 글을 많이 쓰듯이, 질은 오른쪽 측두엽 뇌전증이 있어서 그 과다묘사증의 결과로 갑작스레 조각가로 전환했을 수 있습니다"라고 캐플런은 말한다. 이 신경심리학자는 발작 활동의 변화 때문에 질이 인사 관리 분야에서 조각으로 이동했다고 추측한 것이다. 이 두 가지 유형의 작업 적성은 모두 오른쪽 대뇌반구에 의해 조절된다. 인사 관리는 전두측두 구조에서, 조각은 시각적-공간적인 기술을 제어하는 후두측두 영역에서 담당하는 것이다. 캐플런에 따르면 만일 의사들이 의심하는 것처럼 질의 발작이 왼쪽 대뇌반구에서 시작되었다면 뇌전증 활동은 수년에 걸쳐 대뇌반구를 바꾸어 오른쪽 대뇌반구 뒤쪽에 '거울 초점'을 생성하고 그곳의 시각적-공간적 영역을 과도하게 자극했을 수 있다. 또는 의심되는 태아기의 뇌손상이 양측성이었다면, 우반구의 비정상적인 활동이 최근에야 발작으로 발전해서 그녀가 고도로 공간적인 조각이라는 작업을 추구하게 만들었을 수 있다. 또 다른 가능한 시나리오는 기존의 오른쪽 발작 활동이 대뇌반구의 앞쪽에서 뒤쪽으로 이동해서 오른쪽 대뇌반구의 지배를 받는 기술을 변경했다는 것이다. 또는 테그레톨이 오른쪽 대뇌반구의 발작 활동을 감소시켜 시각적-공간적 기술을 제어하는 영역의 일상적인 활동이 나타났을 수도 있다. 베어는 질의 조각 활동이 게슈윈드 증후군과 일치한다는 캐플런의 의견에 동의한다. 질이 왼쪽 대뇌반구에 발작 초점을 가지고 있을 것이라는 의심은 비록 베어가 연구한 시각적-공간적 과다묘사증을 가진 다른 네 명의 TLE 환자들*과 구별되기는 하지만, 그녀가 '주목할 만한 예술적 창의성'을 나타내는 것을 배제하지는 않는다. 실제로 베어는 그녀의 '오른쪽 측두두정 영역의 구조적 우월성'이 그녀의 시각적-공간적 기술을 향상시킬 가능성이 있다고 지적한다.

인간 창의성의 수수께끼를 풀지 않고도 TLE 연구는 비정상적인 뇌 활동이 예술을 만드는 데 중요한 역할을 한다는 것을 보여준

---

* 베어의 과다묘사증 환자들은 병소가 뇌의 오른쪽에 있었다(255쪽).

다. 뇌전증은 때로 '시인의 고통'이라고도 불리는데, 질과 같은 평범한 예술가들이나 베어가 인용한 저명한 작가와 신비주의자들뿐만 아니라 수많은 다른 유명한 사람들에게도 영향을 미쳤다. 신경과 의사인 윌리엄 고든 레녹스는 작가인 페트라르카, 타소, 디킨스, 음악가로는 헨델과 파가니니, 종교인으로는 성 세실리아와 부처, 철학자로는 소크라테스, 파스칼, 스베덴보리, 정치 지도자로는 카이사르, 리슐리외, 나폴레옹, 수학자로는 피타고라스, 과학자로는 아이작 뉴턴을 뇌전증 환자로 보았다. 다른 논평가들은 알렉산더 대왕, 몰리에르, 표트르 1세, 외젠 들라크루아, 라스푸틴, 아우구스트 스트린드베리, 배우 리처드 버튼에게서 뇌전증의 증거를 발견했다.

TLE와 같은 유기적인 정신 장애는 '지적 기능의 장애'를 일으킬 것이라 여겨지지만, 게슈윈드는 "행동 변화가 있는 TLE는 극도로 탁월한 수준의 지적인 수행과 양립할 수 있다"라고 말한다. 베어는 조현병, 조울병, 혼란 상태와 같이 세상을 새롭고 기이한 방식으로 보게 만들고 때로는 예술적인 도약으로 이어지는 다른 정신질환도 '광범위한 개념으로는 창조적이라고 불릴 수 있는' 행동을 하게할 수 있다고 덧붙였다. 하지만 이러한 정신질환은 다른 중요한 기능을 훼손한다. 베어는 "정상적인 생각의 흐름에 혼란이 오면 희한한 사고의 연관성이 생겨나지만, 이러한 정신질환으로 고통받는 환자들은 일반적으로 중요한 창의적인 결과물을 만들어내는 데 필요한 비판적인 꼼꼼함이나 집중력이 부족합니다"라고 설명했다. 그에 비해 TLE는 예술성을 유지하는 데 필요한 주의력과 집중력, 비판적 판단력과 같은 필수적인 기능이 잘 유지되기 때문에 이러한 정신질환과는 차이점이 있다. 동시에 TLE는 사람들로 하여금 민감성, 연관성을 감지하는 능력과 유연성과 같은 창조적인 사고 성향을 지니게 해준다. 베어는 이 형태의 뇌전증에만 독특하게 나타나는 이러한 차이점과 성향이라는 두 요소의 조합으로 인해 예술적으로 볼 수 있는 능력을 강화하고, 그렇게 본 것을 예술로 바꾸는 능력을 강화시킬 수 있다고 보았다. 이 장애는 '꼭 필요한 비판적 판단력은 유지하면서도, 주의력이 흩어지지 않고 잘 유지되는 강렬한 동기'를 생성할 수 있기 때문이다.

이 놀라운 효과의 기초가 되는 뇌의 작동 기전은 아직 알려지지 않았다. 게슈윈드 증후군은 발작과는 별개로 발생하기 때문에, 성격이 변하는 것과 전기적 폭풍으로 뇌전증이 발생하는 것은 같은 원인을 공유한 두 가지 결과로 여겨지고 있다. 그리고 그 원인은 아마도 과도한 전기적 활동이 감정을 담당하는 뇌에 발생하게 만드는 물리적이거나 화학적인 이상일 것이다. 더 아리송한 것은 TLE가 없는 사람들에서도 보이는 과다묘사증의 발생 원인이다. 뇌전증을 앓고 있지 않은 예술가의 뇌 활동과 TLE를 가진 예술가의 뇌 활동 사이의 차이점을 정확히 밝히려는 연구는 아직 아무도 시도한 적이 없다. 예술가들이 작업하는 동안의 전기적 활동에 대한 데이터가 부족하기 때문에 연구자들은 단지 예술적 상상력과 질병이 생긴 뇌 사이의 관계에 대해서 추측만 할 따름이다.

성격 유형은 신체적 특성과 관련이 있다

게슈윈드 증후군의 다른 특성들과 뇌전증이 없는 사람들의 동일한 특성들 사이의 관계도 역시 불분명하다. 하지만 TLE와 과종교성 사이의 연관성 때문에 이 장애는 머지않아 도덕성과 종교에 대한 과학적 이해의 길을 열어줄 수도 있을 것이다. 철학 교수인 레너드 카츠Leonard Katz의 관점에서 보면, TLE가 찰리나 글로리아, 도스토옙스키, 그리고 고흐의 도덕적 열정의 기초가 된다는 생각은 도덕성이 유기적인 기반 위에 있다는 것을 시사한다. 카츠는 "TLE 환자가 도덕성의 기초로 간주되는 특성인 감사하는 마음과 과도덕주의로 가득 차 있다는 사실은 도덕이 우리와 같은 사회적인 동물의 변연계 전체에 흩어져 있는 생리적인 기질을 가지고 있다는 생각을 확인시켜줍니다"라고 지적했다. 마찬가지로 의사 맥도널드 크리츨리가 지적했듯이, TLE 발작과 일반적인 신비롭고 종교적인 상태는 구별하기가 어렵다. 두 경우 모두 섬광, 실체가 없는 목소리, 환영을 포함하

기 때문이다. 스피어스는 모든 사람이 기시감, 누군가 있는 것 같은 느낌, 환각적인 목소리나 환영과 같은 발작 상태를 드물게 경험하며, 일반인에게서 보이는 이 경미하고 진단되지 않은 TLE가 신비주의, 환생, 유체이탈 체험, UFO와 외계인에 대한 광범위한 관심을 설명할 수 있다고 추측한다. 캐나다의 신경과 의사인 퍼신저는 심지어 TLE를 종교적인 상태와도 연관시켜서 모든 영적인 경험은 변형된 측두엽의 전기적 활동에서 비롯되었다고 말한다. 퍼신저의 관점에서 종교란 이러한 비정상적인 전기적 활동으로 생성되는 감정에 대한 설명이다. 논평가들은 대부분 TLE가 도덕적 열정이나 종교적 상태에 뿌리를 둔다고 해도, TLE의 존재가 그런 일들의 실제성을 손상하는 것은 아니라는 점에 동의한다. 윌리엄 제임스는 "우월한 영적 가치를 가지고 있다는 주장에 반박할 목적으로… 종교적인 정신 상태의 유기적인 인과관계를 주장하는 것은… 매우 비논리적이다"라고 말했다. 어떤 의학적인 상태도 플로베르, 테니슨, 모파상, 무함마드, 모세, 성 바울의 업적을 감소시킬 수는 없다.

성격과 감정에 대한 TLE의 영향이 도덕적, 영적으로 행동하거나 예술을 창조하려는 욕구가 강화되는 것과 같이 잠재적으로 사회에 모두 유익하기만 한 것은 아니다. 폭력적인 범죄자에서 보이는 TLE의 발생률도 놀랄 만큼 높다. 의사들은 전통적으로 폭력적인 행동에 심리사회적, 유전적, 호르몬적인 요소를 연관시켰지만, 현재는 폭발적인 분노의 가장 흔한 원인으로 여겨지는 뇌 손상 및 신경학적 질환과 같은 신경생리학적 요소도 고려한다. 폭력적인 정신과 환자를 대상으로 한 연구에서 거의 94%가 뇌 손상의 증거를 드러냈다.

또 다른 연구에서는 29명 중에 한 명꼴로 발작 질환의 일반적인 원인인 두부 외상이 있었다. 사형을 기다리는 남자 청소년 죄수 14명을 대상으로 한 또 다른 연구에 따르면 이들 모두 어린 시절에 심각한 머리 부상을 당했다는 사실이 밝혀졌고, 대부분은 뇌에서 비정상적인 전기적 활동을 보였으며, 몇몇은 어지러움, 기시감, 환각적 미각과 냄새와 연관된 발작이 있었다. 이러한 연구를 수행한 정신과 의사 도로시 루이스Dorothy Otnow Lewis는 많은 폭력적인 사람들이 '변연계-정신병적-공격성 증후군'✦을 앓고 있다고 말한다. 이 증후군은 비정상적인 EEG가 보이지 않는 측두변연계의 발작으로 일어나며, '정신과와 신경과의 경계에 있고', 대개 질병으로 인식되지 않는 상태를 말한다. 의사들에 따르면 이러한 환자의 EEG는 음성으로 판명되었는데, 이는 아직 측정 기술이 깊은 측두변연계 활동에 민감하지 않거나, 또는 그 발작이 측정하기에는 충분히 강하지 않기 때문일 수 있다. 보통 사람에게서 EEG 이상이 발생할 확률은 15% 정도인 것으로 추정되지만, 코슈빈은 "폭력적인 사람의 50~75%는 종종 측두엽에 EEG 이상이 있다"라고 한다. 사실 많은 의사들은 어떤 사람이 갑자기 평소답지 않게 폭력적인 행동을 한다면 TLE를 가능한 원인으로 보아야 한다고 믿는다.

폭력과 뇌전증 사이의 이러한 연결성은 의학과 법의 영역에 모

✦ limbic-psychotic-aggressive syndrome. 루이스를 포함한 두 명의 연구원이. 15년 동안 197명의 범죄자를 연구하여 그중 30명의 살인범에게서 당시 DSM 진단 카테고리에 맞지 않는 정신병적 증상을 발견하고 이름을 붙인 병명이다.

두 영향을 미친다. 가끔 변호사는 범죄 혐의로 기소된 TLE 환자를 대신하여 정신이상을 이유로 무죄 판결을 받아내는데, 이는 어떤 사람이 발작 중에 저지른 행위에 대해서는 책임이 없다는 가정에 근거한다. 의사들은 드물게 항경련제를 사용하여 폭력을 '치료'하려고 시도한다. 예를 들어, 코슈빈은 폭력의 이력과 비정상적인 측두엽 활동의 뇌 스캔 증거가 있는 비뇌전증 환자에게 테그레톨을 사용하여 '매우 좋은 결과'를 얻었다. 몇몇 연구자들은 뇌전증과 폭력 사이의 연관성에 대한 연구가 정신외과 수술 논쟁을 재개할 것이라고 걱정한다. 하지만 스피어스는 뇌의 특정 영역을 변경함으로써 폭력을 줄일 수 있다는 버논 마크의 입장이 '나중에 옳다고 밝혀질 수도 있을 것'이라고 생각한다. 또한 스피어스는 외과 의사에게 재량권이 주어지는 것은 아니겠지만, 언젠가는 그들에게 뇌의 일부를 제거하는 방법으로 분노, 공포, 성적 욕망, 종교적 감정, 심지어 상냥함과 같은 특정 감정과 특성까지 변경할 수 있는 역량이 생길 것이라고 믿는다.

대부분의 질병과 달리 TLE는 부정적인 경험뿐만 아니라 긍정적인 경험과도 관련이 있다. 그러나 게슈윈드 증후군이 왜 때때로 찰리의 경우와 같이 지적인 집중력과 온몸에 스며 있는 의도적인 침착함을 보이며 다른 사람과 구별되는 이점으로 나타나는지, 그 이유는 알려지지 않았다. 이러한 게슈윈드 증후군의 효과는 기존에 존재하던 성격이나 발작 활동의 위치나 범위, 또는 발작의 바탕이 되는 뇌 손상의 성질을 반영하는 것일 수도 있다. 베어와 다른 사람들이 지적했듯이 뇌의 오른쪽 대뇌반구에 뇌전증성 흉터가 있는 환자는 강렬한 감정을 보이는 반면, 왼쪽 대뇌반구에 흉터가 있는 환자는 종종 진지하고 도덕적인 지식인의 모습을 보인다.

TLE에서 보이는 성격의 범위는 비정상과 정상이라는 것이 연속선상에 있다는 것을 암시한다. 우리 모두에게 열정, 종교와 철학에 대한 관심, 창조에 대한 갈망이 해부학적인 기반 위에 있을 것이다. 유아의 수줍음과 사교성을 연구한 심리학자인 제롬 케이건은 그러한 성격 특성이 후천적이라기보다는 타고난 것이라고 결론지었다. 그는 연구를 통해 각 성격 유형이 신체적 특성과 관련이 있음을 발견했다. 즉, 수줍은 유아는 키가 크고, 마르고, 또 파란 눈을 가진 경향이 있는 반면, 사교적인 유아는 일반적으로 갈색 눈을 가진 중간형의 체격을 가지고 있었다. 수줍은 유아는 익숙하지 않은 상황의 스트레스에 반응하여 사교적인 유아보다 심장이 더 빨리 뛰었다. 케이건은 이를 심장박동수, 근육의 긴장과 스트레스 호르몬의 방출을 조절하는 변연계 구조인 편도체와 해마의 조그만 차이에 기인하는 것으로 보았다. 이와 유사하게, 미네소타 심리학자들은 떨어져서 자란 일란성 쌍둥이들도 함께 자란 일란성 쌍둥이들만큼 성격이 평균적으로 비슷했다는 것을 발견했는데, 이는 성격에 대한 유전적 또는 구조적인 기반을 암시한다. 스피어스에 따르면 모든 개인은, 일반적으로 너무 미묘해서 일반 EEG에 나타나지 않는 약간의 뇌 손상이 있으며 이러한 손상의 위치와 범위는 종종 그들의 성향과 관련이 있다. 예를 들어, 전형적으로 건망증이 심한 교수가 있는데, 그는 학문에 대해서는 세부 사항까지 기억하지만 안경은 어디에 두었는지 자꾸 잊어버렸다. 이는 그 교수가 오른쪽 대뇌반구에 약간의 손상을 입었고, 다른 쪽 대뇌반구가 과잉 보상을 해서 언어 능력과 분석 능력을 향상시켰다고 추리해볼 수 있다. 스피어스는 "사람들은 이런 말을 듣기 싫어할 수 있습니다. 성격이 미리 결정된 것처럼 보이기 때문이죠. 하지만 내가 분석적이고 글을 많이 쓰고 오른손잡이이며 별로 운동에 소질이 없는 이유는 아마도 왼쪽 대뇌반구가 매우 우세하기 때문일 것입니다. 또는 아마도 내 오른쪽 대뇌반구가 약간 손상되어서 왼쪽 대뇌반구가 그렇게 우세해졌을 겁니다. 분명히 내 뇌의 일부는 다른 부분만큼 잘 발달하지 않았습니다. 지금 현재 내 경우에는 기능 장애를 나타내지는 않지만, 확실히 손상은 거기에 있습니다. 사실을 말하자면, 모든 인간의 행동은 뇌에 의해 제어된다는 것입니다".

스피어스는 TLE가 '왼손잡이, 자가면역질환, 호르몬 변화 등과 같은 다른 여러 가지의 이상한 현상과 함께 나타나기 때문에' 뇌와 행동 사이의 연관성에 열쇠를 제공한다고 말한다. 그는 "때때로 뇌전증을 유발하는 동일한 요인이 영재를 탄생시킵니다. 만일 인생에서 충분히 이른 시기에 한 영역이 손상되면 다른 쪽의 해당 영역이 과도하게 발전할 가능성이 있습니다"라고 덧붙였다. 게슈윈드는 사망할 무렵 특이한 능력과 뇌의 비정상성 사이의 연관성에 관한 연구에 참여하고 있었다. 왼손잡이를 위한 물건을 전문으로 판매하는 런던의 한 상점 소유주와 협력하여 게슈윈드와 그의 동료는 인구의 약 15%를 차지하는 왼손잡이들이 건축과 이론 수학, 물리학 같은 오른쪽 대뇌반구가 주도하는 분야에서 뛰어난 경향을 보이고 또한 말더듬증, 이른 시기에 백발이 되는 현상, 호르몬 불규칙성을 나타내며 난독증, 자가면역질환, 편두통과 같은 장애의 발생률이 높다는 것을 발견했다. 이런 문제는 모두 TLE 환자에서 빈도가 증가하는 장애다. 게슈윈드는 이렇게 무리를 지어 나타나는 경향은 뇌 성장과 면역 체계의 발달에 관계된 호르몬인 테스토스테론이 태아기에 영향을 끼쳤고, 이로 인해 발생한 뇌의 변화가 원인일 것이라고 이론화했다. 동일한 테스토스테론에 의한 뇌의 변화는 또한 일부 TLE 사례의 원인이 될 수도 있다. 또 다른 가능성은 유전공학 분자생물학자가 이미 생쥐에서 발견한 것과 같이, 어떤 가족은 뇌전증 유전자를 전달한다는 것이다. 인간의 뇌전증에서 명확한 멘델의 유전법칙이 입증되지는 않았지만, 연구에 따르면 TLE를 가진 사람의 가까운 친척에서 발작이나 EEG 이상의 발생률이 비정상적으로 높게 나타난다.

TLE는 행동의 특정한 변화가 뇌의 상응하는 물리적인 변화에서 비롯된다는 것을 보여주기 때문에 이 장애는 성격의 유기적인 기반에 대한 연구를 위한 중요한 수단이 되어왔다. 최근 몇 년 동안 의사들이 TLE가 없는 사람들에게도 게슈윈드 증후군의 영향이 나타난다는 사실을 깨닫게 되면서 이에 대한 논의를 꺼리는 경향이 사라지기 시작했다. 과다묘사증, 과종교증, 분노, 변화된 성욕을 의지의 결함이 아닌 유기적 근거가 있는 질병의 특징으로 정의하는 것은 의사가 그 특성에 반응하는 방식을 변화시켰다. 게슈윈드는 사망하기 얼마 전에 다음과 같이 썼다. "TLE의 행동 변화는 매우 특별하게 고려해야 합니다. TLE가 행동의 주요한 변화에 대한 그럴듯한 발병 기전을 아는 유일한 원인일 수 있기 때문이죠. … 이 증후군의 중요성은 임상적 매력과 그 발생 빈도, 그리고… 뇌에 변경이 생기면 나타

나는 행동 변화의 발생에 대한 명확한 생리학적 인식 체계를 우리에
게 제시하는 독특한 능력에 있습니다."

정신과와 신경과의 경계를 넘나들다

이러한 생리학과 성격의 상호 연결성을 보여주는 사실이야말로 TLE에 대해 현대의 뇌 연구자들이 가장 흥미를 느끼는 이유다. 이런 관점에서, 이 질환은 최근까지 거의 독립적으로 기능했던 인간 행동을 다루는 두 의료 전문분야인 신경과와 정신과의 관계가 점점 더 긴밀해지는 데 기여한다. 신경과와 정신과가 모두 초기였던 19세기에는 사실상 두 분야를 거의 구별할 수 없는 것처럼 보였다. 정신과의 창시자이자 그 자신이 신경과 의사였던 지그문트 프로이트는 1891년에 "우리 정신과의 모든 잠정적인 아이디어들은 아마도 언젠가는 유기적인 하부 구조를 기반으로 삼게 되리라는 것을 기억해야 합니다"라고 말했다. 그러나 두 학문은 빠르게 분열되어 공통 영역인 뇌와 마음을 분리했다. 20세기 초까지 대부분의 신경과 의사들은 환자의 마비, 보행장애, 뇌졸중, 척수손상 그리고 다른 신체적인 징후에 주목하면서 뇌의 구조를 탐구한 반면, 정신과 의사들은 환자의 기억과 감정에 주목하면서 마음을 탐구했다. 1919년에 정신과 의사인 D. W. 위니코트Winnicott는 이러한 뇌와 마음의 강제적인 분리를 "뇌는 두개골에 숨겨진 회백질과 백질로 이루어진 덩어리인 데 비해, 마음은 기억, 생각, 의지를(의지라는 것을 행하기는 한다면) 저장하는 부분입니다. 신경이 신체로 전달되는 충동과 다르듯이, 뇌는 마음과 다릅니다"라고 설명했다.

뇌와 마음을 나누는 데 있어서 두 의학 분야는 그 구별이 확고해졌는데, 이는 그 어원과 르네상스 이후의 철학을 반영한 것에서도 나타난다. 그리스어로 뉴런은 '신경' 또는 '힘줄sinew'을 의미하고 정신은 '영혼' 또는 '마음'을 의미하므로 신경학은 문자 그대로 '신경에 대한 이야기'를 하는 반면, 정신과는 '마음에 대한 이야기'를 의미한다. 또한, 근대과학은 프랑스의 수학자이자 철학자인 르네 데카르트가 1637년에 묘사한 몸과 마음의 이분법에 대한 믿음에서 발전했다. 데카르트는《방법서설》에서 "지능적인 본성은 육체적인 것과 구별된다. '나', 말하자면, 나를 나로 만들어주는 마음은, 몸과 완전히 구별된다"라고 썼다. 데카르트에게 마음은 뇌의 기능이 아니라 별도의 '비물리적인' 실체였다. 데카르트의 이론은 '이원론'이라고 하는데 그 이유는 이 이론이 몸과 마음의 이원적 성질을 가정했고, 정신적인 상태와 육체적인 상태 사이의 근대적인 구분을 확립했으며, 육체적인 세계와 영적인 세계의 분리를 생각함으로써 합리적이고 과학적인 사고의 길을 열었기 때문이었다. 또한 윌리엄 제임스에 따르면 이원론은 '몸과 마음의 문제mind-body problem', 즉 몸과 마음이 서로 연관되는 방식을 '궁극적인 문제의 극치'로 만들었다. 데카르트의 해법은 선장이 배를 조종하듯이 마음이 몸을 인도한다고 말하는 것이었다.

의학에서는 대부분 이원론이 규칙이 되었다. 의사들은 대부분 신체적 질병과 성격을 별도의 범주로 인식하도록 배웠다. 이는 특정 행동의 변화가 뚜렷한 해부학적인 기반을 가질 수 있다는 게슈윈드의 제안을 처음 접했을 때 보인 스티븐 왁스먼의 놀라움을 설명해준다. 신경과 의사인 마이클 개재니거Machael Gazzaniga는 뇌와 정신이 제도적으로 분열된 결과, "20세기에 뇌과학자와 정신과학자는 서로 이야기할 수가 없었습니다. 각자… 자신의 관점에서만 마음-뇌의 기능을 이해해야 한다는 지나친 주장을 했습니다. 자신을 시암의 왕이라고 생각하는 망상을 가진 친구가 있다고 가정해봅시다. 틀에 박힌 뇌 과학자는 이 친구의 문제를 생화학적이라고 말하고, 틀에 박힌 정신 과학자는 그의 어린 시절의 트라우마에 대해 뭔가를 알아냅니다. 두 아이디어 모두 목표를 거의 1킬로미터는… 벗어나 있습니다"라고 지적했다. 마찬가지로 캐플런에 따르면, 표준적인 얼음 집게 그림을 본 환자가 '관'을 보았다고 말한다면 정신과 의사는 이 오류를 환자가 우울했다는 신호로 해석하겠지만, 신경과 의사는 환자가 공간의 왼쪽 전체를 무시하게 만드는 오른쪽 대뇌반구 병변의 징후일 수 있다고 본다. 캐플런은 "얼음 집게 그림의 오른쪽 절반이 사라지면 진짜 관처럼 보입니다"라고 설명했다.

작곡가이자 피아니스트인 조지 거슈윈George Gershwin의 죽음은 의사가 신경과학과 정신과학을 구분하는 데 어려움을 겪는 또 다른 예다. 에드워즈는 거슈윈이 30대였을 때부터 공연 중간에 15초 동안 멈추기 시작했다고 회상한다. 의사들은 단순히 스트레스를 줄이라고 권장했다. 얼마 지나지 않아 거슈윈은 혼수상태에 빠져 죽었다. 부검에서 그의 오른쪽 측두엽에 큰 종양이 발견되었다. 종양이 출혈을 일으켜서 사망했으며, 에드워즈에 따르면 공연 중의 중단 현상도 종양에 의한 발작이었다. '스트레스'라는 정신과적인 오진이 신경학적 진단을 막은 것이다.

1960년대에 행동주의의 부상과 함께 정신과에서 엄격한 프로이트주의가 쇠퇴하고, 또 조현병, 우울증, 조울증과 같은 정신 질환의 증상을 치료하는 신약이 성공하면서 신경과와 정신과의 구분이 무너지기 시작했다. 전문가들은 한때 신경과적이거나 정신과적인 문제 중 한쪽이라고 생각되었던 많은 상태가 사실은 둘 다라고 의심했다. 뇌는 행동에서 분리될 수 없고, 몸은 마음에서 분리될 수 없다고 확신한 게슈윈드는 심리학과 생리학을 결합한 신경과의 하위 전문 분야를 설립하여 이들의 합병을 시도했다. 1978년 보스턴의 베스 이스라엘 병원에서 그는 미국 최초의 행동신경학behavioral neurology 부서를 열었다.

개재니거에 따르면 1980년대 후반이 되자 과학자들은 '뇌와 마음이 상호작용하는 방식을 이해'하기 시작했다고 한다. '신경과학neurosciences'이라고 이름을 부르는 다양한 학문 분야 출신의 연구자들은 점점 더 몸과 마음이 분리되어 있지 않고 상호의존적이며 각각이 어느 정도 통제력을 가지고 있다고 생각하게 되었다. 최신판 표준 신경학 교과서는 "엄격한 신체적 접근 방식 또는 심리적 접근 방식 중 하나만을 배타적으로 적용하는 것은 항상 부적절하며 광범위한 심리생물학적 방식으로 대체되어야 한다"라고 주장한다. 개재니거는 당면 과제는 "뇌 조직의 이상, 또는 좀 더 일반적으로 뇌 화학의 정상적인 변이를 우리 각자의 마음의 개인적인 심리적 현실과 함께 연결할 수 있는 개념적 틀을 마련하는 것"이라고 덧붙였다. 게슈윈드가 예측했듯이, 신경과와 정신과 사이의 '무인 지대'는 점차 '공동 지대'가 되고 있다.

생리적인 원인과 심리적인 효과를 가진 '신경정신병' 장애인 TLE는 두 분야의 경계지대에 있는 눈에 띄는 질병이 되었다. 게슈윈드는 TLE를 '중추신경계의 특정 부위에서의 기능 장애와 관련이 있기 때문에 주요 정신병에 대한 유용한 모델'로 간주했다. 조현병과 주요 우울증은 TLE 환자에서 일반인보다 약 15배 더 자주 발생한다. 알 수 없는 이유로 조현병은 왼쪽 대뇌반구에 뇌전증 병변이 있는 환자에게 나타나는 경향이 있는 반면, 조울증과 우울증은 오른쪽 대뇌반구에 뇌전증 병변이 있는 환자에서 더 흔하다. TLE와 정신질환은 실체가 없는 목소리, 환영, 과장된 감정, 기이하고 설명할 수 없는 행동과 같은 증상을 공유한다. 많은 조현병 환자가 측두엽에 이상이 있다. 강박장애에서 공황장애에 이르기까지 다른 정신질환에 얼마나 많은 생물학적 기반이 있을지는 분명하지 않다.

의사들은 점점 더 신경질환이 정신질환의 기저에 있다고 의심하고 있다. 게슈윈드는 "정신과에서… 뇌의 질병은 중요하고 치료할 수 있는 행동장애의 원인입니다"라고 말하며, 정신과 병원을 처음 방문하는 환자의 30%는 신경과 질환을 앓고 있다고 지적했다. TLE와 기타 신경과 질환의 오진 가능성이 있기 때문에, 현재의 정신과 평가에는 명백한 정신질환에 대한 신경학적 원인을 배제하기 위해 정교한 뇌스캔을 포함한 초기 신경학적 검사를 포함한다. 정신과 의사 낸시 앤드리어슨Nancy Andreasen에 따르면 정신질환은 생화학적, 신경내분비학적, 구조적, 유전적인 이상으로 인해 발생한다. 정신과 의사인 E. 풀러 토리E. Fuller Torrey는 조현병과 조울증과 같은 주요 '정신과적' 질병이 아마도 신경과의 영역에 속할 것이라고 덧붙인다. 신경정신과학자인 스티븐 시그너Stephen Signer는 "현재의 신경심리학자, 신경정신과학자, 행동신경학자는 행동장애(정동장애, 정신병, 어떤 종류의 성격 변화 등)를 뇌 안의, 뇌에 의한, 뇌의 변화 산물로 생각한다. 이러한 재정의는 열거한 질병의 현실이나 부담을 부정하는 것이 아니라 사회적 낙인을 제거하는 것으로 이어져야 한다"라고 썼다. 스피어스는 이 의사들보다 훨씬 더 나아가 정신과의 진단 매뉴얼에 설명된 모든 상태가 "뇌전증이나 다른 신경질환으로 인한 것일 수 있습니다"라고 주장하며 "모든 정신과 환자의 절반만이라도 오진되고 잘못 치료된다면 이것은 정신질환의 평가에서 의사들에게 '큰 문제'를 불러일으킬 것입니다"라고 덧붙였다.

TLE는 정신과와 신경과의 전통적인 경계를 넘기 때문에 이를 인식하고 치료하는 방법이 개선된다면 정신질환의 진단과 치료에 혁명을 가져올 수 있다. 게슈윈드의 동료인 M-마르셀 메술람M-Marsel Mesulam에 따르면, TLE는 정신과적 질환의 '유기적 기초를 이해하는 왕도'다. 이 장애는 신경과와 정신과에 대한 지식을 발전시키고 정신질환과 정신건강의 생리적인 원인을 더 잘 이해할 수 있을 것이라는 희망을 품게 한다.

뇌는 세상을 보는 방식

TLE에 대한 현재 연구의 대부분은 진단에 전념하고 있으며, 발작 활동이나 근본적인 뇌 손상을 감지하는 방법을 개선하는 데 가장 중점을 둔다. 최근 수십 년 동안, 다양한 뇌 영역의 상대적인 활동을 표시하는 PET, CT, MRI와 같은 새로운 진단 도구가 도입되었다. 그러나 이러한 기술은 비용이 많이 들고 여전히 널리 사용되지 않으며 TLE 진단을 위해 EEG를 대체하는 기계는 아직 없다. 그러나 전통적인 EEG에는 여러 단점이 있다. 크고 번거로워서 주요 의료 센터에서만 이용할 수 있다.♦ 대부분 아무 발작도 없는 방대한 자료가 24시간 동안 생성되는데, 그 기록지는 몇 킬로미터나 되어서 높이 쌓으면 1.2미터나 된다. 그리고 발작 초점에 전극이 접근할

♦ 우리나라의 경우 개인 신경과 의원에서도 검사가 가능하고, 검사 시간은 30분 정도 소요되며, 모두 영상 정보로 처리된다.

수 없는 경우가 많고, 환자가 일반적으로 일주일에 한 번 정도만 발작한다. 또한 EEG의 이상은 보통 환자의 의식적인 인식이 없이, 그리고 명백한 임상적인 변화와는 별도로 발생하기 때문에 환자가 사전에 의사에게 알려줄 수가 없다. 한편, 잡파artifact라고 불리는 신체 움직임으로 인한 외부의 전기적인 활동은 EEG를 판독하기 어렵게 만든다.

토론토의 생의학 엔지니어인 존 아이브스John Ives는 몬트리올 신경학 연구소와 보스턴에 있는 하버드 산하의 병원에서 교수직을 맡고 있는데, 이러한 문제를 해결하기 위해 하루를 보낸다. 1972년에 그는 기성 컴퓨터 부품을 사용해서 몇 주 동안 입원 환자를 모니터링할 수 있는 장기 EEG 모니터링 체계를 개발했다. 1980년까지는 이동식 외래환자 모니터링 시스템을 개발했다. 그것은 네 시간 분량의 EEG 기록을 저장할 수 있는 40메가 하드디스크가 장착된 휴대용 충전식 EEG 기계로, 지갑처럼 환자의 어깨에 착용할 수 있다. 기계의 기록장치는 환자가 발작을 느끼면 스스로 기록 버튼을 눌러서 켤 수도 있고, 혹은 기계 자체가 비정상적인 EEG 활동을 감지하면 2분 전 활동뿐만 아니라 현재 진행 중인 활동까지 자동으로 저장할 수도 있다. 일반적인 EEG에서 생성되는 많은 양의 자료를 처리하기 위해 아이브스는 DEC VAX 컴퓨터가 페이지를 조사하여 이상 활동만 찾아내도록 프로그래밍했다. 또한 EEG 기록에서 잡파의 양을 줄이기 위해 그는 컴퓨터화되지 않은 대형 입원 환자용 EEG에 소형 증폭기를 부착했다. 증폭기는 환자의 머리에 착용할 수 있다.

TLE의 진단에 대한 연구는 치료의 새로운 가능성을 높이는 추가적인 이점이 있다. 예를 들어, EEG의 이상을 유발하는 뇌병변의 정확한 위치를 감지하는 의사의 능력이 향상되면서 수술 성공률도 향상되는 것이다. 아이브스는 "뇌전증성 뇌 조직을 제거하려면 발작 활동의 위치를 파악하는 데 정확성이 필요하며, 이를 위해서는 높은 수준의 기술이 필요합니다"라고 말한다. 아이브스가 1983년 베스 이스라엘 병원의 뇌전증 수술팀의 일원이 된 이래, 병원은 더 많은 환자를 치료할 수 있었다. "이제 일주일에 한두 명씩을 검사하며, 그중에 약 50%가 수술을 받습니다. 우리는 명확한 국소적인 비정상 활동이 있는 환자를 찾습니다. 몇 년 전만 해도, 실제 발작을 포착할 수 있는 장기 EEG 모니터링이 개발되기 전에는 모든 수술의 결정은 훨씬 정밀하지 않은 발작 사이 활동interictal activity을 기반으로 했습니다"라고 아이브스는 말했다.

아이브스의 발명품은 수술 이외의 치료에 적용될 수도 있다. 예를 들어, 그는 발작 중에만 발생하는 고유한 EEG의 형태인 환자의 '발작 사인seizure signature'의 초기 징후를 감지하기 위해 컴퓨터화된 EEG를 프로그래밍할 계획이다. 그러면 기계가 환자에게 막 시작되는 발작에 대해 경고해줄 수 있다. "현재는 환자가 20분 안에 발작하리라는 것을 알려주는 EEG가 없습니다.♦ 때로 우리가 초점에서 발

♦ 현재 실리콘 전극으로 된 EEG 장치를 발작을 생성하는 뇌의 두피에 이식하는 기술이 있다. 이 장치는 환자의 특별한 발작 알고리즘을 판단해서 수 분에서 수 시간 전에 발작을 예고할 수 있다. 하지만 감염이나 장치의 이동 같은 부작용이 생기기도 한다.

작의 시작을 몇 초 전에 감지해서 만일 환자에게 발작이 곧 일어날 것이라고 말하게 되면, 그는 예를 들어 곧바로 자신의 팔을 잡든지 해서 의식적으로 멈출 수 있는데, 이것은 일종의 부정적인 피드백이라고 할 수 있습니다."

이 엔지니어는 또한 컴퓨터화된 EEG를 더욱 소형화하여 환자에게 장착하거나 심지어 환자의 내부에 장착할 수 있게 되기를 기대하고 있다. 그는 "발작의 발병을 감지할 수 있는 뇌 영역에 전극을 배치할 수 있다면, 발작을 막을 수 있도록 만드는 전기의 흐름 같은 어떤 암시가 환자에게 내부적인 피드백으로 작용할 수 있을 것입니다"라고 말했다. "이러한 일은 심박수를 감지하고 심장에 추가적인 맥박을 제공하는 심장 박동 조율기처럼 완전히 자동으로 할 수 있습니다. 이러한 피드백 체계에서 환자는 심지어 암시를 인식하지 못할 수도 있습니다." 이것은 분노발작을 앓고 있던 리오너드 킬에 대한 마크의 초창기 치료의 최신 형태인 셈이다. 당시 킬에게 양측 편도핵절개술을 시행하기 전 3개월 동안, 마크는 수술로 이식한 심부 전극을 통해 환자의 뇌에 전류를 보냈고 킬에게 이완된 느낌을 형성하도록 자극했으며 분명히 그의 발작을 멈추게 했다.

아이브스가 구상하는 피드백 시스템은 뇌에 직접 항경련제를 전달할 수도 있을 것이다. 아이브스는 "내부 모니터는 발작이 일반적으로 시작되는 뇌 영역에 항경련제의 수준이 감소하는 것을 감지할 수 있으며 내부 도관을 통해 약물을 소량 주사하라는 신호를 보낼 수 있습니다"라고 말했다. 이 기술은 아직 인간에게 시도되지 않았지만, 연구자들은 항경련제를 사용하여 동물의 발작을 중단시켰다. 많은 TLE 환자가 기존의 항경련제에 잘 반응하지 않기 때문에 새로운 뇌전증 약물이 계속해서 연구되고 있다. 더불어 의사들은 발작에 근거하는 것으로 보이는 조울병이나 공황장애 환자에게 어떻게 항경련제가 때로 도움이 되는지 알아내려 한다.

또한 향후 치료는 호르몬에 더 많이 의존할 수 있으며, 이는 다른 호르몬 관련 문제가 있는 사람들에게 도움이 될 것이다. 스피어스에 따르면 섭식장애인 과식증과 식욕부진은 발작으로 인해 발생할 수 있다. 이러한 발작은 성장, 체온, 심혈관의 기능, 수면, 갈증, 배고픔과 관련된 호르몬을 방출하는 뇌하수체와 연결된 변연계 구조인 시상하부에서 발생할 가능성이 가장 높다. 또 임신이 일부 여성에게서 발작의 빈도를 감소시키기 때문에, 피임약을 사용하여 TLE가 있는 여성에서 임신기와 같은 호르몬 농도를 유도해볼 수 있다. 더 나아가, TLE 환자의 높은 불임 발생률은 연구자들을 불임에 대한 새로운 치료법으로 이끌 수 있다. 그리고 스피어스는 월경 기간 즈음에만 발생하는 이상한 맛과 변덕스러움으로 구성되는 일반적인 월경전증후군Premenstrual syndrome, PMS도 일종의 뇌전증일 것으로 의심한다. 스피어스는 "만일 PMS가 있는 여성 100명을 대상으로 뇌의 어느 곳에서나 발작을 감지할 수 있는 특별한 전극으로 EEG를 수행할 수 있다면, 그들 중 50%는 월경 기간에 발작 장애가 있을 것이라고 확신합니다"라고 말한다. 의사들은 또한 담배, 술, 마약을 끊고, 스트레스를 줄이고, 식단을 개선하고, 규칙적으로 운동하는 등, 생활방식을 크게 바꾼 질과 같은 환자에게서 발작이 향상된 이유를 알고 싶어 한다.

TLE는 인간 행동의 수수께끼를 풀겠다는 미래의 약속을 제시하지만, 그것이 제공하는 대답은 궁극적으로 불완전할 수 있다. 의학의 마지막 미개척지인 인간의 뇌를 아는 데는 제한이 있다. 20세기에 우리는 그것을 이해하고 도표화하기 시작했다. 분자생물학, 물리학, 신경정신과학은 우리에게 뇌를 검사하기 위한 더 나은 도구를 제공하고, 기술은 레이저, 전극, 컴퓨터 지원 심리 테스트를 포함하여 뇌를 조사할 수 있는 더 정밀한 도구를 제공한다. 지난 반세기 동안 뉴런과 신경전달물질이 어떻게 기능하는지에 대한 증거가 축적되었다. 그러나 원자와 마찬가지로 뇌는 대부분 수수께끼로 남아 있다. 원자처럼, 우리가 그것에 집착함에 따라 오히려 더 복잡해지는 것처럼 보인다. 뇌는 우리가 세상을 아는 도구이기 때문에 우리와 뇌 사이의 거리는 결코 가까워질 수 없다. 뇌는 우리가 보는 방식 그 자체이기 때문에, 뇌를 완전히 보기 위해 몸 밖으로 나갈 수 없는 것이다.

우리가 원하는 대로 사는 것이 아니라, 할 수 있는 대로 산다

─────────

운명에 대한 고대의 개념과 마찬가지로, TLE도 사람이 자신을 본인의 의지대로 조종할 수 있다는 개념에 의문을 제기한다. 이 질환은 창의성, 폭력, 찰리의 지적인 집중력, 그리고 글로리아의 열정적인 분노에 기여하여 선과 악에 대한 자유의지의 영역을 제한한다. 이는 해부학이 운명이라는 것을 시사하는데, 프로이트가 언젠가 말했듯이 인간의 성격은 고정되어 있고 뇌의 구조와 활동에 내장되어 있는 것이다. 도스토옙스키의《지하생활자의 수기》의 '지하생활자'는 자신의 성격에 대해 곰곰이 생각하며 비슷한 결론에 도달한다. 그는 "더 이상 탈출구가 없고 결코 다른 사람이 될 수 없다. 자신을 바꿀 수 있는 충분한 시간과 믿음이 있어도 아마 변하고 싶지 않을 것이다. 그리고 원한다 해도 어쨌든 아무것도 하지 않을 것이다. 아마 사실 바꿀 것이 없을 것이기 때문이다"라는 인식에서 비롯된 '쾌락'을 설명한다. 이처럼 개인적으로 정체되었다는 느낌은 자신이 뇌에 의존한다는 인식에서 비롯될 수 있다.

행동이란 대개 의지에 의한 것이라는 견해를 중요시하는 문화를 가진 미국인들에게 이 뇌-마음의 연결은 받아들이기 어려울 수 있다. 결국 우리는 한 사람, 한 사람이 무한한 경계를 가진 자아의 개척자라는 생각으로 양육된 국가의 시민이다. 랄프 월도 에머슨Ralph Waldo Emerson은 "자신만의 세상을 만드세요"라고 호소한다. 호레이쇼 앨저Horatio Alger의 인기 소설에서 신문 배달원과 구두닦이는 단순한 미덕과 열심히 일한 노력에 의해 부와 성공을 거두었다. 미국 사회의 좌우명인 '더 노력하라, 남의 도움 없이 일어나라, 누구나 다 왕이다, 의지가 있는 곳에 길이 있다' 등은 엄청난 양의 개인적인 통제를 전제로 나온 이야기다. 자유의지의 힘에 대한 우리의 믿음으로 우리는 개인이 자신을 창조하고 심지어 재창조하는 것을 마음속에 그린다. 우리는 어떤 종류의 사람이 되고 어떻게 행동할지를 결정하는 근본적인 힘을 가지고 있다고 가정한다. 교육, 양육, 경제적 지위와 같은 요소가 성격을 결정하는 데 역할을 한다는 것을 인정하지만, 자유의지에 더 중심적인 역할을 부여한다. 이 견해의 매력은 분명하다. 그것은 스스로 운명을 통제할 수 있다고 느끼게 하고 개인적인 책임을 평가하기 쉽게 만든다. 이 견해에 따르면, 만일 우리가 선하다면 신뢰를 얻을 자격이 있다. 만일 우리가 나쁘다면 비난받아 마땅하다.

그러나 이 견해는 너무 간단해서 고흐 같은 사람들을 설명할 수 없다. 그의 작품이나 고통에 의지가 섞여 있는가? 그의 창의력이나 자살에는 어떠한가? 대답이 둘 다라면, 그를 그러한 극단으로 이끄는 이중적인 의지의 책임자는 누구인가? 두 개의 경쟁하는 의지가 있었던가? 그렇다면 어떤 의지가 진정으로 자유의지였을까? 플로베르가 자신의 '나'라고 불렀던, 정체성의 장애인 TLE는 우리가 누구인지 통제할 수 있다는 가정에 이의를 제기하고 통상적인 신뢰와 비난이라는 개념에 의문을 제기한다.

TLE 및 기타 신경정신 질환으로 인해 많은 신경과학자와 철학자들은 이제 심신의 구별을 환상이라고 여긴다. 정신-신체 문제를 이해하는 데 경력을 바친 저명한 신경과학자인 로저 스페리Roger Sperry는 정신과 신체는 '동일한 연속적인 계층 구조에서 분리할 수 없는 부분들'이라고 결론지었다. 하나의 현실에 대한 두 가지 표현이라는 뜻이다. 철학자 길버트 라일Gilbert Ryle이 말했듯이, 팀 정신 team spirit이 팀과 관련된 것처럼, 정신과 물질은 서로 관련된 한 존재의 두 가지 측면이다. "나를 나로 만들어주는 마음은, 몸과 완전히 구별된다"라고 쓴 데카르트조차 결국은 몸과 마음의 이원론을 거부하고 정신적인 사건에 물리적인 설명이 있다는 이해로 넘어갔다. 그가 죽기 몇 주 전인 1649년에 출판된 마지막 작품인 《영혼의 열정 The Passions of the Soul》은 아직 영어로 번역되지 않았지만 정신과 몸이 결합되어 있음을 인정했다.

스페리의 견해에 따르면, 몸과 마음이 상호작용한다는 인식은 자유의지 개념에 영향을 미친다. 그는 "인간의 의사결정은 비결정적인 것은 아니고 자기 결정적이다. 모든 사람은 일반적으로 자신이 하는 일을 제어하고 희망에 따라 선택하기를 원한다"라고 썼다. 그러나 스페리는 몸과 마음이 통일되었다고 가정할 때, 사람은 "주위에서 일어나는 많은 일로부터 상대적으로 자유롭지만, 자신의 내면으로부터 자유롭지는 않다"라고도 했다. 비슷한 맥락에서 20세기 철학자인 A. J. 에이어Ayer는 다음과 같이 썼다. "의도를 신체적인 움직임으로 바꾸는 심리 기제의 한 부분으로서 의지를 바라보는 생각은 신화처럼 보인다. … 철학자들이 스스로를 괴롭혔던 문제는… 마음과 물질 사이의 '깊은 구렁'을 연결할 수 있는지에 대한 고민이고… 이러한 것은 모두 '실체'로서의 마음과 물질의… 무의미한 형이상학적 개념에서 발생하는 가상의 문제다." 또 에이어는 인간의 경험은 "사실상 중추신경계의 상태와 동일하게 볼 수 있다. 이런 관점에서 이러이러한 경험을 한다는 것은 뇌가 이러이러한 상태에 있다는 뜻이고, 번개는 방전인 것과 같다. … 이 가설은 자유의지를 옹호하기 위해 인간의 생각과 행동이 물리적으로 결정된다는 것을 부정하고 싶은 사람들에게는 받아들이기 힘들지도 모른다"라고 말했다. 하지만 그 가설은 '정신의 발생이 일반적으로 기능하는 뇌에 달려 있다'라는 강력한 증거로 뒷받침된다.

"우리 모두가 어느 정도 절뚝거린다"는 것을 납득한 후 도스토옙스키의 '지하생활자'는 개인적인 통제에 대한 욕망을 인정한다. "알아요. 당신은 아마도 이러한 말 때문에 나에게 화를 내고 나를 꾸짖고 발로 짓밟아버릴 수 있을 것입니다. 당신은 자신과 지하의 불행에 관해 이야기하되 감히 '우리 모두'라고 말하지 말라고 했죠. 그러나… 나는 절대로 이 모든 '우리 모두로' 나 자신을 정당화하려는 것이 아닙니다. 개인적으로 나 자신에 관해서는, 나는 내 인생에서 당신이 절반도 시도해본 적이 없는 극한의 일을 했을 뿐입니다. …

그래서 사실, 나는 당신이 사는 것보다 더 '살아 있다'는 것입니다."
'지하생활자'에게 이러한 강렬함을 야기한 신비한 힘이 무엇이든,
TLE는 사람들이 '극단까지' 가도록 강요할 수 있다. 나머지 우리들
은 '절반도 가보지' 않았는데 말이다. 예를 들어, 현재 조각가인 질
은 자신이 그 어느 때보다 살아 있다고 느낀다.

흔히 사람들이 그렇듯, 질도 갈팡질팡했다. 그녀는 자유의지가
있다고 믿고 싶겠지만, TLE가 자신을 변화시켰음을 인정해야 한다.
이 장애는 단점과 이점이 모두 있다. "TLE는 나쁜 시기에 왔습니다"
라고 그녀는 말한다. "정말 중요한 해에 저를 쳤죠. 그것은 숨으려
하거나 혼자서 시간을 보내려는 경향과 같이 내가 이미 가지고 있던
약점과 불안감에 영향을 미치고 강화시켰습니다. 뇌전증으로 인해
사람들과 가까워질 수가 없었습니다. 그 사람들은 '당신을 잘 모르
겠어요'라고 하겠죠. 그 이유는 내가 항상 자신을 숨겼기 때문입니
다. 내가 아플 때는 참는 것이 더 쉬웠습니다. 내가 내린 결정에 대해
속상해하지는 않아요. 내가 헌신적인 관계를 원했는지는 잘 모르겠
습니다. 아이를 갖고 싶은지도 잘 모르겠어요. 하지만 선택의 여지
가 없었다는 것은 사실이죠. 결정할 수 있는 권한이 모두 내 손에 있
지 않았으니까요." TLE는 그녀의 선택을 제한했지만, 동시에 예술
로 향하는 길을 닦아주며 그녀가 선택하는 데 도움이 되었다. 조각
가가 되면서 질은 신체 상태의 특징에 맞는 직업으로 바꾸겠다는 의
식적인 결정을 내렸다. 그녀는 자신을 새로운 직업으로 데려온 질병
에 고마워한다. "TLE는 나를 극도로 몰아붙였습니다. 나 자신을 어
떻게 다뤄야 하고 내가 무엇을 원하는지 알게 될 때까지 말입니다."

회사를 떠나기 얼마 전에 그녀는 저녁 식사를 하기 위해 중국 식당에서 친구를 만났다. 두 여성은 그들의 삶과 건강, 계획에 대해 이야기했다. 식사가 끝나고 웨이터가 포춘 쿠키를 한 접시 가져왔다. 질은 그중 하나를 골라, 조용히 안에 적혀 있는 메시지를 읽었다. "당신의 운세를 알려드리겠습니다." 그녀는 사려 깊은 미소를 지으며 말했다. "우리는 원하는 대로 사는 것이 아니고, 우리가 할 수 있는 대로 살게 됩니다."

감사의 말

이 책은 7년이 넘도록 이어졌던 수많은 시행착오와 우연한 만남, 일상적인 대화의 결과이므로, 감사를 전할 분이 무척 많습니다. 자신의 개인적이고 의학적인 자료를 제공해 준 세 분의 특별한 '일반적인 사람'과 이 책에 등장하는 여러 의사들과 심리학자들에게 감사를 전합니다.

다른 분들도 직간접적으로 이 책에 도움을 주셨습니다. 마틴 앨버트 박사, 마이클 아론슨, 셀든 벤저민 박사, 사크반 베르코비치, 하워드 블룸 박사, 톰과 캐롤린 브리지맨 리즈, 로드니 브리스코, 레이첼 북스바움 박사, 데브라 캐시, 에머 빈 이추이브, 헌터 코벳, 데이비드 카울터 박사, 피터 크리노, 앤드루 드레이퍼스, 칼 드레이퍼스, 매리 엘리엇, 앨버트 잉글랜드 박사, 도널드 팽거, 로버트 펠드먼 박사, 에니 파인 박사, 프랜시스 코노버 피치, 고故 스튜어트 플레어레이지 박사, 켄트 프렌치, 킴벌리 프렌치, 에인절 가르시아, 하워드 가

드너, 시엘라 길루리, 로라 골딘, 데이비드 굿맨, 톰 카일리, 마크 크래머, 디니 러플랜트, 제인 라슨, 스티브 린스키, 엘레노 로리, 앨리슨 맥갠디, 제이민 맥마흔 박사, 패트릭 매나마라, 유진과 조안 말로브, 빌 멜린스, 제임스 모리스 박사, 스티브 나디스, 매거릿 오도넬, 다이아나 래프맨, 낸시 래프맨, 리타 래프맨, 존 라스무센, 앨리스 로젠가드, 노마 산타마리아, 이스리얼 세플러, 페트리샤 오스본 세이퍼, 바바라와 폴 심코우스키, 안네 스콰이어, 릭 서머스, 조지 비그릴롤로가 그들입니다. 또한 예전 〈보스턴 글로브〉의 기자인 진 디에츠와 편집자 해리 킹, 보스턴 의과대학의 마를린 오스카 버만 박사와 에디스 케플란 박사, 《인먼 일기》의 편집자인 대니얼 애런과 리비 스미스에게 또한 감사를 전합니다. 하버드 대학의 휴턴 도서관, 보스턴 전간증 재단, 전미 전간증 재단의 관계자분들은 도움이 되는 정보를 주었습니다.

특별 보좌역인 게리 디니, 샌디 파울러, 글렌 깁스, 베티 그린, 엘레인 소퍼에게도 감사를 전합니다. 처음에 믿음을 준 C. 마이클 커티스, 전례를 제시해준 존 맥피와 수잔 시핸, E. B. 화이트에게도 감사합니다. 북라인 고등학교의 도널드 W. 토머스는 나에게 교직과 그보다 더한 것을 주었습니다. 나의 아버지 조지프 A. 러플랜트는 신경질환과 투병하면서 최초의 영감을 주셨습니다. 안타깝게도 이 책의 완성을 보지 못하고 돌아가셨습니다. 나의 어머니 버지니아 W. 러플랜트는 무수하게 원고를 교정하고 작업 과정의 모든 문제와 성취를 함께했습니다. 남편인 데이비드 M. 도프먼은 지지와 충고를 아끼지 않았고 책을 다듬을 때 단어 하나하나에 귀 기울여주었습니다. 정확한 판단을 보여준 나의 편집자 릭 노트에게 특히 감사하고, 마지막으로 부드러운 격려와 편집에서의 통찰을 보여준 에이전트 샐리 거버너에게 감사를 전합니다.

"난 진짜야, 여보시오. 나는 나라고." - 글로리아 존슨

우리는 의지는 나의 생각에서 나온 것이고 성격은 경험과 본질에서 우러나온 것이라고 여긴다. 하지만 노벨 의학상을 받은 대니얼 카너먼Daniel Kahneman은 《생각에 관한 생각》에서 인식에 있어서 자아를 경험자아와 기억자아를 나누고, 경험과 경험에 대한 기억 사이의 혼동이 존재하여 인지적 착각을 일으킨다고 이야기했다. 내 기억이 완벽하게 경험과 동일하지 않을 수 있다는 인지 과정상의 문제를 다룬 것이다. 그에 비해 '정신적 발작'이라고 불리는 측두엽뇌전증TLE은 질환에 의해 변동된 인지의 문제를 제기한다. 발작에 의해 자아에 확신이 사라지고 인지의 정당성에 질문이 생기는 것이다. 이러한 뇌의 불안정성에 관한 생리학적인 기초를 보여주는 것이 이 책의 주요 목적이라고 저자인 이브 러플랜트는 말한다.

이 책과 가장 비슷한 주제의 책을 꼽으라면 의학계의 계관시인이라 불리는 올리버 색스의 책《화성의 인류학자》를 들 수 있다. 색스는 자폐증을 가진 천재 소년이나 투렛 증후군을 가진 외과 의사, 수십 년 전 본 광경을 그대로 그리는 화가의 이야기를 다루었는데, 그들은 각자 뇌의 질환으로 특이한 삶을 살아간다. 비슷하게 이 책도 질환에 매몰되지 않고 TLE와 더불어 살며 그 영향을 받는 실존 인물을 다루고 있다. 그들은 뇌 질환으로 인한 고난을 자기 자신으로 체화하는 모습을 보여준다. 그 과정에서 생기는 성격상의 변화가 바로 '게슈윈드 증후군'이다. 그 결과 그들은 고흐처럼 위대한 명작을 그리기도 하고, 도스토옙스키처럼 걸작을 쓰기도 하고, 역사적인 종교 지도자처럼 종교적으로 각성하기도 한다. 어떤 이는 다른 방식으로 사회에서 자신의 역할을 얻기도 한다.

올리버 색스는 자신의 책에 '수많은 유명 인사들이 TLE를 가지고 있어서 위대한 일을 했다'라는 이브 러플랜트의《사로잡힌 사람들》의 내용을 인용했다. TLE는 인간에게 장애를 초래하는 질환의 모습과 영감을 제공하는 뮤즈의 모습을 동시에 가지고 있는 것이다.

저자 이브 러플랜트는 이 특이한 양면성을 가진 TLE를 크게 두 가지로 나누어 다루고 있다. 발작 자체의 모습이 그 하나이고, 발작과 발작 사이에 생기는 성격 변화가 다른 하나다. 우리나라의 경우 발작 자체는 깊이 연구되고 의사와 환자 모두 관심을 보이지만, 게슈윈드 증후군이라고 불리는 성격 변화는 상대적으로 알려진 바가 적다. 객관적으로 이 증후군이 존재한다고 증명할 토대가 부족하기 때문일 것이다. 하지만 게슈윈드 증후군은 실재하는 현상이고 TLE 진단의 '단서'가 될 수 있으므로, 의사들이 무시하기에는 이 책이 알려주는 정보의 가치가 너무 크다.

게다가 TLE가 인간 성격의 물리적 토대를 알려주고 마음을 들여다보는 창문과 같다는 점에서 최근 대두되는 '뇌 과학'의 기초 도서로도 볼 수 있다. 일부 위대한 예술작품과 문학작품이 탄생한 배경을 밝힌 것은 발견의 희열과 함께 큰 비밀을 엿본 죄의식까지도 느끼게 한다.

무엇보다도 종교의 기원과 주요 일신교 종교 지도자들이 경험했던 영적 환상, UFO, 미스터리나 초자연적 현상처럼, 지금까지 과학적으로 해석이 불가능했던 민감한 주제에 관해 TLE가 설명 가능한 답을 제시해준다는 점이 독자에게 흥미롭게 다가올 것이다.

다른 나라와 마찬가지로 그동안 우리나라에서도 뇌전증은 사회적인 낙인으로 여겨졌다. 질환에 대한 '정보 없음'도 한몫을 하고 부끄러운 질환으로 여겨 숨기려는 욕구도 일조했을 것이다. 하지만 TLE를 포함한 뇌전증 질환에 대해 사회의 지식이 늘어날수록 고통받는 이들에 대한 따뜻한 관심도 증가할 것이다. 이 책이 그러한 지식의 확장과 사회적 관심의 변화에 도움이 되기를 기대한다.

"게슈윈드 증후군은 실제로 있었어!"

옮긴이가 번역을 열심히 하며 보냈던 넉 달간 무척 행복했으므로, 그 이유를 밝히려 한다.

갓 의대생이 되었을 때 우연히 〈리더스 다이제스트〉라는 잡지에서 재미있는 글을 본 적이 있었다. 미국 어느 구석진 시골에 부임한 젊은 의사가 나이를 먹고 은퇴하기 전 그동안 겪은 에피소드들을 적은 것이었다. 그는 마을의 하나뿐인 의사로서 산부인과로부터 외과, 내과까지 온갖 병을 다 진료하고, 심지어 소와 말도 진료했다. 그 내용 중에 아직도 기억나는 내용이 있는데, 그 의사가 어느 날 급박하게 배가 아픈 한 환자를 진찰하며 도무지 원인을 못 찾다가 환자의 입에서 '신 사과' 냄새가 나는 것을 알고 그것을 단서로 급성 충수돌기염을 밝혀내는 것이었다.

그 글을 읽은 지 30년이 지났다. 그 통쾌한 진단의 의학적 근거도 모르고 또 맞는 이야기인지도 모르지만, 나는 배가 아픈 환자가 오면 가끔 '단서'가 없나 하는 마음에 입 냄새를 맡아보고는 한다.

또 '단서'에 관한, 친구들 사이에 전설처럼 내려오는 이야기 중에는 진료실 문을 열고 들어오는 환자의 걸음걸이만 보고도 단서를 찾아 환자가 말을 꺼내기도 전에 진단을 마음속에 떠올리는 귀신 같은 교수님도 있었다. 한 질환을 공부하면서 가장 특징적인 증상을 찾으려 노력하는 것은 단 하나의 '단서'에서 번개처럼 올바른 진단으로 접근할 수 있는 길을 밝히는 보람이 있기 때문일 것이다.

그런 면에서 《사로잡힌 사람들》은 진료실의 의사들이나 자신의 몸과 마음의 상태에 대해 궁금증이 많은 어떤 사람에게는 영감을 줄 수 있을 것이다. 실제로 번역을 반쯤 마친 지난여름에 '최근에 발생한 까닭 없는 분노와 성욕 감퇴'를 호소한 환자가 온 적이 있었다. 마침 이 책의 게슈윈드 증후군에 대해 원서를 읽으며 다섯 가지 특성에 빠져 있던 때라서 나도 모르게 "그럼 일기를 쓰시고 글도 많이 쓰시나요?"라는 질문을 던졌다. 수면제만 받고 막 나가려던 환자가 돌아섰다.

"아니, 어떻게 아세요?"

"이유 없이 이상한 냄새를 맡으신 적이 있나요?"

"오우! 맞아요."

"정신을 잃으신 적이 있나요?"

"네! 그걸 말씀드리고 싶었어요!"

질문마다 해당 사항이 있어서 그 환자의 놀라움은 점점 커졌고, 내가 뭔가를 알고 있다고 여겨 다시 의자에 앉더니 어서 해결책을 제시하라는 눈빛을 보냈다. 그분은 게슈윈드 증후군의 다섯 가지 성격을 모두 보였지만 다른 질환에서도 나타날 수 있는 것이라서 EEG 검사를 권유하고 TLE와 함께 다른 병명도 설명했다.

환자의 조그만 '단서'를 사용해 그분에게 조금이라도 도움을 준 것 같아서 무척 신이 났다. 집에 와서 아내에게 자랑했다.

"책이 재미있어. 게슈윈드 증후군은 실제로 있었어!"

"?"

그날 이후로 TLE에 자극받은 빈센트 반 고흐와 마찬가지로, 옮긴이의 번역은 가열차게 지속되었다.

"감사합니다."

여러모로 부족한 옮긴이의 부탁에 기꺼이 시간을 내주시고 지식을 나눠주며 도움을 주신 분이 많아 이 지면을 빌려 감사를 표하고 싶다. 맨 처음으로 원고를 받아 꼼꼼하게 교정을 도와주신 소아과 이현주 선생님, 놓쳤으면 무척 부끄러웠을 번역 오류를 하나하나 찾아내주신 내과 이정아 선생님, 원고를 읽으시고 좋은 평과 충고를 해주셔서 용기를 얻게 해주신 정신과 김세웅 선생님, 최신 신경과 용어와 실제 진료실에서 만나는 TLE에 관한 이야기를 들려주고 관련 논문을 알려주신 신경과 이태연 선생님, TLE에 대한 정신과적 관점을 보여주고 비슷한 성격의 정신질환에 대해 가르쳐준 정신과 권영문 선생님, 끊임없이 어깨를 다독거리며 힘을 북돋아준 정형외과 김종필 교수님과 과정마다 진도를 물으며 따뜻한 관심을 보여준 가정의학과 박영조 선생님에게 감사 인사를 드린다. 논문을 써야 하는 와중에도 오빠의 원서 번역을 치밀하게 교정해준 이성옥 박사에게도 감사를 전한다. 또 글에 집중하라고 집 안을 조용히 지키며 묵묵히 지지해준 아내와 아빠를 (속으로) 무척 자랑스러워하는 두 아이에게 사랑을 전한다.

마지막으로 흔쾌히 번역 원고의 출판을 결정해주신 알마출판사 안지미 대표님에게 진심으로 감사드린다.

Adams, Raymond D., and Maurice Victor. *Principles of Neurology*. 4th ed. New York: McGraw-Hill, 1989. Especially chap. 15, "Epilepsy and Other Seizure Disorders," and chap. 25, "The Limbic Lobes and the Neurology of Emotion."

Alajouanine, Théophile. "Dostoiewski's Epilepsy." *Brain* 86:209-218, 1963.

Allen, Hervey. *Israfel: The Life and Times of Edgar Allan Poe*. New York: George H. Doran, 1927.

Andreasen, Nancy C. *The Broken Brain: The Biological Revolution in Psychiatry*. New York: Harper & Row, 1984.

Anstett, Richard E., and Lorraine Wood. "The Patient Exhibiting Episodic Violent Behavior." *Journal of Family Practice* 16:605-609, 1983.

Armstrong, Karen. *Beginning the World*. New York: Macmillan, 1983.

Ayer, A. J. *The Central Questions of Philosophy*. London: Weidenfeld & Nicolson, 1973.

Bart, Benjamin F. *Flaubert*. Syracuse, N.Y.: Syracuse University Press, 1967.

Bass, Alison. "A Touch for Evil," profile of Dorothy Otnow Lewis. *Boston Globe Magazine*, 7 July 1991:12-26.

Bear, David M. "Hierarchical Neurology of Human Aggression." Paper presented at annual meeting of American Association for the Advancement of Science, Philadelphia, May 1986.

―――. "The Neurology of Art: Artistic Creativity in Patients with Temporal

Lobe Epilepsy." Paper presented at symposium "The Neurology of Art," Art Institute of Chicago and Michael Reese Hospital, Chicago, 1988.

————. "The Significance of Behavioral Change in Temporal Lobe Epilepsy." *Journal of the McLean Hospital,* June 1977.

————. "Temporal Lobe Epilepsy: A Syndrome of Sensory Limbic Hyperconnection." *Cortex* 15:357-384, 1979.

Bear, David, and Paul Fedio. "Quantitative Analysis of Interictal Behavior in Temporal Lobe Epilepsy." *Archives of Neurology* 34:454-467, 1977.

Bear, David M., Roy Freeman, David Schiff, and Mark Greenberg. "Interictal Behavior Changes in Patients with Temporal Lobe Epilepsy." *American Psychiatric Association Annual Review* 4, edited by R. E. Hales, and A. J. Frances, 1985.

Benson, D. F., and Dietrich Blumer, editors. *Psychiatric Aspects of Neurologic Disease.* New York: Grune & Stratton, 1975. Includes a chapter by Norman Geschwind on Dostoevsky's epilepsy.

Bercovitch, Sacvan. "The Myth of America." In *The Puritan Origins of the American Self.* New Haven: Yale University Press, 1975.

Bernstein, Richard. "The Electric Dreams of Philip K. Dick." *New York Times Book Review,* 3 November 1991:1, 30.

Bindra, Dalbir, with James A. Anderson, et al. *The Brain's Mind: A Neuroscience Perspective on the Mind-Body Problem.* New York: Gardner Press, 1980.

Blumer, Dietrich. "Hypersexual Episodes in Temporal Lobe Epilepsy." *American Journal of Psychiatry* 126:1099-1106, 1970.

————. "A Profile of van Gogh from a Neuropsychiatric Point of View." Paper presented at symposium "The Neurology of Art," Art Institute of Chicago and Michael Reese Hospital, Chicago, 1988.

Blumer, Dietrich, editor. *Psychiatric Aspects of Epilepsy.* Washington, D.C.: American Psychiatric Association, 1984.

Blumer, Dietrich, and A. E. Walker. "Sexual Behavior in Temporal Lobe Epilepsy: A Study of the Effects of Temporal Lobectomy on Sexual Behavior." *Archives of Neurology* 16:37-43, 1967.

Bouchard, T. J., et al. "Sources of Human Psychological Differences: The Minnesota Study of Twins Reared Apart." *Science* 250:223-228, 1990.

Brandt, Frithiof. *Soren Kierkegaard*. Translated by Ann R. Born. Copenhagen: Det danske Selskab, 1963.

Browne, Thomas R., and Robert G. Feldman, editors. *Epilepsy: Diagnosis and Management*. Boston: Little, Brown, 1983.

Brownell, W. C. "Poe." In *American Prose Masters*, edited by H. M. Jones. Cambridge: Harvard University Press, 1963.

Bryant, John Ernest. *Genius and Epilepsy*. Concord, Mass.: Old Depot Press, 1953.

Camus, Albert. *L'Envers et l'Endroit*. Cambridge: Schoenhof, 1958. Preface.

Caplan, Lincoln. *The Insanity Defense and the Trial of John W. Hinckley, Jr.* New York: Dell, 1987.

Carpenter, Malcolm B. *Core Text of Neuroanatomy*, 2d ed. Baltimore: Williams & Wilkins, 1978.

Carroll, Lewis. *The Annotated Alice: Alice's Adventures in Wonderland & Through the Looking Glass*. Edited by Martin Gardner. New York: New American Library, 1960.

Catteau, Jacques. *Dostoyevsky and the Process of Literary Creation*. Translated by Audrey Littlewood. Cambridge, England: Cambridge University Press, 1989.

Chitty, Susan. *That Singular Person Called Lear: A Biography of Edward Lear, Artist, Traveler, and Prince of Nonsense*. New York: Atheneum, 1989.

Chorover, Stephan L. "Big Brother and Psychotechnology." *Psychology Today*, October 1973:43-54.

_____. *From Genesis to Genocide: The Meaning of Human Nature and the Power of Behavior Control*. Cambridge, Mass.: MIT Press, 1979.

_____. "Physician vs. Researcher: Values in Conflict?" *Wellesley*, Summer 1979:21-27.

_____. "Psychosurgery: A Neuropsychological Perspective." *Boston University Law Review* 54:231-248, 1974.

Churchland, Patricia S. *Neurophilosophy: Toward a Unified Science of the*

Mind-Brain. Cambridge, Mass.: MIT Press, 1986.

Chusid, Joseph G. *Correlative Neuroanatomy & Functional Neurology,* 15th ed. Los Altos, Calif.: Lange Medical Publications, 1973.

Cohen, Morton N., editor. *Lewis Carroll: Interviews and Recollections.* Iowa City: University of Iowa Press, 1989.

Cohen, Morton, and Roger Lancelyn Green. "Lewis Carroll's Loss of Consciousness." *Bulletin of the New York Public Library* 73:56–64, 1969.

Crichton, Michael. *The Terminal Man.* New York: Knopf, 1972.

Critchley, Macdonald. "Hughlings Jackson: The Sage of Manchester Square." In *The Citadel of the Senses,* New York: Raven Press, 1986.

_____. "The Idea of a Presence." In *The Divine Banquet of the Brain and Other Essays.* New York: Raven Press, 1979.

Damasio, Antonio R., and Albert M. Galaburda. "Norman Geschwind." *Archives of Neurology* 42:500–504, 1985.

Davidson, Edward H. *Poe: A Critical Study.* Cambridge: Harvard University Press, 1957.

DeArmond, Stephen J., Madeline M. Fusco, and Maynard M. Dewey. *Structure of the Human Brain: A Photographic Atlas,* 2d ed. New York: Oxford University Press, 1976.

Descartes, René. *Discourse on Method.* Chicago: Paquin Printers, 1899.

_____. *The Passions of the Soul.* Translated and annotated by Stephen Voss. Indianapolis: Hackett, 1989.

Devinsky, Orrin, and David Bear. "Varieties of Aggressive Behavior in Temporal Lobe Epilepsy." *American Journal of Psychiatry* 141:651–656, 1984.

Dewhurst, K., and A. W. Beard. "Sudden Religious Conversions in Temporal Lobe Epilepsy." *British Journal of Psychiatry* 117:497–507, 1970.

Dichter, Marc A. "The Epilepsies and Convulsive Disorders." Chap. 350 in *Harrison's Principles of Internal Medicine,* 12th ed., vol. 2. Edited by Jean D. Wilson et al. New York: McGraw-Hill, 1991.

Dick, Philip K. *Do Androids Dream of Electric Sheep?* New York: Ballantine, 1968.

_____. *In Pursuit of Valis: Selections from the Exegesis*. Edited by Lawrence Sutin. Novato, Calif.: Underwood-Miller, 1991.

_____. *The Three Stigmata of Palmer Eldritch*. London: Triad Grafton, 1978.

Disch, Thomas. "The Village Alien." *The Nation*, 14 March, 1987: 328-336.

Eccles, John, editor. *Mind and Brain: The Many-Faceted Problems*. Washington, D.C.: Paragon House, 1982.

Ellison, J. "Alterations of Sexual Behavior in Temporal Lobe Epilepsy." *Psychosomatics* 23:499-509, 1982.

Erickson, Kathleen Powers. "From Preaching to Painting: van Gogh's Religious Zeal." *The Christian Century* 107:300-302, 1990.

_____. "Self-Portraits as Christ." *Bible Review* 6:24-31, 1990. Article based on "Van Gogh at Eternity's Gate: The Religious Aspects of His Life and Work." Ph.D. diss. University of Chicago Divinity School.

Ewing, S. E. "'Absinthe Seizures': The Case of August Strindberg." Psychosomatic Conference, Department of Psychiatry, Mass. General Hospital, 25 September 1992.

Fields, William S., and William H. Sweet. *Neural Bases of Violence and Aggression*. St. Louis: W. H. Green, 1975.

Flaubert, Gustave. *The Letters of Gustave Flaubert 1830-1857*. Edited and translated by Francis Steegmuller. Cambridge, Mass.: Belknap/ Harvard University Press, 1980-82.

Galaburda, Albert M. "Norman Geschwind 1926-1984." *Neuropsychologia* 23:297-304, 1985.

Galvin, Ruth Mehrtens. "The Nature of Shyness." *Harvard Magazine*, March/April 1992:40-45.

Gardner, Howard. *The Shattered Mind*. New York: Random House, 1974.

Gastaut, Henri. "Fyodor Mikhailovitch Dostoyevsky's Involuntary Contribution to the Symptomatology and Prognosis of Epilepsy." *Epilepsia* 19:186-201, 1978.

_____. "Mémoires Originaux: La Maladie de Vincent van Gogh envisagée à la lumière des conceptions nouvelles sur l'epilepsie psychomotrice." *Annales medico-psychologiques* 114:196-238, 1956.

Gastaut, Henri, and Y. Gastaut. "La Maladie de Gustave Flaubert." *Révue neurologique* 138:467-492, 1982.

Gazzaniga, Michael. *Mind Matters: How Mind and Brain Interact to Create Our Conscious Lives.* Boston: Houghton-Mifflin, 1988.

Gazzaniga, Michael, editor. *Handbook of Cognitive Neuroscience.* New York: Plenum Press, 1984.

Geschwind, Norman. "Behavioral Change in Temporal Lobe Epilepsy." *Archives of Neurology* 34:453, 1977.

――――. "Behavioural Changes in Temporal Lobe Epilepsy." *Psychological Medicine* 9:217, 1979.

――――. "Epilepsy in the Life and Writings of Dostoievsky." Lecture given at Boston Society of Psychiatry and Neurology, March 16, 1961. *

――――. "Interictal Behavioral Changes in Epilepsy." *Epilepsia* 24:523-530, 1983,

――――. "Left-handedness: Association with Immune Disease, Migraine, and Developmental Learning Disorder." *Proceedings of the National Academy of Sciences, U.S.A.* 79:5097-5100, 1982.

Geschwind, Norman, and Albert M. Galaburda, editors. *Cerebral Dominance: The Biological Foundations.* Cambridge: Harvard University Press, 1984.

Gibb, H. A., and J. H. Kramers. *Shorter Encyclopaedia of Islam.* Ithaca, N.Y.: Cornell University Press, 1957.

Gibbs, Frederic A. "Ictal and Nonictal Psychiatric Disorders in Temporal Lobe Epilepsy." *Journal of Nervous and Mental Disease* 113:522-528, 1951.

Gilbert, Judson B., and Gordon E. Mestler. *Disease and Destiny: A Bibliography of Medical References to the Famous.* London: Dawsons of Pall Mall, 1962.

Gloor, Pierre, et al. "The Role of the Limbic System in Experiential Phenomena of Temporal Lobe Epilepsy." *Annals of Neurology* 12: 129-144, 1982.

Gogh, Vincent van. *Dear Theo: The Autobiography of Vincent van Gogh.* Edited by Irving Stone. New York: Doubleday, 1937.

_____. *The Letters of Vincent van Gogh*. Edited by Mark Roskill. London: Fontana, 1983.

Goleman, Daniel. "When Rage Explodes, Brain Damage May Be the Cause." *New York Times*, 7 August 1990. Cl.

Goodglass, Harold. "Norman Geschwind (1926-1984)." *Cortex* 22:7-10, 1986.

Gotman, Jean, John R. Ives, and Pierre Gloor. *Long-Term Monitoring in Epilepsy*. Amsterdam, the Netherlands: Elsevier Science Publishers, 1985.

Graetz, H. R. *The Symbolic Language of Vincent van Gogh*. New York: McGraw-Hill, 1963.

Green, Joseph B., editor. *Neurologic Clinics* 2 (1):1-175, 1984. Symposium on Borderland Between Neurology and Psychiatry.

Hansen, Heidi, and L. Bork Hansen, "The Temporal Lobe Epilepsy Syndrome Elucidated Through Soren Kierkegaard's Authorship and Life." *Acta Psychiatr. Scand.* 77:352-358, 1988.

Hecaen, Henri, and Martin L. Albert. *Human Neuropsychology*. New York: Wiley, 1978.

Herzog, Andrew, et al. "Neuroendocrine Dysfunction in Temporal Lobe Epilepsy." *Archives of Neurology* 39:133-135, 1982.

_____. "Reproductive Endocrine Disorders in Men with Partial Seizures of Temporal Lobe Origin." *Archives of Neurology* 43:347-350, 1986.

_____. "Reproductive Endocrine Disorders in Women with Partial Seizures of Temporal Lobe Origin." *Archives of Neurology* 43:341-346, 1986.

_____. "Temporal Lobe Epilepsy: An Extrahypothalamic Pathogenesis for Polycystic Ovarian Syndrome?" *Neurology* 34:1389-1393, 1984.

Hingley, Ronald. *Dostoyevsky, His Life and Work*. New York: Charles Scribner's Sons, 1978.

Hoffman, Daniel. *Poe Poe Poe Poe Poe Poe Poe Poe*. New York: Doubleday, 1972.

Hubel, David H. "The Brain." *Scientific American* 241(3):44-53, 1979.

Hunt, Joe. "Politics of Psychosurgery." *The Real Paper* 2 (22), 30 May 1973:6-10.

Inman, Arthur C. *The Inman Diary: A Public and Private Confession.* Two volumes. Edited by Daniel Aaron. Cambridge: Harvard University Press, 1985.

Jackson, J. Hughlings. *Neurological Fragments,* with biographical memoir by James Taylor. London: Oxford University Press, 1925.

James, William. *The Varieties of Religious Experience.* New York: Macmillan, 1961.

Kaplan, Edith, and Dean C. Delis. "The Neuropsychology of '10 After 11': A Qualitative Analysis of Clock Drawings by Brain-Damaged Patients." In *Clock Drawings: A Neuropsychology Analysis,* edited by M. Freedman et al. New York: Oxford University Press, in press.

Khoshbin, Shahram. "Clinical Neurophysiology of Aggressive Behavior." Paper presented at annual meeting of the American Association for the Advancement of Science, Philadelphia, May 1986.

_____. "What Really Was van Gogh's Malady?" *Perspectives,* Winter 1986:6-7. Publication of Harvard Medical School, Boston.

Klüver, Heinrich, and Paul C. Bucy. "Preliminary Analysis of Functions of the Temporal Lobes in Monkeys." *Archives of Neurology and Psychiatry* 42:979-1000, 1939.

_____. "'Psychic Blindness' and Other Symptoms Following Bilateral Temporal Lobectomy in Rhesus Monkeys." *American Journal of Physiology* 119:352-353, 1937.

Landsborough, David. "St. Paul and Temporal Lobe Epilepsy." *Journal of Neurology, Neurosurgery, & Psychiatry* 50:659-664, 1987.

LaPlante, Eve. "The Riddle of TLE." *The Atlantic,* November 1988:30-35.

Lassek, Arthur M. *The Unique Legacy of Doctor Hughlings Jackson.* Springfield, Ill.: Charles C. Thomas, 1970.

Lawall, John. "Psychiatric Presentations of Seizure Disorders." *American Journal of Psychiatry* 133:321-323, 1976.

Lechtenberg, Richard. *Epilepsy and the Family.* Cambridge: Harvard University Press, 1984.

Lennox, William Gordon, with Margaret A. Lennox. *Epilepsy and Related Disorders.* Two volumes. Boston: Little, Brown, 1960.

Lewis, Dorothy Otnow, et al. "Psychomotor Epilepsy and Violence in a Group of Incarcerated Adolescent Boys." *American Journal of Psychiatry* 139:882-887, 1982.

Lewis, Dorothy Otnow, Jonathan H. Pincus, and Melvin Lewis. "Psychomotor Symptoms, Psychotic Episodes, Physical Abuse, and Family Violence: A Limbic Psychotic Aggressive Syndrome." Paper presented at annual meeting of American Association for the Advancement of Science, Philadelphia, May 1986.

Lewis, Jefferson. *Something Hidden: A Biography of Wilder Penfield.* Toronto: Doubleday, 1981.

Lockard, Joan S., and Arthur A. Ward, Jr. *Epilepsy: A Window to Brain Mechanisms.* New York: Raven Press, 1980.

Lottman, Herbert. *Flaubert: A Biography.* Boston: Little, Brown, 1989.

Lubin, Albert J. *Stranger on the Earth: A Psychological Biography of Vincent van Gogh.* New York: Holt, Rinehart & Winston, 1972.

Luria, A. R. *The Working Brain: An Introduction to Neuropsychology.* New York: Basic Books, 1973.

Mark, Vernon, and Frank R. Ervin. *Violence and the Brain.* New York: Harper & Row, 1970.

Martin, Robert Bernard. *Tennyson: The Unquiet Heart.* New York: Oxford University Press, 1980.

Mayer, André, and Michael Wheeler. *The Crocodile Man: A Case of Brain Chemistry and Criminal Violence.* Boston: Houghton Mifflin, 1982.

Mesulam, M-Marsel, editor. *Principles of Behavioral Neurology.* Philadelphia: F. A. Davis, 1985. See especially chap. 8, "Temporolimbic Epilepsy and Behavior."

Monroe, Russell R. *Episodic Behavioral Disorders: A Psychodynamic and Neurophysiologic Analysis.* Cambridge: Harvard University Press, 1970.

————. "Limbic Ictus and Atypical Psychoses." *Journal of Nervous and Mental Disease* 170:711-716, 1982.

Morley, T. P., editor. *Current Controversies in Neurosurgery.* Philadelphia: W. B. Saunders, 1976.

Muir, Sir William. *Life of Mohammad*. Edinburgh: Grant, 1923.

Mumenthaler, Mark. *Neurology*, 2d ed. New York: Thieme-Stratton, 1983.

Mungas, Dan. "An Empirical Analysis of Specific Syndromes of Violent Behavior." *Journal of Nervous and Mental Disease* 171:354-361, 1983.

Nadis, Steve. "Angels from the Temporal Lobe." Unpublished manuscript, Cambridge, 1990.

Nicholi, Armand M., Jr., editor. *New Harvard Guide to Psychiatry*. Cambridge: Belknap/Harvard University Press, 1988.

Nolte, John. *The Human Brain: An Introduction to Its Functional Anatomy*. St. Louis: C. V. Mosby, 1981.

Overman, Brenda F. *Wellbeing*. November 1984. Publication of Beth Israel Hospital, Boston.

Penfield, Wilder. *The Mystery of the Mind: A Critical Study of Consciousness and the Human Brain*. Princeton: Princeton University Press, 1975.

Penfield, Wilder, and T. Rasmussen. *The Cerebral Cortex of Man*. New York: Macmillan, 1950.

Penfield, Wilder, and Theodore C. Erickson. *Epilepsy and Cerebral Localization*. Springfield, Ill: Charles C. Thomas, 1941.

Penfield, Wilder, and H. H. Jasper. *Epilepsy and the Functional Anatomy of the Human Brain*. Boston: Little, Brown, 1954.

Percy, Walker. *The Second Coming*. New York: Farrar, Straus, Giroux, 1980.

———. *The Thanatos Syndrome*. New York: Farrar, Straus, Giroux, 1987.

Persinger, Michael A. "People Who Report Religious Experiences May Also Display Enhanced Temporal-Lobe Signs." *Perceptual & Motor Skills* 58:963-975, 1984.

———. "Religious and Mystical Experiences as Artifacts of Temporal Lobe Function: A General Hypothesis." *Perceptual & Motor Skills* 57:1255-1262, 1983.

———. "Striking EEG Profiles from Single Episodes of Glossolalia and Transcendental Meditation." *Perceptual & Motor Skills* 58:127-133, 1984.

Persinger, Michael A., and K. Makarec. "Temporal Lobe Epileptic Signs and

Correlative Behaviors Displayed by Normal Populations." *Journal of General Psychology* 114:179-195, 1987.

Pickvance, Ronald. *Van Gogh in Arles*. New York: Metropolitan Museum of Art, 1984.

———. *Van Gogh in Saint-Rémy and Auvers*. New York: Metropolitan Museum of Art, 1986.

Pines, Maya. *The Brain Changers: Scientists and the New Mind Control*. New York: Harcourt Brace Jovanovich, 1973.

Poe, Edgar Allan. *The Complete Tales and Poems of Edgar Allan Poe*. Introduced by Hervey Allen. New York: Modem Library, 1965.

Pollack, Richard. *The Episode*. New York: New American Library, 1986.

Pollock, Daniel C. "The Kindling Model as a Means of Understanding Aggressive Behavior." Paper presented at annual meeting of American Association for the Advancement of Science, Philadelphia, May 1986.

Popper, Karl R., and John C. Eccles. *The Self and Its Brain*. New York: Springer International, 1977.

Priestland, Gerald. *The Case Against God*. London: Collins, 1984.

Pritchett, V. S., editor. "Lewis Carroll: Letters." In *A Man of Letters:Selected Essays*. New York: Random House, 1985.

Reiser, Morton F., editor. *Organic Disorders and Psychosomatic Medicine*. Vol. 4 of *American Handbook of Psychiatry*, 2d ed. New York: Basic Books, 1975.

Remillard, G. M., et al. "Sexual Ictal Manifestations Predominate in Women with Temporal Lobe Epilepsy: A Finding Suggesting Sexual Dimorphism in the Human Brain." *Neurology* 33:323-330, 1983.

Reynolds, Edward H. "Hughlings Jackson: A Yorkshireman's Contribution to Epilepsy." *Archives of Neurology* 45:675-678, 1988.

Rice, James L. *Dostoevsky and the Healing Art: An Essay in Literary and Medical History*. Ann Arbor, Mich.: Ardis, 1985.

Rickman, Gregg. "Introduction to 'The Riddle of TLE.'" *Philip K. Dick Society Newsletter* 20:3-4, 1989.

Rise, Matthew L., et al. "Genes for Epilepsy Mapped in the Mouse." *Science* 253:669-673, 1991.

Rosenfield, Israel. "A Hero of the Brain." Review of Norman Geschwind's work. *New York Review of Books*, 21 November 1985:49-55.

Ryle, Gilbert. *The Concept of Mind*. Chicago: University of Chicago Press, 1949.

Sachdev, H. S., and Stephen G. Waxman. "Frequency of Hypergraphia in Temporal Lobe Epilepsy: An Index of Interictal Behaviour Syndrome." *Journal of Neurology, Neurosurgery, and Psychiatry* 44:358-360, 1981.

Sacks, Oliver. *The Man Who Mistook His Wife for a Hat and Other Clinical Tales*. New York: Harper & Row, 1987.

Schweitzer, Albert. *The Mysticism of Saint Paul*. London: Adam & Charles Black, 1967.

Sheer, Daniel E., editor. *Electrical Stimulation of the Brain*. Austin, Tex.: University of Texas Press, 1961.

Slater, Eliot, et al. "The Schizophrenia-like Psychoses of Epilepsy." *British Journal of Psychiatry* 109:95-150, 1963.

Sperry, Roger W. "Mind-Brain Interaction: Mentalism, Yes; Dualism, No." *Neuroscience* 5:195-206, 1980.

————. *Science and Moral Priority: Merging Mind, Brain, and Human Values*. New York: Columbia University press, 1983.

Spinoza, Baruch. *The Ethics and Selected Letters*. Translated by Samuel Shirley; edited by Seymour Feldman. Indianapolis, Ind.: Hackett, 1982.

Spong, John Shelby. *Rescuing the Bible from Fundamentalism*. New York: HarperCollins, 1991.

Stern, Theodore A., and George B. Murray. "Complex Partial Seizures Presenting as a Psychiatric Illness." *Journal of Nervous & Mental Disease* 172:625-627, 1984.

Stevens, Janice R., and Bruce P. Hermann. "Temporal Lobe Epilepsy, Psychopathology, and Violence: The State of the Evidence." *Neurology* 31:1127-1132, 1981.

Strieber, Whitley. *Communion: A True Story*. New York: William Morrow, 1987.

Sutin, Lawrence. *Divine Invasions: A Life of Philip K. Dick*. New York:

Crown, 1989.

Sweetman, David. *Van Gogh: His Life and His Art.* New York: Crown, 1990.

Taylor, D. C. "Sexual Behavior and Temporal Lobe Epilepsy." *Archives of Neurology* 21:510–516, 1969.

Temkin, Owsei. *The Falling Sickness.* Baltimore: Johns Hopkins Press, 1971.

Terzian, Hrayr, and G. Dalle Ore. "Syndrome of Klüver and Bucy Reproduced in Man by Bilateral Removal of the Temporal Lobes." *Neurology* 5:373–380, 1955.

Tomkins, Calvin. "A Reporter at Large: Irises." *The New Yorker,* 4 April 1988:37–67.

Treiman, D. M. "Epilepsy and Violence: Medical and Legal Issues." *Epilepsia* 27 suppl. 2:S77–S104, 1986.

Trimble, Michael R. *Epilepsy, Behaviour, and Cognitive Function.* London: Wiley, 1988.

Trimble, Michael R., and T. G. Bolwig, editors. *Aspects of Epilepsy and Psychiatry.* London: Wiley, 1986.

Valenstein, Elliot S. *Great and Desperate Cures: The Rise and Decline of Psychosurgery and Other Radical Treatments for Mental Illness.* New York: Basic Books, 1986.

_____, *The Psychosurgery Debate: Scientific, Legal, and Ethical Perspectives.* San Francisco: Freeman, 1980.

Valeo, Tom. "A Glimpse of How Mind Produces Art." *Boston Globe* 16 January 1989:45.

Wallace, Richard. *The Agony of Lewis Carroll.* Melrose, Mass.: Gemini Press, 1990.

Ward, A. A., Jr., et al., editors. *Epilepsy.* New York: Raven Press, 1983.

Waxman, Stephen G., and Norman Geschwind. "Hypergraphia in Temporal Lobe Epilepsy." *Neurology* 24:629–636, 1974.

_____, "The Interictal Behavior Syndrome Associated with Temporal Lobe Epilepsy." *Archives of General Psychiatry* 32:1580–1586, 1975.

Whitman, Steven G., and Bruce P. Hermann. *Psychopathology in Epilepsy: Social Dimensions.* New York: Oxford University Press, 1986.

Williams, Denis. "The Structure of Emotions Reflected in Epileptic Experience." *Brain* 79:29-67, 1956.

———. "Temporal Lobe Epilepsy." *British Medical Journal* 1:1439-1442, 1966.

Winnicott, D. W. *The Spontaneous Gesture.* Cambridge: Harvard University Press, 1987.

찾아보기

찾아보기

찾아보기

사로잡힌 사람들

1판 1쇄 찍음 2022년 1월 21일
1판 1쇄 펴냄 2022년 2월 10일

지은이 이브 러플랜트
옮긴이 이성민
펴낸이 안지미

펴낸곳 (주)알마
출판등록 2006년 6월 22일 제2013-000266호
주소 04056 서울시 마포구 신촌로4길 5-13, 3층
전화 02.324.3800 판매 02.324.7863 편집
전송 02.324.1144

전자우편 alma@almabook.com
페이스북 /almabooks
트위터 @alma_books
인스타그램 @alma_books

ISBN 979 11 5992 354 8 03400

이 책의 내용을 이용하려면 반드시 저작권자와 알마 출판사의 동의를 받아야 합니다.

알마는 아이쿱생협과 더불어 협동조합의 가치를 실천하는 출판사입니다.

종이 표지_비비칼라 185g/㎡ 본문_전주 그린라이트 70g/㎡